水工环地质勘探与环境保护研究

李朋辉 著

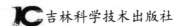

吉林科学技术出版社

图书在版编目（CIP）数据

水工环地质勘探与环境保护研究 / 李朋辉著. -- 长
春：吉林科学技术出版社，2022.9
ISBN 978-7-5578-9745-1

Ⅰ．①水… Ⅱ．①李… Ⅲ．①水文地质勘探－研究②
水环境－生态环境保护－研究 Ⅳ．①P641.72②X143

中国版本图书馆 CIP 数据核字(2022)第 179471

水工环地质勘探与环境保护研究

著	李朋辉	
出 版 人	宛 霞	
责任编辑	孟祥北	
封面设计	正思工作室	
制 版	林忠平	
幅面尺寸	185mm×260mm	
字 数	340 千字	
印 张	14.75	
印 数	1-1500 册	
版 次	2022年9月第1版	
印 次	2023年3月第1次印刷	

出 版　吉林科学技术出版社
发 行　吉林科学技术出版社
地 址　长春市福祉大路5788号
邮 编　130118
发行部电话/传真　0431-81629529 81629530 81629531
　　　　　　　　　　81629532 81629533 81629534
储运部电话　0431-86059116
编辑部电话　0431-81629518
印 刷　三河市嵩川印刷有限公司

书 号　ISBN 978-7-5578-9745-1
定 价　95.00元

前　言

　　水文地质、工程地质、环境地质（简称"水工环"）是地质学研究领域的重要组成部分，在研究内容上主要包括：水文地质学研究"地下水的起源、形成、运动、分布规律及其开发利用"；工程地质学研究"岩土工程地质性质、工程动力地质作用、工程地质勘察理论和技术方法、区域工程地质和环境工程地质"；环境地质学则研究"地质灾害与环境地质问题、全球变化、医学环境地质和生态环境地质等方面"。所有这些研究工作的众多方面，和人类生活息息相关，使水工环研究工作担负着"改造人类生存环境、提高人类生活质量"的艰巨任务。

　　为了更好地了解"水工环"领域研究现状，正确把握未来的发展趋势，奠定新一轮国土资源大调查和科研立项的基础，中国地质调查局适时提出了针对水工环的工作要求，并组织立项实施。中国地质科学院水文地质环境地质研究所作为承担单位，组织有关专家开展工作。

　　地质勘察是艰苦艰险行业。地质工作无论是在室内还是在野外，都存在极大的危险性。室内工作危险性主要来自电气、消防、机械伤害，以及危险化学品、有毒有害物品、放射源等，野外工作危险性不仅面临来自作业工具、机器设备、人的不安全行为等的伤害，也面临着作业区域自然地理环境、天气气候和毒虫猛兽等的威胁，地质勘察工作危险无时不存在。

　　本书主要介绍了水工环效促进我国经济的发展和社会进步，满足人们的生产需要，强化水工环地质勘察工作能有效解决水工环问题，紧密联系人类生活，为生态环境保护，人类生活水平提升起促进作用。从水工环地质勘察工作的应用范围入手，对勘察工作中存在的问题进行分析，并重点探讨了地质勘察新技术的在水工环勘察工作中的应用，得出了相关结论，以供同行参考。

前　言

目 录

第一章 地层、地貌与地质构造 ……………………………………………………（1）

    第一节 地壳运动及地质作用 …………………………………………………（1）

    第二节 地层 ……………………………………………………………………（3）

    第三节 地貌单元类型与特征 …………………………………………………（7）

    第四节 地质构造 ………………………………………………………………（13）

第二章 地质构造及其影响 ……………………………………………………（23）

    第一节 水平构造和单斜构造 …………………………………………………（23）

    第二节 褶皱构造 ………………………………………………………………（24）

    第三节 断裂构造 ………………………………………………………………（28）

    第四节 不整合 …………………………………………………………………（34）

    第五节 岩石与岩体的工程地质性质 …………………………………………（35）

第三章 岩土工程勘察野外测试技术 …………………………………………（46）

    第一节 圆锥动力触探试验 ……………………………………………………（46）

    第二节 标准贯入试验 …………………………………………………………（50）

    第三节 静力触探 ………………………………………………………………（51）

    第四节 载荷试验 ………………………………………………………………（59）

    第五节 现场剪切试验 …………………………………………………………（68）

第四章 地质构造与地质图 ……………………………………………………（80）

    第一节 地壳运动及地质作用的概念 …………………………………………（80）

    第二节 地质年代 ………………………………………………………………（82）

    第三节 岩层及岩层产状 ………………………………………………………（90）

    第四节 褶皱构造及野外识别 …………………………………………………（95）

    第五节 断裂构造 ………………………………………………………………（100）

    第六节 地质图 …………………………………………………………………（112）

第五章 环境生态学理论 ………………………………………………………（117）

    第一节 生态学理论 ……………………………………………………………（117）

    第二节 环境与资源保护 ………………………………………………………（123）

    第三节 生物多样性保护 ………………………………………………………（128）

第六章　地质环境监测技术 ·· **(135)**

 第一节　地下工程地下水环境动态监测技术 ························· (135)

 第二节　岩溶塌陷监测技术 ·· (137)

 第三节　爆破振动监测 ··· (139)

 第四节　围岩变形及应力监测 ·· (139)

 第五节　地下工程地质环境监测新技术 ······························ (141)

第七章　水污染治理技术 ·· **(150)**

 第一节　工业废水处理 ··· (150)

 第二节　污水处理方法 ··· (153)

 第三节　污水处理工艺 ··· (168)

 第四节　污水再生利用 ··· (173)

第八章　土壤污染及其防治 ·· **(177)**

 第一节　土壤污染概述 ··· (177)

 第二节　土壤环境污染及其防治 ·· (180)

 第三节　土壤生态保护与土壤退化的防治 ··························· (198)

第九章　固体废物的处理与处置 ·· **(202)**

 第一节　固体废物概述 ··· (202)

 第二节　固体废物的处理 ·· (206)

 第三节　固体废物的处置 ·· (215)

 第四节　危险废物的处理与处置 ·· (219)

 第五节　典型固体废物的处理、处置及资源化利用 ················ (225)

参考文献 ·· **(229)**

第一章　地层、地貌与地质构造

第一节　地壳运动及地质作用

一、地壳运动

（一）地壳运动的基本形式

地球作为一个天体，自形成以来就一直不停地运动着。地壳作为地球外层的薄壳（主要指岩石圈），自形成以来也一直不停地运动着。地壳运动又称构造运动，指主要由地球内力引起岩石圈产生的机械运动。它是使地壳产生褶皱、断裂等各种地质构造，引起海、陆分布变化，地壳隆起和凹陷，以及形成山脉、海沟，产生火山、地震等的基本原因。按时间顺序，将晚第三纪以前的构造运动称为古构造运动，晚第三纪以后的构造运动称为新构造运动，人类历史时期发生的构造运动称为现代构造运动。

地壳运动有水平运动和垂直运动两种基本形式。

1. 水平运动

水平运动指地壳沿地表切线方向产生的运动，主要表现为岩石圈的水平挤压或拉伸引起岩层的褶皱和断裂，可形成巨大的褶皱山系、裂谷和大陆漂移等。例如，印度洋板块挤压欧亚板块并插入欧亚板块之下，使5000万年前还是一片汪洋的喜马拉雅山地区逐渐抬升成现在的世界屋脊。

2. 垂直运动

垂直运动指地壳沿地表法线方向产生的运动，主要表现为岩石圈的垂直上升或下降，引起地壳大面积的隆起和凹陷，形成海侵和海退等。

水平运动和垂直运动是紧密联系的，在时间和空间上往往交替发生。

一般情况下，地壳运动是十分缓慢的，人们一般难以察觉，如喜马拉雅山脉从海底上升到海平面以上8000多米的高山，每年平均才上升2.4cm，但其长期的积累却是惊人的。有时，地壳运动可以以十分剧烈的方式表现出来，如地震、火山喷发等。

（二）地壳运动成因的主要理论

地壳运动的成因理论主要是解释地壳运动的力学机制，包括对流说、均衡说、地球自转说和板块构造说等。

1. 对流说

对流说认为地幔物质已成塑性状态，并且上部温度低，下部温度高，在温差的作用下形成缓慢对流，从而导致上覆地壳运动。

2. 均衡说

均衡说认为地幔内存在一个重力均衡面，均衡面以上的物质重力均等，但因密度不同而表现为厚薄不一。当地表出现剥蚀或沉积时，使重力发生变化，为维持均衡面上重力均等，均衡面上的地幔物质将产生移动，以弥补地表的重力损失，从而导致上覆地壳运动。

3. 地球自转说

地球自转说认为地球自转速度产生的快慢变化导致了地壳运动。当地球自转速度加快时，一方面惯性离心力增加，导致地壳物质向赤道方向运行；另一方面切向加速度增加，导致地壳物质由西向东运动，当基底黏着力不同时，引起地壳各部位运动速度不同，从而产生挤压、拉张、抬升、下降等变形、变位。当地球自转速度减慢时，惯性离心力和切向加速度均减小，地壳又产生相反方向的恢复运动，同样因基底黏着力不同，引起地壳变形、变位，故在地壳形成一系列纬向和经向的山系、裂谷、隆起和凹陷。

4. 板块构造说

板块构造说是认为地球在形成过程中，表层冷凝成地壳，以后地球内部热量在局部聚集成高热点，并将地壳胀裂成六大板块。各大板块之间由大洋中脊和海沟分开。地球内部高热点热能通过大洋中脊的裂谷得以释放。热流上升到大洋中脊的裂谷时，一部分热流通过海水冷却，在裂谷处形成新的洋壳，另一部分热流则沿洋壳底部向两侧流动，从而带动板块漂移。因此在大洋中脊不断组成新的洋壳，而在海沟处地壳相互挤压、碰撞，有的抬升成高大的山系，有的插入地幔内溶解。在挤碰撞带，因板块间的强烈摩擦，形成局部高温并积累了大量的应变能，常构成火山带和地震带。各大板块中还可划分出若干次级板块，各板块在漂移中因基底黏着力不同，运动速度不一，同样可引起地壳变形、变位。

二、地质作用

地质作用是指由自然动力引起地球（主要是地幔和岩石圈）的物质组成、内部结构和地表形态发生变化的作用，主要表现为对地球的矿物、岩石、地质构造和地表形态等进行的破坏和建造作用。

引起地质作用的能量来自地球本身和地球以外，故分为内能和外能。内能指来自地球内部的能量，主要包括旋转能、重力能、热能；外能指来自地球外部的能量，主要包括太阳辐射能、日月引力能和生物能，其中太阳辐射能主要引起大气环流和水的循环。

按照能源和作用部位的不同，地质作用又分为内动力地质作用和外动力地质作用。由内能引起的地质作用称为内动力地质作用，主要包括构造运动、岩浆活动和变质作用，在地表主要形成山系、裂谷、隆起、凹陷、火山等现象；由外能引起的地质作用称为外动力地质作用，主要有风化作用、风的地质作用、流水的地质作用、冰川的地质作用、湖海的地质作用、重力的地质作用等，在地表主要形成戈壁、沙漠、黄土塩、深切谷、冲积平原等地形并形成各种沉积物。

第二节 地层

地史学中，将各个地质历史时期形成的岩石称为该时代的地层。各地层的新、老关系在判别褶曲、断层等地层构造形态中有着非常重要的作用。确定地层新、老关系的方法有两种，即绝对年代法和相对年代法。

一、绝对年代法

绝对年代法是指通过确定地层形成的准确时间，依次排列出各地层新、老关系的方法。地层形成的准确时间，主要是通过测定地层中的放射性同位素年龄来确定。放射性同位素（母同位素）是一种不稳定元素，在天然条件下发生蜕变，自动放射出某些射线（α、β、γ射线）而蜕变成另一种稳定元素（子同位素）。放射性同位素的蜕变速度是恒定的，不受温度、压力、电场、磁场等因素的影响，即以一定的蜕变常数进行蜕变，主要用于测定地质年代的放射性同位素及其蜕变常数。

二、相对年代法

相对年代法是通过比较各地层的沉积顺序、古生物特征和地层接触关系来确定其形成先后顺序的一种方法。因无须精密仪器，故被广泛采用。

（一）地层层序法

沉积岩能清楚地反映岩层的叠置关系。一般情况下，先沉积的老岩层在下，后沉积的新岩层在上。只要把一个地区所有地层按由下向上的顺序衔接起来，就可确定其新老关系。当地层挤压使地层倒转时，新老关系相反。在地层排序时应弄清楚。

一个地区在地质历史上不可能永远处在沉积状态，常常是一个时期下降沉积，另一个时期抬升发生剥蚀。因此，现今任何地区保存的地质剖面中都会缺失某些时代的地层，造成地质记录不完整。故需对各地地层层序剖面进行综合研究，把各个时期出露的地层拼接起来，建立较大区域乃至全球的地层顺序系统，称为标准地层剖面。通过标准地层剖面的地层顺序，对照某地区的地层情况，也可排列出该地区地层的新老关系。

沉积岩的层面构造也可作为鉴定其新老关系的依据，如泥裂开口所指的方向、虫迹开口所指的方向、波痕的波峰所指的方向均为岩层顶面，即新岩层方向，并可据此判定岩层的正常与倒转。

（二）古生物法

在地质历史上，地球表面的自然环境总是不停地出现阶段性变化。地球上的生物为适应地球环境的改变，也不得不逐渐改变自身的结构，称为生物演化，即地球上的环境改变后，一些不能适应新环境的生物大量灭亡，甚至绝种，而另一些生物则通过改变自身的结构，形成新的物种，以适应新环境，并在新环境下大量繁衍。这种演化遵循由简单到复杂、由低级到高级的原则，即地质时期越古老，生物结构越简单；地质时期越新，生物结构越复杂。因此，埋藏在岩石中的生物化石结构也反映了这一过程。化石结构越简单，地层时代越老；化石结构越复杂，地层时代越新。可依据岩石中的化石种属来确定岩石的新老关系。标志化石是在某一环境阶段，能大量繁衍、广泛分布，从发生、发展到灭绝的时间短的生物化石，在每一地质历史时期都有其代表性的标志化石，如寒武纪的三叶虫、奥陶纪的珠角石、志留纪的笔石、泥盆纪的石燕、二叠纪的大羽羊齿、侏罗纪的恐龙等。

（三）地层接触关系法

地层间的接触关系，是构造运动、岩浆活动和地质发展历史的记录。沉积岩、岩浆岩及其相互间均有不同的接触类型，据此可判别地层间的新老关系。

1. 沉积岩间的接触关系

沉积岩间的接触，基本上可分为整合接触与不整合接触两大类型：

（1）整合接触

一个地区在持续稳定的沉积环境下，地层依次沉积，各地层之间彼此平行，地层间的这种连续、平行的接触关系称为整合接触。其特点是沉积时间连续，上、下岩层产状基本一致。

（2）不整合接触

当沉积岩地层之间有明显的沉积间断时，即沉积时间明显不连续，有一段时期没有沉积，称为不整合接触，其又可分为平行不整合接触和角度不整合接触两类。

①平行不整合接触

又称假整合接触，指上、下两套地层间有沉积间断，但岩层产状仍彼此平行的接触关系。它反映了地壳先下降接受稳定沉积，然后抬升到侵蚀基准面以上接受风化剥蚀，之后地壳又均匀下降接受稳定沉积的历史过程。

②角度不整合接触

指上、下两套地层间，既有沉积间断，岩层产状又彼此成角度相交的接触关系。它反映了地壳先下降沉积，然后挤压变形和上升剥蚀，再下降沉积的历史过程。角度不整合接触关系容易与断层混淆，二者的区别标志是：角度不整合接触界面处有风化剥蚀形成的底砾岩；而断层界面处则无底砾岩，一般为构造岩，或没有构造岩。

2. 岩浆岩间的接触关系

岩浆岩间的接触关系主要表现为岩浆岩间的穿插接触关系。后期生成的岩浆岩常插入早期生成的岩浆岩中，将早期岩脉或岩体切割开。

3. 沉积岩与岩浆岩之间的接触关系

沉积岩与岩浆岩之间的接触关系可分为侵入接触和沉积接触两类。

（1）侵入接触

指后期岩浆岩侵入早期沉积岩的一种接触关系。早期沉积岩受后期岩浆熔蚀、挤压和烘烤并进行化学反应，在沉积岩与岩浆岩交界带附近形成一层接触变质带，称为变质晕。

（2）沉积接触

指后期沉积岩覆盖在早期岩浆岩上的沉积接触关系。早期岩浆岩表层风化剥蚀，在后期沉积岩底部常形成一层含岩浆岩砾石的底砾岩。

三、地质年代表

根据地层形成顺序、生物演化阶段、构造运动、古地理特征及同位素年龄测定，对全球性地层进行划分和对比，综合得出地质年代表，见表1-1。表中将地质历史（时代）划分为太古宙、元古宙和显生宙三大阶段，宙再细分为代，代再细分为纪，纪再细分为世，世再细分为期，期再细分为时。每个地质时期形成的地层，又赋予相应的地层单位，即宇、界、系、统、阶、带，分别与地质历史宙、代、纪、世、期、时相对应。它们经国际地层委员会通过并在世界通用。在此基础上，各国结合自己的实际情况，都建立了自己的地层年代表。

表1-1 地质年代表

地质时代（地层系统代号）				同位素年龄值/Ma	生物界			构造阶段（构造运动）
宙（宇）	代（界）	纪（系）	世（统）		植物	动物		
显生宙（宇）	新生代（界 K_z）	第四纪系（Q）	全新世（统 Q_h）	2	被子植物繁盛	出现人类	无脊椎动物继续演化发展	新阿尔卑斯构造阶段（喜马拉雅构造阶段）
			更新世（统 Q_p）					
		第三纪（系R）	晚第三纪（系N）	上新世（统 N_2）	26		哺乳动物与鸟类繁盛	
				中新世（统 N_1）				
			早第三纪（系E）	渐新世（统 E_3）	65			
				始新世（统 E_2）				
				古新世（统 E_1）				
	中生代（界Mz）	白垩纪（系K）	晚白垩世（统 K_2）	137	裸子植物繁盛	爬行动物与鸟类繁盛		燕山构造阶段
			早白垩世（统 K_1）					老阿尔卑斯构造阶段
		侏罗纪（系J）	晚侏罗世（统 J_3）	195				
			中侏罗世（统 J_2）					
			早侏罗世（统 J_1）					
		三叠纪（系T）	晚三叠世（统 T_3）	230				印支构造阶段
			中三叠世（统 T_2）					

续表

| 地质时代（地层系统代号） | | | | 同位素年龄值/Ma | 生物界 | | 构造阶段（构造运动） |
宙（宇）	代（界）	纪（系）	世（统）		植物	动物	
			早三叠世（统 T_1）				
		二叠纪（系 P）	晚二叠世（统 P_2）	285		两栖动物繁盛	（海西）华力西构造阶段
			中二叠世（统 P_1）		蕨类及原始裸植物繁盛		
		石炭纪（系 C）	晚石炭纪（C_3）	350			
			中石炭纪（C_2）				
			早石炭纪（C_1）				
		泥盆纪（系 D）	晚泥盆纪（D_3）	400		鱼类繁盛	
			中泥盆纪（D_2）		裸蕨植物繁盛		
	古生代（界 Pz）		早泥盆纪（D_1）				
		志留纪（系 S）	晚志留纪（S_3）	435			
			中志留纪（S_2）				
			早志留纪（S_1）				
		奥陶纪（系 O）	晚奥陶纪（O_3）	500	藻类及菌类植物繁盛	海生无脊椎动物繁盛	加里东构造阶段
			中奥陶纪（O_2）				
			早奥陶纪（O_1）				
		寒武纪（第 E）	晚寒武纪（E_3）	570			
			中寒武纪（E_2）				
			早寒武纪（E_1）				
元古宇宙（宇 P_t）	晚元古代（界 P_{t3}）	震旦纪（系 Z）	晚震旦世（统 Z_2）	800		裸露无脊椎动物出现	晋宁运动、吕梁运动、五台运动、阜平运动
			早震旦世（统 Z_1）				
	中元古代（界 P_{t2}）			1000			
	早元古代（界 P_{t1}）			1900			
太古宙（宇 Ar）	太古代			2500			地球形成

我国在区域地质调查中常采用多重地层划分原则，即除上述地层单位外，主要使

用岩石地层单位。

岩石地层单位是以岩石学特征及其相对应的地层位置为基础的地层单位。没有严格的时限，往往呈现有规则的穿时现象。岩石地层最大单位为群，群再细分为组，组再细分为段，段再细分为层。

（一）群

包括两个以上的组。群以重大沉积间断或不整合界面划分。

（二）组

以同一岩相，或某一岩相为主，夹有其他岩相，或不同岩相交互构成。其中，岩相是指岩石形成环境，如海相、陆相、潟湖相、河流相等。

（三）段

段为组的组成部分，由同一岩性特征构成。组不一定都划分出段。

（四）层

指段中具有显著特征，可区别于相邻岩层的单层或复层。

第三节　地貌单元类型与特征

一、地貌的概念

地貌是地壳表面各种不同成因、不同类型、不同规模的起伏形态。地貌形态由地貌基本要素构成，地貌基本要素包括地形面、地形线和地形点，它们是地貌地形的最简单的几何组分，决定了地貌形态的几何特性。

（一）地形面

地形面可能是平面、曲面或波状面，如山坡面、阶地面、山顶面和平原面等。

（二）地形线

两个地形面相交组成地形线（或一个地带），或者是直线，或者是弯曲起伏线，如分水线、谷底线、破折线等。

（三）地形点

地形点是两条（或几条）地形线的交点，孤立的微地形体也属于地形点。因此地形点实际上是大小不同的一个区域，如山脊线相交构成山峰点或山鞍点、山坡转折点和河谷裂点等。

不同地貌有着不同的成因，但概括地讲，地貌是由两种原因造成的，一是地球的内力作用，二是外力作用。地貌是内外营力共同作用的结果，内营力作用造就地表的起伏，外营力作用使地表原有的起伏不断平缓，因此地貌形成过程中的内外营力是一对矛盾。地貌的形成不仅取决于内外营力作用类型的差异，而且还取决于内外营力作用过程的对比。

二、地貌单元分类

地貌单元主要包括剥蚀地貌、山麓斜坡堆积地貌、河流地貌、湖积地貌、海岸地貌、冰川地貌和风成地貌等。

（一）剥蚀地貌

剥蚀地貌包括山地、丘陵、剥蚀残山和剥蚀平原。各地貌单元的主要地质作用和地貌特征见表1-2。

表1-2 剥蚀地貌特征

成因	地貌单元		主要地质作用	地貌特征
剥蚀地貌	山地	高山	构造作用为主，强烈的冰山刨蚀作用	山地地貌的特点是具有山顶、山坡、山脚等明显的形态要素
		中山	构造作用为主，强烈的剥蚀切割作用和部分冰山刨蚀作用	
		低山	构造作用为主，长期强烈的剥蚀切割作用	
	丘陵		中等强度的构造作用，长期剥蚀切割作用	丘陵是经过长期剥蚀切割，外貌呈低矮而平缓的起伏地形
	剥蚀残山		构造作用微弱，长期剥蚀切割作用	低山在长期的剥蚀过程中，极大部分的山地被夷平成准平原，但在个别地段形成了比较坚硬的残丘，称为剥蚀残山。一般常成几个孤零屹立的小丘，有时残山与河谷交错分布
	剥蚀平原		构造作用微弱，长期剥蚀和堆积作用	剥蚀平原是在地壳上升微弱、地表岩层高差不大的条件下，经外力的长期剥蚀夷平所形成。其特点是地形面与岩层面不一致，上覆堆积物很薄，基岩常裸露于地表，在低洼地段有时覆盖有厚度稍大的残积物、坡积物和洪积物等

（二）山麓斜坡堆积地貌

山麓斜坡堆积地貌包括洪积扇、坡积裙、山前平原和山间凹地。其地貌单元的主要地质作用和地貌特征见表1-3。

表 1-3 山麓斜坡堆积地貌特征

成因	地貌单元	主要地质作用	地貌特征
山麓斜坡堆积地貌	洪积扇	山谷洪流洪积作用	山区河流自山谷流入平原后，流速减低，形成分散的漫流，流水携带的碎屑物质开始堆积，形成由顶端（山谷出口处）向边缘缓慢倾斜的扇形地貌
	坡积裙	山坡面流坡积作用	坡积裙是由山坡上的水流将风化碎屑物质携带到山坡下，并围绕坡脚堆积，形成的裙状地貌
	山前平原	山谷洪流洪积作用为主，夹有山坡面流坡积作用	山前平原由多个大小不一的洪（冲）积扇互相连接而成，因而呈高低起伏的波状地形
	山间凹地	周围的山谷洪流洪积作用和山坡面流坡积作用	被环绕的山地所包围而形成的堆积盆地，称为山间凹地。山间凹地由周围的山前平原继续扩大所组成，凹地边缘颗粒粗大，一般呈三角形，凹地中心颗粒逐渐变细，地下水位浅，有时形成大片沼泽洼地

（三）河流地貌

河流所流经的槽状地形称为河谷，它是在流域地质构造的基础上，经河流的长期侵蚀、搬运和堆积作用逐渐形成和发展起来的一种地貌，凡由河流作用形成的地貌，称为河流地貌。河流地貌包括河床、河漫滩和阶地。

1.河流的地质作用

河水在流动时，对河床进行冲刷破坏，并将所侵蚀的物质带到适当的地方沉积下来，故河流的地质作用可分为侵蚀作用、搬运作用和沉积作用。

河流水流有破坏地表并掀起地表物质的作用。水流破坏地表有三种方式，即冲蚀作用、磨蚀作用和溶蚀作用，总称为河流的侵蚀作用。

河流在其自身流动过程中，将地面流水及其他地质营力破坏所产生的大量碎屑物质和化学溶解物质不停地输送到洼地、湖泊和海洋的作用称为河流的搬运作用。河流的搬运作用按其搬运方式可分为机械搬运和化学搬运两类。

河流的沉积作用是指当河流的水动力状态改变时，河水的搬运能力下降，致使搬运物堆积下来的过程。河流的沉积作用一般以机械沉积作用为主。

2.河床

河谷中枯水期水流所占据的谷地部分称为河床。河床横剖面呈一低凹的槽形。从源头到河口的河床最低点连线称为河床纵剖面，它呈一不规则的曲线。山区河床较狭窄，两岸常有许多山嘴凸出，使河床岸线犬牙交错，纵剖面较陡，浅滩和深槽彼此交替，且多跌水和瀑布。平原地区河床较宽、浅，纵剖面坡度较缓，有微微起伏。

河床发展过程中，由于不同因素的影响，在河床中形成各种地貌，如河床中的浅滩与深槽、沙波，山地基岩河床中的壶穴和岩槛等。

3. 河漫滩

河流洪水期淹没河床以外的谷底部分，称为河漫滩。平原河流河漫滩发育宽广，常在河床两侧分布，或只分布在河流的凸岸。山地河谷比较狭窄，洪水期水位较高，河漫滩的宽度较小，相对高度比平原河流的河漫滩要高。

4. 阶地

阶地是在地壳的构造运动与河流侵蚀、堆积的综合作用下形成的。由于构造运动和河流地质过程的复杂性，阶地的类型是多种多样的。

（四）湖积地貌

湖积地貌包括湖积平原和沼泽地。其地貌单元的主要地质作用和地貌特征见表1-4。

表1-4 湖积地貌特征

成因	地貌单元	主要地质作用	地貌特征
湖积地貌	湖积平原	湖泊堆积作用	地表水流将大量的风化碎屑物带到湖泊洼地，使湖岸堆积和湖心堆积不断地扩大和发展，形成了大片向湖心倾斜的平原，称为湖积平原
	沼泽地	沼泽堆积作用	湖泊洼地中水草茂盛，大量有机物在洼地中积聚，久而久之产生了湖泊的沼泽化。当喜水植物渐渐长满了整个湖泊洼地时，便形成了沼泽地。在平原上河流弯曲的地段，容易产生沼泽地，大多曾是河漫滩湖泊或牛短湖的地方。另外，当河流流经沼泽地时，由于沼泽地的土质松软，侧向侵蚀强烈，河道往往迂回曲折，有时形成许多小的牛轭湖

（五）海岸地貌

海岸是具有一定宽度的陆地与海洋相互作用的地带，其上界是风暴浪作用的最高位置，下界为波浪作用开始扰动海底泥沙处。现代海岸带由陆地向海洋可划分为滨海陆地、海滩和水下岸坡三部分。海岸地貌包括海岸侵蚀地貌和堆积地貌。海岸地貌特征见表1-5。

表1-5 海岸地貌特征

成因	地貌单元	主要地质作用	地貌特征
海岸地貌	海岸侵蚀地貌	海水冲蚀作用	海岸侵蚀地貌主要包括海蚀崖、海蚀穴、海蚀洞、海蚀窗、海蚀拱桥、海蚀柱、海蚀平台

续表

		根据外海波浪向岸作用方向与岸线走向之间的角度关系，泥沙横向移动过程可形成各种堆积地貌：水下堆积阶地、水下沙坝、离岸堤、泻湖和海滩等。岸线走向变化使波浪作用方向与岸线夹角增大或减小，以致泥沙流过饱和而发生堆积，形成各种堆积地貌，如凹形海岸堆积地貌、凸形海岸堆积地貌和岸外岛屿等
海岸堆积地貌	海水堆积作用	

（六）冰川地貌

在高山和高纬地区，气候严寒，年平均温度在0℃以下，常年积雪，当降雪的积累大于消融时，地表积雪逐年增厚，经一系列物理过程，积雪就逐渐变成淡蓝色的透明冰川冰。冰川冰是多晶固体，具有塑性，受自身重力作用或冰层压力作用沿斜坡缓慢运动，就形成冰川。冰川进退或积消引起海面升降和地壳均衡运动，从而使海陆轮廓发生较大的变化。此外，冰川对地表塑造是很强烈的，仅次于河流的作用，所以冰川也是塑造地形的强大外营力之一。因此，凡是经冰川作用过的地区，都能形成一系列冰川地貌。

冰川地貌包括冰蚀地貌、冰碛地貌和冰水堆积地貌三部分。冰川地貌特征见表1-6。

表1-6 冰川地貌特征

成因	地貌单元	主要地质作用	地貌特征
冰川地貌	冰蚀地貌	冰川刨蚀作用	冰蚀地形是由冰川的侵蚀作用所塑造的地形，如围谷、角峰、刀脊、冰斗、冰窖、冰川槽谷和悬谷
	冰碛地貌	冰川堆积作用	冰川融化使冰川携带的碎屑物质堆积下来，形成冰碛物。往往是巨砾、角砾、砾石、砂、粉砂和黏土的混合堆积，粒度相差悬殊，明显缺乏分选性。冰碛地貌主要有冰碛丘陵、冰碛平原、终碛堤和侧碛堤
	冰水堆积地貌	冰水堆积侵蚀作用	冰川附近的冰融水具有一定的侵蚀搬运能力，能将冰川的冰碛物再经冰融水搬运堆积，形成冰水堆积物。在冰川边缘由冰水堆积物组成的各种地貌，称为冰水堆积地貌，如冰水扇和外冲平原、冰水湖、冰砾埠阶地、冰砾埠、锅穴和蛇形丘等

（七）风成地貌

风成地貌是指由风力作用而形成的地貌。在风力作用地区，在同一时间内，一个地区是风蚀区，另一个地区则是风积区，其间的过渡性地段为风蚀、风积区，各地区将相应发育不同数量的风蚀地貌和风积地貌。风成地貌特征见表1-7。

表1-7 风成地貌特征

成因	地貌单元	主要地质作用	地貌特征
风成地貌	风蚀地貌	风的吹蚀和堆积作用	风蚀地貌形态主要见于风蚀区，有时沙漠中也有一定数量存在，如风蚀石窝、风蚀蘑菇、风蚀柱、雅丹地貌和风蚀盆地等
	风积地貌	风的堆积作用	风积地貌形态主要包括沙地、沙丘和沙垄

三、不同地貌地区工程建设时应注意的问题

(一) 剥蚀地貌地区工程建设时应注意的问题

第一，在山地地区进行大型水电站、大型构筑物和隧道工程施工时，需要注意高边坡稳定性、地质构造稳定性及地质灾害（崩塌、滑坡和泥石流等）评价。在海拔较高的山上进行施工时，要注意工程的抗冻性和岩土中水的膨胀性。

第二，在丘陵地带建设时，工程选址可行性论证阶段应避开地质灾害高发地段和地质构造不稳定地段。在工程施工时，要密切注意恶劣气象条件带来的地质灾害，同时注意保护丘陵的原生态环境，做到人与自然和谐相处。

第三，剥蚀残山和剥蚀平原由于剥蚀程度的不同和原始地形的不同，岩土体残积的厚度也不同，岩土体的性状也不同。因此，在工程建设时必须进行详细的工程地质勘察。

(二) 山麓斜坡堆积地貌地区工程建设时应注意的问题

第一，在洪积扇堆积的多是分选性较差的洪积土，多为碎石土。一般上游堆积的颗粒较大，呈角砾状；下游堆积的颗粒相对较细，呈圆砾状，一般工程性较好；但其间也有可能夹有黏性土或淤质土，造成软夹层。所以工程建设时必须注意地层的均匀性。

第二，坡积裙和山前堆积平原堆积较多的是分选性很差的坡积土、残积土和冲积土，颗粒大小不一，一般孔隙大，厚度受地形影响，所以在工程建设时应注意堆积斜坡的稳定性、堆积颗粒的密实度及地下水的冲刷性。

第三，山前堆积平原其颗粒多为砾石、砂、粉土或黏性土，而且堆积的厚度不一致，工程建设时必须注意沉降的均匀性，必须进行详细的工程地质勘察。

(三) 河流地貌地区工程建设时应注意的问题

第一，在工程选址论证阶段，必须注意该地河流的最高洪水位、河流的冲刷规律、河岸的稳定性和地基发生管涌的可能性。一般不得在谷地、谷边及河岸冲刷岸建筑。

第二，在河流阶地建筑时，必须详细了解阶地的稳定性和地层情况，以及上游发

生滑坡、泥石流等地质灾害的可能性，以确保工程安全。

第三，河流阶地的冲积土层往往具有不均匀性和丰富的储水性，要注意建筑物的不均匀沉降。

第四，古代河流和现代河流的流向往往不一致，所以在建设时要注意了解古河道的走向，以减少建筑物的差异沉降。

（四）湖积与海岸地貌地区工程建设时应注意的问题

第一，湖积地貌往往堆积的是湖积土，海岸地貌往往堆积的是海积土，这两类土统称淤积土，其工程性状往往较差，一般是压缩层。

第二，湖积土和海积土在其他条件一定时，一般堆积年代越早，固结程度越好，工程性状要好一些；堆积年代越晚，固结程度越差，工程性状相对也差一些。

第三，湖积土、海积土在同一地区堆积的厚度不一样，均匀性也不一样，所以工程建设时必须考虑建筑物沉降的稳定性和均匀性。

（五）冰川地貌地区工程建设时应注意的问题

第一，冰川地貌形成的冰水堆积物是冰积岩土，在常年冻土地区建设时应注意冰积岩土的分选性、稳定性和发生冰川雪崩地质灾害的可能性。

第二，季节性冻土地区要注意冰积岩土的冻胀性和冻融性。

第三，冻土及寒冷地区施工混凝土要注意热胀冷缩问题。

（六）风成地貌地区工程建设时应注意的问题

第一，工程建设中要注意风成地貌的干缩性和浸水后的湿陷性。

第二，风沙地区选址时要注意沙尘暴的地质灾害和风成地貌的滑坡崩塌的地质灾害。

第三，风沙地区选址和建设中要了解地下水的分布规律和水土保持工作。

第四节　地质构造

构造运动引起地壳岩石圈变形和变位，这种变形、变位被保留下来的形态称为地质构造。地质构造有三种主要类型：岩层、褶皱和断裂。

一、岩层及岩层产状

（一）岩层

岩层的空间分布状态称为岩层产状。岩层按其产状可分为水平岩层、倾斜岩层和直立岩层。

1. 水平岩层

水平岩层指岩层倾角为0°的岩层。绝对水平的岩层很少见，习惯上将倾角小于5°的岩层都称为水平岩层，又称水平构造。岩层沉积之初顶面总是保持水平的，所以水平岩层一般出现在构造运动轻微的地区或大范围内均匀抬升、下降的地区，一般分布在平原、高原或盆地中部。水平岩层中新岩层总是位于老岩层之上，当岩层受切割时，老岩层出露于河谷低洼区，新岩层出露于高岗上。在同一高程的不同地点，出露的是同一岩层。

2. 倾斜岩层

倾斜岩层指岩层面与水平面有一定夹角的岩层。自然界绝大多数岩层是倾斜岩层，倾斜岩层是构造挤压或大区域内不均匀抬升、下降，使岩层向某个方向倾斜而成的。一般情况下，倾斜岩层仍然保持顶面在上、底面在下，新岩层在上、老岩层在下的产出状态，称为正常倾斜岩层。当构造运动强烈，使岩层发生倒转，出现底面在上、顶面在下，老岩层在上、新岩层在下的产出状态时，称为倒转倾斜岩层。

岩层的正常与倒转主要依据化石确定，也可依据岩层层面构造特征（如岩层面上的泥裂、波痕、虫迹、雨痕等）或标准地质剖面来确定。

倾斜岩层按倾角a的大小又可分为缓倾岩层（a＜30°）、陡倾岩层（30°≤a＜60°）和陡立岩层（a≥60°）。

3. 直立岩层

直立岩层指岩层倾角等于90°的岩层。绝对直立的岩层也较少见，习惯上将岩层倾角大于85°的岩层都称为直立岩层。直立岩层一般出现在构造强烈、紧密挤压的地区。

（二）岩层产状

1. 产状要素

岩层在空间分布状态的要素称为岩层产状要素。一般用岩层面在空间的水平延伸方向、倾斜方向和倾斜程度进行描述，分别称为岩层的走向、倾向和倾角，见图1-1。

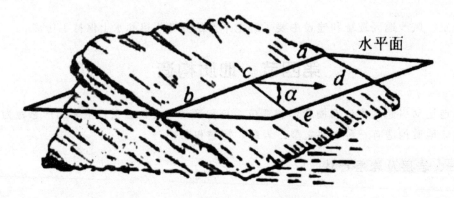

图1-1 岩层产状要素

ab.走向线；ce.倾斜线；cd.倾向线；α.倾角

（1）走向

走向指岩层面与水平面的交线所指的方向（cb和ca），该交线是一条直线，称为走向线，它有两个方向，相差180°。

（2）倾向

倾向指岩层面上最大倾斜线在水平面上投影所指的方向（cd）。该投影线是一条射线，称为倾向线，只有一个方向。倾向线与走向线互为垂直关系。

（3）倾角

倾角指岩层面与水平面的交角，一般指最大倾斜线与倾向线之间的夹角，又称真倾角，如图1-1中的 α 。

当观察剖面与岩层走向斜交时，岩层与该剖面的交线称为视倾斜线。视倾斜线在水平面的投影线称为视倾向线。视倾斜线与视倾向线之间的夹角称为视倾角。视倾角小于真倾角。视倾角与真倾角的关系为

$$\tan\beta = \tan\alpha \cdot \sin\theta \quad (1-1)$$

式中，θ ——视倾向线（观察剖面线）与岩层走向线之间的夹角。

2.产状要素的测量、记录和图示

（1）产状要素的测量

岩层各产状要素的具体数值，一般在野外用地质罗盘仪在岩层面上直接测量和读取。

（2）产状要素的记录

由地质罗盘仪测得的数据，一般有两种记录方法，即象限角法和方位角法。

①象限角法

以东、南、西、北为标志，将水平面划分为四个象限，以正北或正南方向为0°，正东或正西方向为90°，再将岩层产状投影在该水平面上，将走向线和倾向线所在的象限，以及它们与正北或正南方向所夹的锐角记录下来。一般按走向、倾角、倾向的顺序记录。

②方位角法

将水平面按顺时针方向划分为360°，以正北方向为0°，再将岩层产状投影到该水平面上，将倾向线与正北方向所夹角度记录下来，一般按倾向、倾角的顺序记录。

二、褶皱构造

在构造运动作用下岩层产生的连续弯曲变形形态称为褶皱构造。褶皱构造的规模差异很大，大型褶皱构造延伸几十千米，小型褶皱构造在标本上也可见到。

（一）褶曲构造

褶皱构造中任何一个单独的弯曲都称为褶曲，褶曲是组成褶皱的基本单元。褶曲有背斜和向斜两种基本形态。

1.背斜

岩层弯曲向上凸出，核部地层时代老，两翼地层时代新。正常情况下，两翼地层相背倾斜。

2.向斜

岩层弯曲向下凹陷，核部地层时代新，两翼地层时代老。正常情况下，两翼地层相向倾斜。

（二）褶曲要素

为了描述和表示褶曲在空间的形态特征，对褶曲各个组成部分给予一定的名称，称为褶曲要素，褶曲要素如下：

1. 核部

褶曲中心部位的岩层。

2. 翼部

褶曲两侧部位的岩层。

3. 轴面

通过核部大致平分褶曲两翼的假想平面。根据褶曲的形态，轴面可以是一个平面，也可以是一个曲面；可以是直立的面，也可以是一个倾斜、平卧或卷曲的面。

4. 轴线

轴面与水平面或垂直面的交线，代表褶曲在水平面或垂直面上的延伸方向。根据轴面的情况，轴线可以是直线，也可以是曲线。

5. 枢纽

褶曲中同一岩层面上最大弯曲点的连线。根据褶曲的起伏形态，枢纽可以是直线，也可以是曲线；可以是水平线，也可以是倾斜线。

6. 脊线

背斜横剖面上弯曲的最高点称为顶，背斜中同一岩层面上最高点的连线称为脊线。

7. 槽线

向斜横剖面上弯曲的最低点称为槽，向斜中同一岩层面上最低点的连线称为槽线。

（三）褶曲分类

褶曲的形态多种多样，不同形态的褶曲反映了褶曲形成时不同的力学条件及成因。为了更好地描述褶曲在空间的分布，研究其成因，常以褶曲的形态为基础，对褶曲进行分类。下面介绍两种形态分类。

1. 褶曲按横剖面形态分类

褶曲按横剖面形态分类即按横剖面上轴面和两翼岩层产状分类。

（1）直立褶曲

轴面直立，两翼岩层产状倾向相反，倾角大致相等

（2）倾斜褶曲

轴面倾斜，两翼岩层产状倾向相反，倾角不相等。

（3）倒转褶曲

轴面倾斜，两翼岩层产状倾向相同，其中一翼为倒转岩层。

（4）平卧褶曲

轴面近水平，两翼岩层产状近水平，其中一翼为倒转岩层。

2. 褶曲按纵剖面形态分类

褶曲按纵剖面形态分类即按枢纽产状分类。

（1）水平褶曲

枢纽近于水平，呈直线状延伸较远，两翼岩层界线基本平行。若褶曲长宽比大于 10∶1，在平面上呈长条状，则称为线状褶曲。

（2）倾伏褶曲

枢纽向一端倾伏，另一端昂起，两翼岩层界线不平行。在倾伏端交汇成封闭弯曲线。若枢纽两端同时倾伏，则岩层界线呈环状封闭，其长宽比在 3∶1～10∶1 时，称为短轴褶曲；其长宽比小于 3∶1 时，背斜称为穹窿构造，向斜称为构造盆地。

（四）褶曲的岩层分布判别

岩层受力挤压弯曲后，形成向上隆起的背斜和向下凹陷的向斜，但经地表营力的长期改造，或地壳运动的重新作用，原有的隆起和凹陷在地表面有时可能看不出来。为对褶曲形态做出正确鉴定，此时应主要根据地表面出露岩层的分布特征进行判别。一般来讲，当地表岩层出现对称重复时，则有褶曲存在。如核部岩层老，两翼岩层新，则为背斜；如核部岩层新，两翼岩层老，则为向斜。然后，根据两翼岩层产状和地层界线的分布情况，则可具体判别其横、纵剖面上褶曲形态的具体名称。

（五）褶曲构造的类型

有时，褶曲构造在空间不是呈单个背斜或单个向斜出现，而是以多个连续的背斜和向斜的组合形态出现。其按组合形态的不同可分为以下类型：

1. 复背斜和复向斜

复背斜和复向斜是由一系列连续弯曲的褶曲组成的一个大背斜或大向斜，前者称为复背斜，后者称为复向斜。复背斜和复向斜一般出现在构造运动作用强烈的地区。

2. 隔挡式和隔槽式

隔挡式和隔槽式褶皱由一系列轴线在平面上平行延伸的连续弯曲的褶曲组成。当背斜狭窄，向斜宽缓时，称为隔挡式；当背斜宽缓，向斜狭窄时，称为隔槽式。这两种褶皱多出现在构造运动相对缓和的地区。

三、断裂构造

岩层受构造运动作用，当所受的构造应力超过岩石强度时，岩石的连续完整性遭到破坏，产生断裂，称为断裂构造。按照断裂后两侧岩层沿断裂面有无明显的相对位移，又分节理和断层两种类型。断裂构造在岩体中又称结构面。

（一）节理

节理是指岩层受力断开后，断裂面两侧岩层沿断裂面没有明显的相对位移时的断裂构造。节理的断裂面称为节理面。节理分布普遍，绝大多数岩层中有节理发育。节理的延伸范围变化较大，由几厘米到几十米不等。节理面在空间的状态称为节理产状，其定义和测量方法与岩层面产状类似。节理常把岩层分割成形状不同、大小不等的岩块，小块岩石的强度与包含节理的岩石的强度明显不同。岩石边坡失稳和隧道洞顶坍塌往往与节理有关。

1. 节理分类

节理可按成因、力学性质、与岩层产状的关系和张开程度等分类。

（1）按成因分类。

节理按成因可分为原生节理、构造节理和表生节理；也有人分为原生节理和次生节理，次生节理再分为构造节理和非构造节理。

①原生节理

岩石形成过程中形成的节理，如玄武岩在冷却凝固时体积收缩形成的柱状节理。

②构造节理

由构造运动产生的构造应力形成的节理。构造节理常常成组出现，可将其中一个方向的一组平行破裂面称为一组节理。同一期构造应力形成的各组节理有成因上的联系，并按一定规律组合，不同时期的节理对应错开。

③表生节理

由卸荷、风化、爆破等作用形成的节理，分别称为卸荷节理、风化节理、爆破节理等。常称这种节理为裂隙，为非构造次生节理。表生节理一般分布在地表浅层，大多无一定方向性。

（2）按力学性质分类

①剪节理

一般为构造节理，由构造应力形成的剪切破裂面组成。一般与主应力呈（45°-$\phi/2$）角度相交，其中 ϕ 为岩石内摩擦角。剪节理一般成对出现，相互交切为 X 形。剪节理面多平直，常呈密闭状态，或张开度很小，在砾岩中可以切穿砾石。

②张节理

张节理可以是构造节理，也可以是表生节理、原生节理等，由张应力作用形成。张节理张开度较大，透水性好，节理面粗糙不平，在砾岩中常绕开砾石。

（3）按与岩层产状的关系分类

①走向节理

节理走向与岩层走向平行。

②倾向节理

节理走向与岩层走向垂直。

③斜交节理

节理走向与岩层走向斜交。

（4）按张开程度分类。

①宽张节理

节理缝宽度大于 5mm。

②张开节理

节理缝宽度为 3～5mm。

③微张节理

节理缝宽度为 1～3mm。

④闭合节理

节理缝宽度小于 1mm。

2. 节理发育程度分级

按节理的组数、密度、长度、张开度及充填情况，将节理发育程度分级，见表 1-8。

表 1-8 节理发育程度分级

发育程度等级	基本特征
节理不发育	节理 1～2 组，规则，为构造，间距在 1m 以上，多为闭合节理，岩体切割成大块状
节理较发育	节理 2～3 组，呈 X 形，较规则，以构造型为主，多数间距大于 0.4m，多为闭合节理，部分为微张节理，少有充填物。岩体切割成块石状
节理发育	节理 3 组以上，不规则，呈 X 形或"米"字形，以构造型或风化型为主，多数间距小于 0.4m，大部分为张开节理，部分有充填物。岩体切割成块石状
节理很发育	节理 3 组以上，杂乱，以风化型和构造型为主，多数间距小于 0.2m，以张开节理为主，有个别宽张节理，一般均有充填物。岩体切割成碎裂状

3. 节理的调查内容

节理是广泛发育的一种地质构造，工程地质勘察应对其进行调查，包括以下内容：

一是节理的成因类型、力学性质；二是节理的组数、密度和产状。节理的密度一般采用线密度或体积节理数表示。线密度以"条/m"为单位计算。体积节理数（J_v）用单位体积内的节理数表示；三是节理的张开度、长度和节理面的粗糙度；四是节理的充填物质及厚度、含水情况；五是节理发育程度分级。

此外，对节理十分发育的岩层，在野外许多岩体露头上，可以观察到数十条以至数百条节理。它们的产状多变，为了确定它们的主导方向，必须对每个露头上的节理产状逐条进行测量统计，编制该地区节理玫瑰花图、极点图或等密度图，由图确定节理的密集程度及主导方向。一般在 1m² 露头上进行测量统计。

（二）断层

断层是指岩层受力断开后，断裂面两侧岩层沿断裂面有明显相对位移时的断裂构造。断层广泛发育，规模相差很大。大的断层延伸数百千米甚至上千千米，小的断层在手标本上就能见到。有的断层切穿了地壳岩石圈，有的则发育在地表浅层。断层是一种重要的地质构造，对工程建筑的稳定性起着重要作用。地震与活动性断层有关，滑坡、隧道中大多数的坍方、涌水均与断层有关。

1. 断层要素

为阐明断层的空间分布状态和断层两侧岩层的运动特征，给断层各组成部分赋予一定名称，称为断层要素。

（1）断层面

断层中两侧岩层沿其运动的破裂面。它可以是一个平面，也可以是一个曲面。断层面的产状用走向、倾向和倾角表示，其测量方法同岩层产状。有的断层面由一定宽度的破碎带组成，称为断层破碎带。

（2）断层线

断层面与地平面成垂直面的交线，代表断层面在地面或垂直面上的延伸方向。它可以是直线，也可以是曲线。

（3）断盘

断层两侧相对位移的岩层称为断盘。当断层面倾斜时，位于断层面上方的称为上盘，位于断层面下方的称为下盘。

（4）断距

岩层中同一点被断层断开后的位移量。其沿断层面移动的直线距离称为总断距，其水平分量称为水平断距，其垂直分量称为垂直断距。

2. 断层常见分类

（1）按断层上、下两盘相对运动方向分类

这种分类是主要的分类方法。

①正断层

上盘相对向下滑动，下盘相对向上滑动的断层。正断层一般受地壳水平拉张力作用或重力作用而形成，断层面多陡直，倾角大多在45°以上。正断层可以单独出露，也可以多个连续组合形式出现，形成地堑、地垒和阶梯状断层。走向大致平行的多个正断层，当中间地层为共同的下降盘时，称为地堑；当中间地层为共同的上升盘时，称为地垒。组成地堑或地垒两侧的正断层，可以单条产出，也可以由多条产状近似的正断层组成，形成依次向下断落的阶梯状断层。

②逆断层

上盘相对向上滑动，下盘相对向下滑动的断层。逆断层主要受地壳水平挤压应力形成，常与褶皱伴生。按断层面倾角可将逆断层划分为逆冲断层、逆掩断层和辗掩断层。

逆冲断层是断层面倾角大于45°的逆断层。

逆掩断层是断层面倾角在25°～45°的逆断层，常由倒转褶曲进一步发展而成。

辗掩断层是断层面倾角小于25°的逆断层。一般规模巨大，常有时代老的地层被推覆到时代新的地层之上，形成推覆构造。

当一系列逆断层大致平行排列，在横剖面上看，各断层的上盘依次上冲时，其组合形式称为叠瓦式逆断层。

③平移断层

断层两盘主要在水平方向上相对错动的断层。平移断层主要由地壳水平剪切作用形成，断层面常陡立，断层面上可见水平的擦痕。

（2）按断层面走向与褶曲轴走向的关系分类

①纵断层

断层走向与褶曲轴走向平行的断层。

②横断层

断层走向与褶曲轴走向垂直的断层。

③斜断层

断层走向与褶曲轴走向斜交的断层。

（3）按断层面走向与褶曲轴走向的关系分类

①纵断层

断层走向与褶曲轴走向平行的断层。

②横断层

断层走向与褶曲轴走向垂直的断层。

③斜断层

断层走向与褶曲轴走向斜交的断层。

当断层面切割褶曲轴时，在断层上、下盘同一地层出露界线的宽窄常发生变化，背斜上升盘核部地层变宽，向斜上升盘核部地层变窄。

（4）按断层力学性质分类

①压性断层

由压应力作用形成，其走向垂直于主压应力方向，多呈逆断层形式，断面为舒缓波状，断裂带宽大，常有断层角砾岩。

②张性断层

在张应力作用下形成，其走向垂直于张应力方向，常为正断层形式，断层面粗糙，多呈锯齿状。

③扭性断层

在切应力作用下形成，与主压应力方向交角小于45°，常成对出现。断层面平直光滑，常有大量擦痕。

3.断层存在的判别

（1）构造线标志

同一岩层分界线、不整合接触界面、侵入岩体与围岩的接触带、岩脉、褶曲轴线、早期断层线等，在平面或剖面上出现了不连续，即突然中断或错开，则有断层存在。

（2）岩层分布标志

一套顺序排列的岩层，由于走向断层的影响，常造成部分地层的重复或缺失现象，即断层使岩层发生错动，经剥蚀夷平作用使两盘地层处于同一水平面时，会使原来顺序排列的地层出现部分重复或缺失。

（3）断层的伴生现象

当断层通过时，在断层面（带）及其附近常形成一些构造伴生现象，也可作为断层存在的标志。

①擦痕、阶步和摩擦镜面

断层上、下盘沿断层面做相对运动时，因摩擦作用，在断层面上形成一些刻痕、小阶梯或磨光的平面，分别称为擦痕、阶步和摩擦镜面。

②构造岩（断层岩）

因地应力沿断层面集中释放，常造成断层面处岩体十分破碎，形成一个破碎带，称为断层破碎带。破碎带宽几十厘米至几百米不等，破碎带内碎裂的岩、土体经胶结后称为构造岩。构造岩中碎块颗粒直径大于2mm时称为断层角砾岩；当碎块颗粒直径为0.01～2mm时称为碎裂岩；当碎块颗粒直径更小时称为糜棱岩；当颗粒均研磨成泥状时称为断层泥。

③牵引现象

断层运动时，断层面附近的岩层受断层面上摩擦阻力的影响，在断层面附近形成弯曲现象，称为断层牵引现象，其弯曲方向一般为本盘运动方向。

（4）地貌标志

在断层通过地区，沿断层线常形成一些特殊地貌现象。

①断层崖和断层三角面

在断层两盘的相对运动中，上升盘常常形成陡崖，称为断层崖，如峨眉山金顶舍身崖、昆明滇池西山龙门陡崖。当断层崖受到与崖面垂直方向的地表流水侵蚀切割，使原崖面形成一排三角形陡壁时，称为断层三角面。

②断层湖、断层泉

沿断层带常形成一些串珠状分布的断陷盆地、洼地、湖泊、泉水等，可指示断层延伸方向。

③错断的山脊、急转的河流

正常延伸的山脊突然被错断，或山脊突然断陷成盆地、平原，正常流经的河流突然产生急转弯，一些顺直深切的河谷，均可指示断层延伸的方向。

判断一条断层是否存在，主要依据地层的重复、缺失和构造不连续这两个标志。其他标志只能作为辅证，不能依其下定论。

4.断层运动方向的判别

判别断层性质，首先要确定断层面的产状，从而确定出断层的上、下盘，再确定上、下盘的运动方向，进而确定断层的性质。断层上、下盘运动方向可由以下几点判别：

（1）地层时代

在断层线两侧，通常上升盘出露地层较老，下降盘出露地层较新。地层倒转时相反。

（2）地层界线

当断层横截褶曲时，背斜上升盘核部地层变宽，向斜上升盘核部地层变窄。

（3）断层伴生现象

刻蚀的擦痕凹槽较浅的一端、阶步陡坎方向，为对盘错动的方向。牵引现象的弯曲方向为本盘运动方向。

第二章　地质构造及其影响

第一节　水平构造和单斜构造

　　地质构造是地壳运动的产物。由于地壳中存在有很大的应力，组成地壳的上部岩层，在地应力的长期作用下就会发生变形，形成构造变动的形迹，如在野外经常见到的岩层褶曲和断层等。我们把构造变动在岩层和岩体中遗留下来的各种构造形迹，称为地质构造。

　　地质构造的规模，有大有小。除上面所说的褶曲和断层外，大的如构造带，可以纵横数千公里，小的则如前边讲过的岩石的片理等。尽管规模大小不同，但它们都是地壳运动造成的永久变形和岩石发生相对位移的踪迹，因而它们在形成、发展和空间分布上，都存在有密切的内部联系。

　　在漫长的地质历史过程中，地壳经历了长期、多次复杂的构造运动。在同一区域，往往会有先后不同规模和不同类型的构造体系形成，它们互相干扰，互相穿插，使区域地质构造会显得十分复杂。但大型的复杂的地质构造，总是由一些较小的简单的基本构造形态按一定方式组合而成的。本章着重就一些简单的和典型的基本构造形态进行讨论。

　　未经构造变动的沉积岩层，其形成时的原始产状是水平的，先沉积的老岩层在下，后沉积的新岩层在上，称为水平构造。但是地壳在发展过程中，经历了长期复杂的运动过程，岩层的原始产状都发生了不同程度的变化。这里所说的水平构造，只是相对而言，就其分布来说，也只是局限于受地壳运动影响轻微的地区。

　　原来水平的岩层，在受到地壳运动的影响后，产状发生变动。其中最简单的一种形式，就是岩层向同一个方向倾斜，形成单斜构造。单斜构造往往是褶曲的一翼、断层的一盘或者是局部地层不均匀地上升或下降所引起。

一、岩层产状

　　岩层在空间的位置，称为岩层产状。倾斜岩层的产状，是用岩层层面的走向、倾向和倾角三个产状要素来表示的。

（一）走向

岩层层面与水平面交线的方位角，称为岩层的走向。岩层的走向表示岩层在空间延伸的方向。

（二）倾向

垂直走向顺倾斜面向下引出一条直线，此直线在水平面的投影的方位角，称为岩层的倾向。岩层的倾向，表示岩层在空间的倾斜方向。

（三）倾角

岩层层面与水平面所夹的锐角，称为岩层的倾角。岩层的倾角表示岩层在空间倾斜角度的大小。

可以看出，用岩层产状的三个要素，能表达经过构造变动后的构造形态在空间的位置。

二、岩层产状的测定及表示方法

岩层产状测量，是地质调查中的一项重要工作，在野外是用地质罗盘直接在岩层的层面上测量的。

测量走向时，使罗盘的长边紧贴层面，将罗盘放平，水准泡居中，读指北针所示的方位角，就是岩层的走向。测量倾向时，将罗盘的短边紧贴层面，水准泡居中，读指北针所示的方位角，就是岩层的倾向。因为岩层的倾向只有一个，所以在测量岩层的倾向时，要注意将罗盘的北端朝向岩层的倾斜方向。测量倾角时，需将罗盘横着竖起来，使长边与岩层的走向垂直，紧贴层面，等倾斜器上的水准泡居中后，读悬锤所示的角度，就是岩层的倾角。

在表达一组走向为北西320°，倾向南西230°，倾角35°的岩层产状时，一般写成：NW320°，SW230°，∠35°的形式，在地质图上，长线表示岩层的走向，与长线垂直的短线表示岩层的倾向（长短线所示的均为实测方位），数字表示岩层的倾角。由于岩层的走向与倾向相差90°，所以在野外测量岩层的产状时，往往只记录倾向和倾角。如上述岩层的产状，可记录为SW230°∠35°的形式。如需知道岩层的走向时，只需将倾向加减90°即可，后面将要讲到的褶曲的轴面、裂隙面和断层面等，其产状意义、测量方法和表达形式与岩层相同。

第二节　褶皱构造

组成地壳的岩层，受构造应力的强烈作用，使岩层形成一系列波状弯曲而未丧失其连续性的构造，称为褶皱构造。褶皱构造是岩层产生的塑性变形，是地壳表层广泛发育的基本构造之一。

一、褶曲

褶皱构造中的一个弯曲，称为褶曲。褶曲是褶皱构造的组成单位。每一个褶曲，都有核部、翼、轴面、轴及枢纽等几个组成部分，一般称为褶曲要素。

（一）核部

褶曲的中心部分。通常把位于褶曲中央最内部的一个岩层称为褶曲的核。

（二）翼

位于核部两侧，向不同方向倾斜的部分，称为褶曲的翼。

（三）轴面

从褶曲顶平分两翼的面，称为褶曲的轴面。轴面在客观上并不存在，而是为了标定褶曲方位及产状而划定的一个假想面。褶曲的轴面可以是一个简单的平面，也可以是一个复杂的曲面。轴面可以是直立的、倾斜的或平卧的。

（四）轴

轴面与水平面的交线，称为褶曲的轴。轴的方位，表示褶曲的方位。轴的长度，表示褶曲延伸的规模。

（五）枢纽

轴面与褶曲同一岩层层面的交线，称为褶曲的枢纽。褶曲的枢纽有水平的，有倾斜的，也有波状起伏的。枢纽可以反映褶曲在延伸方向产状的变化情况。

二、褶曲的类型

褶曲的基本形态是背斜和向斜。

（一）背斜褶曲

是岩层向上拱起的弯曲。背斜褶曲的岩层，以褶曲轴为中心向两翼倾斜。当地面受到剥蚀而出露有不同地质年代的岩层时，较老的岩层出现在褶曲的轴部，从轴部向两翼，依次出现的是较新的岩层。

（二）向斜褶曲

是岩层向下凹的弯曲。在向斜褶曲中，岩层的倾向与背斜相反，两翼的岩层都向褶曲的轴部倾斜。如地面遭受剥蚀，在褶曲轴部出露的是较新的岩层，向两翼依次出露的是较老的岩层。

不论是背斜褶曲，还是向斜褶曲，如果按褶曲的轴面产状，可将褶曲分为如下几个形态类型：

1. 直立褶曲

轴面直立，两翼向不同方向倾斜，两翼岩层的倾角基本相同，在横剖面上两翼对称，所以也称为对称褶曲。

2. 倾斜褶曲

轴面倾斜，两翼向不同方向倾斜，但两翼岩层的倾角不等，在横剖面上两翼不对称，所以又称为不对称褶曲。

3. 倒转褶曲

轴面倾斜程度更大，两翼岩层大致向同一方向倾斜，一翼层位正常，另一翼老岩层覆盖于新岩层之上，层位发生倒转。

4. 平卧褶曲

轴面水平或近于水平，两翼岩层也近于水平，一翼层位正常，另一翼发生倒转。

在褶曲构造中，褶曲的轴面产状和两翼岩层的倾斜程度，常和岩层的受力性质及褶皱的强烈程度有关。在褶皱不太强烈和受力性质比较简单的地区，一般多形成两翼岩层倾角舒缓的直立褶曲或倾斜褶曲；在褶皱强烈和受力性质比较复杂的地区，一般两翼岩层的倾角较大，褶曲紧闭，并常形成倒转或平卧褶曲。

如按褶曲的枢纽产状，又可分为：

1. 水平褶曲

褶曲的枢纽水平展布，两翼岩层平行延伸。

2. 倾伏褶曲

褶曲的枢纽向一端倾伏，两翼岩层在转折端闭合。

当褶曲的枢纽倾伏时，在平面上会看到，褶曲的一翼逐渐转向另一翼，形成一条圆滑的曲线。在平面上，褶曲从一翼弯向另一翼的曲线部分，称为褶曲的转折端，在倾伏背斜的转折端，岩层向褶曲的外方倾斜（外倾转折）。在倾伏向斜的转折端，岩层向褶曲的内方倾斜（内倾转折）。在平面上倾伏褶曲的两翼岩层在转折端闭合，是区别于水平褶曲的一个显著标志。

褶曲构造延伸的规模，长的可以从几十千米到数百千米以上，但也有比较短的。按褶曲的长度和宽度的比例，长宽比大于10∶1，延伸的长度大而分布宽度小的，称为线形褶曲。褶曲向两端倾伏，长宽比介于10∶1～3∶1之间，呈长圆形的，如是背斜，称为短背斜；如是向斜，称为短向斜。长宽比小于3∶1的圆形背斜称为穹隆；向斜称为构造盆地。两者均为构造形态，不能与地形上的隆起和盆地相混淆。

三、褶皱构造

褶皱是褶曲的组合形态，两个或两个以上褶曲构造的组合，称为褶皱构造。在褶皱比较强烈的地区，单个的褶曲比较少见，一般的情况都是线形的背斜与向斜相间排列，以大体一致的走向平行延伸，有规律地组合成不同形式的褶皱构造。如果褶皱剧烈，或在早期褶皱的基础上再经褶皱变动，就会形成更为复杂的褶皱构造。我国的一些著名山脉，如昆仑山、祁连山、秦岭等，都是这种复杂的褶皱构造山脉。

四、褶皱构造的工程地质评价和野外观察

（一）褶皱构造的工程地质评价

如果从路线所处的地质构造条件来看，也可能是一个大的褶皱构造，但从工程所遇到的具体构造问题来说，则往往是一个一个的褶曲或者是大型褶曲构造的一部分。局部构成了整体，整体与局部存在着密切的联系，通过整体能更好地了解局部构造相互间的关系及其空间分布的来龙去脉。有了这种观点，对于了解某些构造问题在路线

通过地带的分布情况，进而研究地质构造复杂地区路线的合理布局，无疑是重要的。

不论是背斜褶曲还是向斜褶曲，在褶曲的翼部遇到的，基本上是单斜构造，也就是倾斜岩层的产状与路线或隧道轴线走向的关系问题。倾斜岩层对建筑物的地基，一般来说-没有特殊不良的影响，但对于深路堑、挖方高边坡及隧道工程等，则需要根据具体情况作具体的分析。

对于深路堑和高边坡来说，路线垂直岩层走向，或路线与岩层走向平行但岩层倾向与边坡倾向相反时，只就岩层产状与路线走向的关系而言，对路基边坡的稳定性是有利的；不利的情况是路线走向与岩层的走向平行，边坡与岩层的倾向一致，特别在云母片岩、绿泥石片岩、滑石片岩、千枚岩等松软岩石分布地区，坡面容易发生风化剥蚀，产生严重碎落坍塌，对路基边坡及路基排水系统会造成经常性的危害；最不利的情况是路线与岩层走向平行，岩层倾向与路基边坡一致，而边坡的坡角大于岩层的倾角，特别在石灰岩、砂岩与黏土质页岩互层，且有地下水作用时，如路堑开挖过深，边坡过陡，或者由于开挖使软弱构造面暴露，都容易引起斜坡岩层发生大规模的顺层滑动，破坏路基稳定。

对于隧道工程来说，从褶曲的翼部通过一般是比较有利的。如果中间有松软岩层或软弱构造面时，则在顺倾向一侧的洞壁，有时会出现明显的偏压现象，甚至会导致支撑破坏，发生局部坍塌。

在褶曲构造的轴部，从岩层的产状来说，是岩层倾向发生显著变化的地方，就构造作用对岩层整体性的影响来说，又是岩层受应力作用最集中的地方，所以在褶曲构造的轴部，不论公路、隧道或桥梁工程，容易遇到工程地质问题，主要是由于岩层破碎而产生的岩体稳定问题和向斜轴部地下水的问题。这些问题在隧道工程中往往显得更为突出，容易产生隧道塌顶和涌水现象，有时会严重影响正常施工。

（二）褶曲的野外观察

在一般情况下，人们容易认为背斜为山，向斜为谷。有这种情形，但实际情况要比这复杂得多。因为背斜遭受长期剥蚀，不但可以逐渐地被夷为平地，而且往往由于背斜轴部的岩层遭到构造作用的强烈破坏，在一定的外力条件下，甚至可以发展成为谷地，所以向斜山与背斜谷的情况在野外也是比较常见的。因此，不能够完全以地形的起伏情况作为识别褶曲构造的主要标志。

褶曲的规模，有比较小的，但也有很大的。小的褶曲，可以在小范围内，通过几个出露在地面的基岩露头进行观察。规模大的褶曲，一则分布的范围大，二则常受地形高低起伏的影响，既难一览无余，也不可能通过少数几个露头就能窥其全貌。对于这样的大型褶曲构造，在野外就需要采用穿越的方法和追索的方法进行观察。

1.穿越法

就是沿着选定的调查路线，垂直岩层走向进行观察。用穿越的方法，便于了解岩层的产状、层序及其新老关系。如果在路线通过地带的岩层呈有规律的重复出现，则必为褶曲构造。再根据岩层出露的层序及其新老关系，判断是背斜还是向斜。然后进一步分析两翼岩层的产状和两翼与轴面之间的关系，这样就可以判断褶曲的形态类型。

2. 追索法

就是平行岩层走向进行观察的方法。平行岩层走向进行追索观察，便于查明褶曲延伸的方向及其构造变化的情况，当两翼岩层在平面上彼此平行展布时为水平褶曲，如果两翼岩层在转折端闭合或呈"S"形弯曲时，则为倾伏褶曲。

穿越法和追索法，不仅是野外观察褶曲的主要方法，同时也是野外观察和研究其他地质构造现象的一种基本的方法。在实践中一般以穿越法为主，追索法为辅，根据不同情况，穿插运用。

第三节　断裂构造

构成地壳的岩体，受力作用发生变形，当变形达到一定程度后，使岩体的连续性和完整性遭到破坏，产生各种大小不一的断裂，称为断裂构造。

断裂构造是地壳上层常见的地质构造，包括断层和裂隙等。

断裂构造的分布也很广，特别在一些断裂构造发育的地带，常成群分布，形成断裂带。

根据岩体断裂后两侧岩块相对位移的情况，断裂构造可分为裂隙和断层两类。

一、裂隙

裂隙也称为节理。是存在于岩体中的裂缝，是岩体受力断裂后两侧岩块没有显著位移的小型断裂构造。

（一）裂隙的类型

自然界的岩体中几乎都有裂隙存在，按成因可以归纳为构造裂隙和非构造裂隙两类。

构造裂隙，是岩体受地应力作用随岩体变形而产生的裂隙。由于构造裂隙在成因上与相关构造（如褶曲、断层等）和应力作用的方向及性质有密切联系，所以它在空间分布上具有一定的规律性。按裂隙的力学性质，构造裂隙可分为下面两种：

1. 张性裂隙

在褶曲构造中，张性裂隙主要发育在背斜和向斜的轴部。裂隙张开较宽，断裂面粗糙一般很少有擦痕，裂隙间距较大且分布不匀，沿走向和倾向都延伸不远。

2. 扭（剪）性裂隙

一般多是平直闭合的裂隙，分布较密、走向稳定，延伸较深、较远，裂隙面光滑，常有擦痕。扭性裂隙常沿剪切面成群平行分布，形成扭裂带，将岩体切割成板状。有时两组裂隙在不同的方向同时出现，交叉成"X"形，将岩体切割成菱形块体。扭性裂隙常出现在褶曲的翼部和断层附近。

非构造裂隙是由成岩作用、外动力、重力等非构造因素形成的裂隙。如岩石在形成过程中产生的原生裂隙，风化裂隙，以及沿沟壁岸坡发育的卸荷裂隙等。其中具有普遍意义的是风化裂隙。风化裂隙主要发育在岩体靠近地面的部分，一般很少达到地面下 10~15m 的深度。裂隙分布零乱，没有规律性，使岩石多成碎块，沿裂隙面岩石的结构和矿物成分也有明显变化。

（二）裂隙的工程地质评价

岩体中的裂隙，在工程上除有利于开挖外，对岩体的强度和稳定性均有不利的影响。

岩体中存在裂隙，破坏了岩体的整体性，促进岩体风化速度，增强岩体的透水性，因而使岩体的强度和稳定性降低。当裂隙主要发育方向与路线走向平行，倾向与边坡一致时，不论岩体的产状如何，路堑边坡都容易发生崩塌等不稳定现象。在路基施工中，如果岩体存在裂隙，还会影响爆破作业的效果。所以，当裂隙有可能成为影响工程设计的重要因素时，应当对裂隙进行深入的调查研究，详细论证裂隙对岩体工程建筑条件的影响，采取相应措施，以保证建筑物的稳定和正常使用。

（三）裂隙调查、统计和表示方法

为了反映裂隙的分布规律及其对岩体稳定性的影响，需要进行野外调查和室内资料整理工作，并用统计图的形式把岩体裂隙的分布情况表示出来。调查裂隙时，应先在工点选择一具有代表性的基岩露头，对一定面积内的裂隙，按表2-1所列的内容进行测量，主要包括：

表2-1 裂隙野外测量记录表

编号	裂隙产状			长度	宽度	条数	填充情况	裂隙成因类型
	走向	倾向	倾角					
1	NW370°	NE37°	18°			22	裂隙面夹泥	扭性裂隙
2	NW332°	NE62°	10°			15	裂隙面夹泥	扭性裂隙
3	NE7°	NW277°	80°			2	裂隙面夹泥	张性裂隙
4	NE15°	NW285°	60°			4	裂隙面夹泥	张性裂隙

一是测量裂隙的产状。为测量方便起见，常用一硬纸片，当裂隙面出露不佳时，可将纸片插入裂隙，用测得的纸片产状，代替裂隙的产状。

二是观察裂隙张开度和充填情况。张开裂隙，其中有填充物的，应观察描述充填物的成分、特征、数量、胶结情况及性质等。

三是根据裂隙发育特征，确定其成因。

四是统计裂隙的密度、间距和数量，确定裂隙发育程度和主导方向。最简单的方法是在垂直节理走向方向上取单位长度计算节理条数，以"条/m"表示，间距等于密度的倒数。

五是玫瑰花图。裂隙玫瑰图可以用裂隙走向编制，也可以用裂隙倾向编制。其编制方法如下：

1. 裂隙走向玫瑰图

在一任意半径的半圆上，画上刻度网。把所测得的裂隙按走向以每5°或每10°分组，统计每一组内的裂隙数并算出其平均走向。自圆心沿半径引射线，射线的方位代表每组裂隙平均走向的方位，射线的长度代表每组裂隙的条数。然后用折线把射线的端点连接起来，即得裂隙走向玫瑰图（图2-1a）。

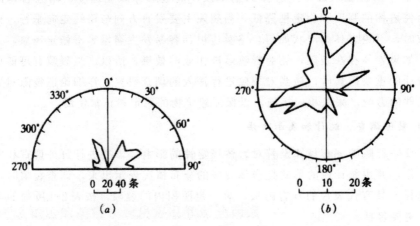

图2-1 裂隙玫瑰

（a）裂隙走向玫瑰图；（b）裂隙倾向玫瑰图

图中的每一个"玫瑰花瓣"，代表一组裂隙的走向，"花瓣"的长度，代表这个方向上裂隙的条数，"花瓣"越长，反映沿这个方向分布的裂隙越多。从图上可以看出，比较发育的裂隙有：走向330°、30°、60°、300°及走向东西的共5组。

2. 裂隙倾向玫瑰图

先将测得的裂隙，按倾向以每5°或每10°分组，统计每一组内裂隙的条数，并算出其平均倾向。用绘制走向玫瑰图的方法，在注有方位的圆周上，根据平均倾向和裂隙的条数，定出各组相应的点子。用折线将这些点子连接起来，即得裂隙倾向玫瑰图（图2-1b）。

如果用平均倾角表示半径方向的长度，用同样方法可以编制裂隙倾角玫瑰图。同时也可看出，裂隙玫瑰图编制方法简单，但最大的缺点是不能在同一张图上把裂隙的走向、倾向和倾角同时表示出来。

（四）裂隙的发育程度

裂隙的发育程度，在数量上有时用裂隙率表示。裂隙率是指岩石中裂隙的面积与岩石总面积的百分比。裂隙率越大，表示岩石中的裂隙越发育。反之，则表明裂隙不发育。公路工程地质常用的裂隙发育程度的分级，见表2-2。

表2-2 裂隙发育程度分级表

发育程度等级	基本特征	附注
裂隙不发育	裂隙1~2组，规则，构造型，间距在1m以上，多为密闭裂隙。岩体被切割成巨块状	对基础工程无影响，在不含水且无其他不良因素时，对岩体稳定性影响不大
裂隙较发育	裂隙2~3组，呈X形，较规则，以构造型为主，多数间距大于0.4m，多为密闭裂隙，少有填充物。岩体被切割成大块状	对基础工程影响不大，对其他工程可能产生相当影响
裂隙发育	裂隙3组以上，不规则，以构造型或风化型为主，多数间距小于0.4m，大部分为张开裂隙，部分有填充物。岩体被切割成小块状	对工程建筑物可能产生很大影响
裂隙很发育	裂隙3组以上，杂乱，以风化型和构造型为主，多数间距小于0.2m，以张开裂隙为主，一般均有填充物。岩体被切割成碎石状	对工程建筑物产生严重影响

注：裂隙宽度：＜1mm的为密闭裂隙；1~3mm的为微张裂隙；3~5mm的为张开裂隙；＞5mm的为宽张裂隙。

二、断层

岩体受力作用断裂后，两侧岩块沿断裂面发生了显著位移的断裂构造，称为断层。断层规模大小不一，小的几米，大的上千千米，相对位移从几厘米到几十千米。

（一）断层要素

断层由以下几个部分组成：

断层面和破碎带两侧岩块发生相对位移的断裂面，称为断层面。断层面可以是直立的，但大多数是倾斜的。断层的产状，就是用断层面的走向、倾向和倾角表示的。规模大的断层，经常不是沿着一个简单的面发生，而往往是沿着一个错动带发生，称为断层破碎带。其宽度从数厘米到数十米不等。断层的规模越大，破碎带也就越宽，越复杂。由于两侧岩块沿断层面发生错动，所以在断层面上常留有擦痕，在断层带中常形成糜棱岩，断层角砾岩和断层泥等。

1. 断层线

断层面与地面的交线，称为断层线。断层线表示断层的延伸方向，其形状决定于断层面的形状和地面的起伏情况。

2. 上盘和下盘

断层面两侧发生相对位移的岩块，称为断盘。当断层面倾斜时，位于断层面上部的称为上盘；位于断层面下部的称为下盘。当断层面直立时，常用断块所在的方位表示，如东盘、西盘等。如以断盘位移的相对关系为依据，则将相对上升的一盘称为上升盘，相对下降的一盘称为下降盘。上升盘和上盘，下降盘和下盘并不完全一致，上升盘可以是上盘，也可以是下盘。同样，下降盘可以是下盘，也可以是上盘，两者不能混淆。

3. 断距

断层两盘沿断层面相对移动开的距离。

（二）断层的基本类型

断层的分类方法很多，所以有各种不同的类型。根据断层两盘相对位移的情况，可以分为下面三种。

1. 正断层

上盘沿断层面相对下降，下盘相对上升的断层。正断层一般是由于岩体受到水平张应力及重力作用，使上盘沿断层面向下错动而成。一般规模不大，断层线比较平直，断层面倾角较陡，常大于45°。

2. 逆断层

上盘沿断层面相对上升，下盘相对下降的断层。逆断层一般是由于岩体受到水平方向强烈挤压力的作用，使上盘沿断面向上错动而成。断层线的方向常和岩层走向或褶皱轴的方向近于一致，和压应力作用的方向垂直。断层面从陡倾角至缓倾角都有。其中断层面倾角大于45°的称为冲断层；介于25°~45°之间的称为逆掩断层；小于25°的称为辗掩断层。逆掩断层和辗掩断层常是规模很大的区域性断层。

3. 平推断层

由于岩体受水平扭应力作用，使两盘沿断层面发生相对水平位移的断层。平推断层的倾角很大，断层面近于直立，断层线比较平直。

上面介绍的，主要是一些受单向应力作用而产生的断裂变形，是断层构造的三个基本类型。由于岩体的受力性质和所处的边界条件十分复杂，所以实际情况还要复杂得多。

（三）断层的组合形式

断层的形成和分布，不是孤立的现象。它受着区域性或地区性的应力场的控制，并经常与相关构造相伴生，很少孤立出现。在各构造之间，总是依一定的力学性质，以一定的排列方式有规律地组合在一起，形成不同形式的断层带。断层带也叫断裂带，是局限于一定地带内的一系列走向大致平行的断层组合，如阶状断层、地堑、地垒和叠瓦式构造等，就是分布比较广泛的几种断层的组合形式。

在地形上，地堑常形成狭长的凹陷地带，如我国山西的汾河河谷，陕西的渭河河谷等，都是有名的地堑构造。地垒多形成块状山地，如天山、阿尔泰山等，都广泛发育有地垒构造。

在断层分布密集的断层带内，岩层一般都受到强烈破坏，产状紊乱，岩层破碎，地下水多，沟谷斜坡崩塌、滑坡、泥石流等不良地质现象发育。

（四）断层的工程地质评价

由于岩层发生强烈的断裂变动，致使岩体裂隙增多、岩石破碎、风化严重、地下水发育，从而降低了岩石的强度和稳定性，对工程建筑造成了种种不利的影响。因此，在公路工程建设中，如确定路线布局、选择桥位和隧道位置时，要尽量避开大的断层破碎带。

在研究路线布局，特别在安排河谷路线时，要特别注意河谷地貌与断层构造的关系。当路线与断层走向平行，路基靠近断层破碎带时，由于开挖路基，容易引起边坡发生大规模坍塌，直接影响施工和公路的正常使用。在进行大桥桥位勘测时，要注意查明桥基部分有无断层存在，及其影响程度如何，以便根据不同情况，在设计基础工程时采取相应的处理措施。

在断层发育地带修建隧道，是最不利的一种情况。由于岩层的整体性遭到破坏，加之地面水或地下水的侵入，其强度和稳定性都是很差的，容易产生洞顶坍落，影响施工安全。因此，当隧道轴线与断层走向平行时，应尽量避免与断层破碎带接触。隧道横穿断层时，虽然只有个别段落受断层影响，但因地质及水文地质条件不良，必须预先考虑措施，保证施工安全。特别当断层破碎带规模很大，或者穿越断层带时，会使施工十分困难，在确定隧道平面位置时，要尽量设法避开。

（五）断层的野外识别

从上述情况可以看出，断层的存在，在许多情况下对工程建筑是不利的。为了采取措施，防止其对工程建筑物的不良影响，首先必须识别断层的存在。

当岩层发生断裂并形成断层后，不仅会改变原有地层的分布规律，还常在断层面及其相关部分形成各种伴生构造，并形成与断层构造有关的地貌现象。在野外可以根据这些标志来识别断层。

1. 地貌特征

当断层（张性断裂或压性断裂）的断距较大时，上升盘的前缘可能形成陡峭的断层崖，如经剥蚀，则会形成断层三角面地形；断层破碎带岩石破碎，易于侵蚀下切，可能形成沟谷或峡谷地形。此外，如山脊错断、错开，河谷跌水瀑布，河谷方向发生突然转折等，很可能都是断裂错动在地貌上的反映。在这些地方应特别注意观察，分析有无断层存在。

2. 地层特征

如岩层发生重复或缺失，岩脉被错断，或者岩层沿走向突然发生中断，与不同性质的岩层突然接触等地层方面的特征，则进一步说明断层存在的可能性很大。

3. 断层的伴生构造现象

断层的伴生构造是断层在发生、发展过程中遗留下来的形迹。常见的有岩层牵引弯曲、断层角砾、糜棱岩、断层泥和断层擦痕等。

岩层的牵引弯曲，是岩层因断层两盘发生相对错动，因受牵引而形成的弯曲，多形成于页岩、片岩等柔性岩层和薄层岩层中。当断层发生相对位移时，其两侧岩石因受强烈的挤压力，有时沿断层面被研磨成细泥，称为断层泥；如被研碎成角砾，则称为断层角砾。断层角砾一般是胶结的，其成分与断层两盘的岩性基本一致。断层两盘相互错动时，因强烈摩擦而在断层面上产生的一条条彼此平行密集的细刻槽，称为断层擦痕。顺擦痕方向抚摸，感到光滑的方向即为对盘错动的方向。

可以看出，断层伴生构造现象，是野外识别断层存在的可靠标志。此外，如泉水、温泉呈线状出露的地方，也要注意观察是否有断层存在。

第四节　不整合

在野外，我们有时可以发现，形成年代不相连续的两套岩层重叠在一起的现象，这种构造形迹，称为不整合。不整合不同于褶皱和断层，它是一种主要由地壳的升降运动产生的构造形态。

一、整合与不整合

我们知道，在地壳上升的隆起区域发生剥蚀，在地壳下降的凹陷区域产生沉积。当沉积区处于相对稳定阶段时，则沉积区连续不断地进行着堆积，这样，堆积物的沉积次序是衔接的，产状是彼此平行的，在形成的年代上也是顺次连续的，岩层之间的这种接触关系。称为整合接触。

在沉积过程中，如果地壳发生上升运动，沉积区隆起，则沉积作用即为剥蚀作用所代替，发生沉积间断。其后若地壳又发生下降运动，则在剥蚀的基础上又接受新的沉积。由于沉积过程发生间断，所以岩层在形成年代上是不连续的，中间缺失沉积间断期的岩层，岩层之间的这种接触关系，称为不整合接触。存在于接触面之间因沉积间断而产生的剥蚀面，称为不整合面。在不整合面上，有时可以发现砾石层或底砾岩等下部岩层遭受外力剥蚀的痕迹。

二、不整合的类型

不整合有各种不同的类型，但基本的有平行不整合和角度不整合两种。

（一）平行不整合

不整合面上下两套岩层之间的地质年代不连续，缺失沉积间断期的岩层，但彼此间的产状基本上是一致的，看起来貌似整合接触，所以又称为假整合。我国华北地区的石炭二叠纪地层，直接覆盖在中奥陶纪石灰岩之上，虽然两者的产状是彼此平行的，但中间缺失志留纪到泥盆纪的岩层，是一个规模巨大的平行不整合。

（二）角度不整合

角度不整合又称为斜交不整合，简称不整合。角度不整合不仅不整合面上下两套岩层间的地质年代不连续，而且两者的产状也不一致，下伏岩层与不整合面相交有一定的角度。这是由于不整合面下部的岩层，在接受新的沉积之前发生过褶皱变动的缘故。角度不整合是野外常见的一种不整合。在我国华北震旦亚界与前震旦亚界之间，岩层普遍存在有角度不整合现象，这说明在震旦亚代之前，华北地区的构造运动是比较频繁而强烈的。

三、不整合的工程地质评价

不整合接触中的不整合面，是下伏古地貌的剥蚀面，它一则常有比较大的起伏，同时常有风化层或底砾存在，层间结合差，地下水发育，当不整合面与斜坡倾向一致时，如开挖路基，经常会成为斜坡滑移的边界条件，对工程建筑不利。

第五节　岩石与岩体的工程地质性质

岩石的工程地质性质，包括物理性质和力学性质两个主要方面。影响岩石工程性质的因素，主要受矿物成分、岩石的结构和构造以及风化作用等控制。岩体是工程影响范围内的地质体，它包含有岩石块、层理、裂隙和断层等。而对于岩体工程性质，主要决定于岩体内部裂隙系统的性质及其分布情况，当然岩石本身的性质亦起着重要的作用。下面主要介绍有关岩石与岩体工程地质的一些常用指标，供分析和评价岩石和岩体工程性质时参考。

一、岩石的主要物理力学性质

（一）岩石的主要物理性质

1. 重量

岩石的重量，是岩石最基本的物理性质之一。一般用比重和重度两个指标表示。

（1）比重

岩石的比重，是岩石固体（不包括孔隙）部分单位体积的重量。在数值上，等于岩石固体颗粒的重量与同体积的水在4℃时重量的比。

岩石比重的大小，决定于组成岩石的矿物的比重及其在岩石中的相对含量。组成岩石的矿物的比重大、含量多，则岩石的比重就大。常见的岩石，其比重一般介于2.4～3.3之间。

（2）重度（重力密度）

也称容重，是指岩石单位体积的重量，在数值上它等于岩石试件的总重量（包括孔隙中的水重）与其总体积（包括孔隙体积）之比。

岩石重度的大小，决定于岩石中矿物的比重，岩石的孔隙性及其含水情况。岩石孔隙中完全没有水存在时的重度，称为干重度。干重度的大小决定于岩石的孔隙性及矿物的比重。岩石中的孔隙全部被水充满时的重度，则称为岩石的饱和重度。

一般来讲，组成岩石的矿物如比重大，或岩石的孔隙性小，则岩石的重度就大。在相同条件下的同一种岩石，如重度大，说明岩石的结构致密、孔隙性小，因而岩石的强度和稳定性也比较高。

2. 孔隙性

岩石的孔隙性，反映岩石中各种孔隙（包括细微的裂隙）的发育程度，对岩石的强度和稳定性产生重要的影响。岩石的孔隙性用孔隙度表示。孔隙度在数值上等于岩石中各种孔隙的总体积与岩石总体积的比。用百分数表示。

岩石孔隙度的大小，主要决定于岩石的结构和构造，同时也受外力因素的影响。未受风化或构造作用的侵入岩和某些变质岩，其孔隙度一般是很小的，而砾岩、砂岩等一些沉积岩类的岩石，则经常具有较大的孔隙度。

3. 吸水性

岩石的吸水性，反映岩石在一定条件下的吸水能力，一般用吸水率表示。岩石的吸水率，是指岩石在通常大气压下的吸水能力。在数值上等于岩石的吸水重量与同体积干燥岩石重量的比，用百分数表示。

岩石的吸水率，与岩石孔隙度的大小、孔隙张开程度等因素有关。岩石的吸水率大，则水对岩石颗粒间结合物的浸湿、软化作用就强，岩石强度和稳定性受水作用的影响也就越显著。

4. 抗冻性

岩石孔隙中有水存在时，水一结冰，体积膨胀，就产生巨大的压力。由于这种压力的作用，会促使岩石的强度降低和稳定性破坏。岩石抵抗这种压力作用的能力，称为岩石的抗冻性。在高寒冰冻地区，抗冻性是评价岩石工程性质的一个重要指标。

岩石的抗冻性，有不同的表示方法，一般用岩石在抗冻试验前后抗压强度的降低率表示。抗压强度降低率小于20%～25%的岩石，认为是抗冻的，大于25%的岩石，认为是非抗冻性的。

（二）岩石的主要力学性质

岩石在外力作用下，首先发生变形，当外力继续增加到某一数值后，就会产生破坏。所以在研究岩石的力学性质时，既要考虑岩石的变形特性，也要考虑岩石的强度特性。

1. 岩石的变形

岩石受力作用后产生变形，在弹性变形范围内，岩石的变形性能一般用弹性模量和泊松比两个指标表示。

弹性模量是应力和应变之比。国际制以"帕斯卡"为单位，用符号 Pa 表示（$1Pa = 1N/m^2$）。岩石的弹性模量越大，变形越小，说明岩石抵抗变形的能力越高。岩石在轴向压力作用下，除产生纵向压缩外，还会产生横向膨胀。这种横向应变与纵向应变的比，称为岩石的泊松比，用小数表示。泊松比越大，表示岩石受力作用后的横向变形越大。岩石的泊松比一般在0.2～0.4之间。

严格来讲，岩石并不是理想的弹性体，因而表达岩石变形特性的物理量也不是一个常数。通常所提供的弹性模量和泊松比的数值，只是在一定条件下的平均值。

2. 岩石的强度

岩石抵抗外力破坏的能力，称为岩石的强度。岩石的强度单位用"Pa"表示。岩石的强度，和应变形式有很大关系。岩石受力作用破坏，有压碎、拉断和剪断等形式，所以其强度可分为抗压强度、抗拉强度和抗剪强度等。

抗压强度是指岩石在单向压力作用下抵抗压碎破坏的能力。在数值上等于岩石受压达到破坏时的极限应力。岩石抗压强度的大小，直接和岩石的结构和构造有关，同时受矿物成分和岩石生成条件的影响，差别很大。一些岩石的极限抗压强度值，参见

表2-3。

表2-3 常见岩石的极限抗压强度表

岩石名称及主要特征	极限抗压强度	
	MPa	kg/cm²
胶结不良的砾岩，各种不坚固的页岩	<20	<200
中等坚硬的泥灰岩、凝灰岩、页岩，软而有裂缝的石灰岩	20～39	200～400
钙质砾岩，裂隙发育、风化强烈的泥质砂岩，坚固的泥灰岩、页岩	39～59	400～600
泥质灰岩，泥质砂岩，砂质页岩	59～79	600～800
强烈风化的软弱花岗岩，正长岩，片麻岩，致密的石灰岩	79～98	800～1000
白云岩，坚固的石灰岩、大理岩，钙质致密砂岩，坚固的砂质页岩	98～118	1000～1200
粗粒花岗岩、正长岩，非常坚固的白云岩，硅质坚固的砂岩	118～137	1200～1400
片麻岩，粗面岩，非常坚固的石灰岩，轻微风化的玄武岩、安山岩	137～157	1400～1600
中粒花岗岩、正长岩、辉绿岩，坚固的片麻岩、粗面岩	157～177	1600～1800
非常坚固的细粒花岗岩、花岗片麻岩，闪长岩，最坚固的石灰岩	177～196	1800～2000
玄武岩，安山岩，坚固的辉长岩、石英岩，最坚固的闪长岩、辉绿岩	196～245	2000～2500
非常坚固的辉长岩、辉绿岩、石英岩、玄武岩	>245	>2500

抗剪强度是指岩石抵抗剪切破坏的能力。在数值上等于岩石受剪破坏时的极限剪应力。在一定压应力下岩石剪断时，剪破面上的最大剪应力，称为抗剪断强度。因坚硬岩石有牢固的结晶联结或胶结联结，所以岩石的抗剪断强度一般都比较高。抗剪强度是沿岩石裂隙面或软弱面等发生剪切滑动时的指标，其强度大大低于抗剪断强度。

抗拉强度在数值上等于岩石单向拉伸时，拉断破坏时的最大张应力。岩石的抗拉强度远小于抗压强度。

岩石的抗压强度最高，抗剪强度居中，抗拉强度最小。抗剪强度约为抗压强度的10%～40%；抗拉强度仅是抗压强度的2%～16%。岩石越坚硬，其值相差越大，软弱的岩石差别较小。岩石的抗剪强度和抗压强度，是评价岩石（岩体）稳定性的指标，是对岩石（岩体）的稳定性进行定量分析的依据。由于岩石的抗拉强度很小，所以当岩层受到挤压形成褶皱时，常在弯曲变形较大的部位受拉破坏，产生张性裂隙。

3. 软化性

岩石受水作用后，强度和稳定性发生变化的性质，称为岩石的软化性。岩石的软化性主要决定于岩石的矿物成分、结构和构造特征。黏土矿物含量高、孔隙度大、吸水率高的岩石，与水作用容易软化而丧失其强度和稳定性。

岩石软化性的指标是软化系数。在数值上，它等于岩石在饱和状态下的极限抗压强度和在风干状态下极限抗压强度的比，用小数表示。其值越小，表示岩石在水作用下的强度和稳定性越差。未受风化作用的岩浆岩和某些变质岩，软化系数大都接近于1，是弱软化的岩石，其抗水、抗风化和抗冻性强；软化系数小于 0.75 的岩石，认为是软化性强的岩石，工程性质比较差。

（三）影响岩石工程性质的因素

从岩石工程性质的介绍中可以看出，影响岩石工程性质的因素是多方面的，但归纳起来，主要的有两个方面：一是岩石的地质特征，如岩石的矿物成分、结构、构造及成因等；另一个是岩石形成后所受外部因素的影响，如水的作用及风化作用等。现就上述因素对岩石工程性质的影响，做一些说明。

1. 矿物成分

岩石是由矿物组成的，岩石的矿物成分对岩石的物理力学性质产生直接的影响，这是容易理解的。例如辉长岩的比重比花岗岩大，这是因为辉长岩的主要矿物成分辉石和角闪石的比重比石英和正长石大的缘故。又比如石英岩的抗压强度比大理岩要高得多，这是因为石英的强度比方解石高的缘故。这说明，尽管岩类相同，结构和构造也相同，如果矿物成分不同，岩石的物理力学性质会有明显的差别。但也不能简单地认为，含有高强度矿物的岩石，其强度一定就高。因为当岩石受力作用后，内部应力是通过矿物颗粒的直接接触来传递的，如果强度较高的矿物在岩石中互不接触，则应力的传递必然会受到中间低强度矿物的影响，岩石不一定就能显示出高的强度。因此，只有在矿物分布均匀，高强度矿物在岩石的结构中形成牢固的骨架时，才能起到增高岩石强度的作用。

从工程要求来看，岩石的强度相对来说都是比较高的。所以在对岩石的工程性质进行分析和评价时，我们更应该注意那些可能降低岩石强度的因素。如花岗岩中的黑云母含量是否过高，石灰岩、砂岩中黏土类矿物的含量是否过高等。因为黑云母是硅酸盐类矿物中硬度低、解理最发育的矿物之一，它一则容易遭受风化而剥落，同时也易于发生次生变化，最后成为强度较低的铁的氧化物和黏土类矿物。石灰岩和砂岩当黏土类矿物的含量大于20%时，就会直接降低岩石的强度和稳定性。

2. 结构

岩石的结构特征，是影响岩石物理力学性质的一个重要因素。根据岩石的结构特征，可将岩石分为两类：一类是结晶联结的岩石，如大部分的岩浆岩、变质岩和一部分沉积岩；另一类是由胶结物联结的岩石，如沉积岩中的碎屑岩等。

结晶联结是由岩浆或溶液中结晶或重结晶形成的。矿物的结晶颗粒靠直接接触产生的力牢固地固结在一起，结合力强，孔隙度小，结构致密、容重大、吸水率变化范围小，比胶结联结的岩石具有较高的强度和稳定性。但就结晶联结来说，结晶颗粒的大小则对岩石的强度有明显影响。如粗粒花岗岩的抗压强度，一般在118～137MPa之间，而细粒花岗岩有的则可达196～245MPa。又如大理岩的抗压强度一般在79～118MPa之间，而最坚固的石灰岩则可达196MPa左右，有的甚至可达255MPa。这充分说明，矿物成分和结构类型相同的岩石，矿物结晶颗粒的大小对强度的影响是显著的。

胶结联结是矿物碎屑由胶结物联结在一起的。胶结联结的岩石，其强度和稳定性主要决定于胶结物的成分和胶结的形式，同时也受碎屑成分的影响，变化很大。就胶结物的成分来说，硅质胶结的强度和稳定性高，泥质胶结的强度和稳定性低，钙质和铁质胶结的。介于两者之间。如泥质砂岩的抗压强度，一般只有59～79MPa，钙质胶结的可达118MPa，而硅质胶结的则可达137MPa，高的甚至可达206MPa。

胶结联结的形式，有基底胶结、孔隙胶结和接触胶结三种。肉眼不易分辨，但对岩石的强度有重要影响。基底胶结的碎屑物质散布于胶结物中，碎屑颗粒互不接触。所以基底胶结的岩石孔隙度小，强度和稳定性完全取决于胶结物的成分。当胶结物和碎屑的性质相同时（如硅质），经重结晶作用可以转化为结晶联结，强度和稳定性将会随之增高。孔隙胶结的碎屑颗粒互相间直接接触，胶结物充填于碎屑间的孔隙中，所以其强度与碎屑和胶结物的成分都有关系。接触胶结则仅在碎屑的相互接触处有胶结物联结，所以接触胶结的岩石，一般孔隙度都比较大、容重小、吸水率高、强度低、易透水。如果胶结物为泥质，与水作用则容易软化而丧失岩石的强度和稳定性。

3. 构造

构造对岩石物理力学性质的影响，主要是由矿物成分在岩石中分布的不均匀性和岩石结构的不连续性所决定的。前者如某些岩石所具的片状构造、板状构造、千枚状构造、片麻构造以及流纹状构造等。岩石的这些构造，往往使矿物成分在岩石中的分布极不均匀。一些强度低、易风化的矿物，多沿一定方向富集，或呈条带状分布，或者成为局部的聚集体，从而使岩石的物理力学性质在局部发生很大变化。观察和实验证明，岩石受力破坏和岩石遭受风化，首先都是从岩石的这些缺陷中开始发生的。另一种情况是，不同的矿物成分虽然在岩石中的分布是均匀的，但由于存在着层理、裂隙和各种成因的孔隙，致使岩石结构的连续性与整体性受到一定程度的影响，从而使岩石的强度和透水性在不同的方向上发生明显的差异。一般来说，垂直层面的抗压强度大于平行层面的抗压强度，平行层面的透水性大于垂直层面的透水性。假如上述两种情况同时存在，则岩石的强度和稳定性将会明显降低。

4. 水

岩石被水饱和后会使岩石的强度降低，这已为大量的实验资料所证实。当岩石受到水的作用时，水就沿着岩石中可见和不可见的孔隙、裂隙浸入。浸湿岩石全部自由表面上的矿物颗粒，并继续沿着矿物颗粒间的接触面向深部浸入，削弱矿物颗粒间的联结，结果使岩石的强度受到影响。如石灰岩和砂岩被水饱和后其极限抗压强度会降低25%～45%。就是像花岗岩、闪长岩及石英岩等一类的岩石，被水饱和后，其强度也均有一定程度的降低。降低程度在很大程度上取决于岩石的孔隙度。当其他条件相同时，孔隙度大的岩石，被水饱和后其强度降低的幅度也大。

和上述的几种影响因素比较起来，水对岩石强度的影响，在一定程度内是可逆的，当岩石干燥后其强度仍然可以得到恢复。但是如果发生干湿循环，化学溶解或使岩石的结构状态发生改变，则岩石强度的降低，就转化成为不可逆的过程了。

5. 风化

风化，是在温度、水、气体及生物等综合因素影响下，改变岩石状态、性质的物理化学过程。它是自然界最普遍的一种地质现象。

风化作用促使岩石的原有裂隙进一步扩大，并产生新的风化裂隙，使岩石矿物颗粒间的联结松散和使矿物颗粒沿解理面崩解。风化作用的这种物理过程，能促使岩石的结构、构造和整体性遭到破坏，孔隙度增大，重度减小，吸水性和透水性显著增高，强度和稳定性将大为降低。随着化学过程的加强，则会引起岩石中的某些矿物发生次生变化，从根本上改变岩石原有的工程性质。

二、岩体的工程地质性质

岩石和岩体虽都是自然地质历史的产物，然而两者的概念是不同的，所谓岩体是指包括各种地质界面——如层面、层理、节理、断层、软弱夹层等结构面的单一或多种岩石构成的地质体，它被各种结构面所切割，由大小不同的、形状不一的岩块（即结构体）所组合而成。所以岩体是指某一地点一种或多种岩石中的各种结构面、结构体的总体。因此岩体不能以小型的完整单块岩石作为代表，例如，坚硬的岩层，其完整的单块岩石的强度较高，而当岩层被结构面切割成碎裂状块体时，构成的岩体之强度则较小，所以岩体中结构面的发育程度、性质、充填情况以及连通程度等，对岩体的工程地质特性有很大的影响。

作为工业与民用建筑地基、道路与桥梁地基、地下洞室围岩、水工建筑地基的岩体，作为道路工程边坡、港口岸坡、桥梁岸坡、库岸边坡的岩体等，都属于工程岩体。在工程施工过程中和在工程使用与运转过程中，这些岩体自身的稳定性和承受工程建筑运转过程传来的荷载作用下的稳定性，直接关系着施工期间和运转期间部分工程甚至整个工程的安全与稳定，关系着工程的成功与失败，故岩体稳定性分析与评价是工程建设中十分重要的问题。

影响岩体稳定性的主要影响因素有：区域稳定性、岩体结构特征、岩体变形特性与承载能力、地质构造及岩体风化程度等。

（一）岩体结构分析

1. 结构面

（1）结构面类型

结构面类型存在于岩体中的各种地质界面（结构面）包括：各种破裂面（如劈理、节理、断层面、顺层裂隙或错动面、卸荷裂隙、风化裂隙等）、物质分异面（如层理、层面、沉积间断面、片理等）以及软弱夹层或软弱带、构造岩、泥化夹层、充填夹泥（层）等，所以"结构面"这一术语，具有广义的性质。不同成因的结构面，其形态与特征、力学特性等也往往不同。按地质成因，结构面可分为原生的、构造的、次生的三大类。

①原生结构面

是成岩时形成的，分为沉积的、火成的和变质的三种类型。沉积结构面如层面、层理、沉积间断面和沉积软弱夹层等。

一般的层面和层理结合是良好的，层面的抗剪强度并不低，但由于构造作用产生的顺层错动或风化作用会使其抗剪强度降低。

软弱夹层是指介于硬层之间强度低，又易遇水软化，厚度不大的夹层；风化之后称为泥化夹层，如泥岩、页岩、泥灰岩等。

火成结构面是岩浆岩形成过程中形成的，如原生节理（冷凝过程形成）、流纹面、与围岩的接触面、火山岩中的凝灰岩夹层等，其中的围岩破碎带或蚀变带、凝灰岩夹层等均属于火成软弱夹层。

变质结构面如片麻理、片理、板理都是变质作用过程中矿物定向排列形成的结构面，如片岩或板岩的片理或板理均易脱开。其中云母片岩、绿泥石片岩、滑石片岩等片理发育，易风化并形成软弱夹层。

②构造结构面

是在构造应力作用下，于岩体中形成的断裂面、错动面（带）、破碎带的统称。其中劈理、节理、断层面、层间错动面等属于破裂结构面。断层破碎带、层间错动破碎带均易软化、风化，其力学性质较差，属于构造软弱带。

③次生结构面

是在风化、卸荷、地下水等作用下形成的风化裂隙、破碎带、卸荷裂隙、泥化夹层、夹泥层等。风化带上部的风化裂隙发育，往深部渐减。

泥化夹层是某些软弱夹层（如泥岩、页岩、千枚岩、凝灰岩、绿泥石片岩、层间错动带等）在地下水作用下形成的可塑黏土，因其摩阻力甚低，工程上要给以很大的注意。

（2）结构面的特征

结构面的规模、形态、连通性、充填物的性质，以及其密集程度均对结构面的物理力学性质有很大影响。

①结构面的规模

不同类型的结构面，其规模可很大，如延展数十千米，宽度达数十米的破碎带；规模可以较小，如延展数十厘米至数十米的节理，甚至是很微小的不连续裂隙，对工程的影响是不一样的，对具体工程要具体分析，有时小的结构面对岩体稳定也可起控制作用。

②结构面的形态

各种结构面的平整度、光滑度是不同的。有平直的（如层理、片理、劈理）、波状起伏的（如波痕的层面、揉曲片理、冷凝形成的舒缓结构面）、锯齿状或不规则的结构面。这些形态对抗剪强度有很大影响，平滑的与起伏粗糙的面相比，后者有较高的强度。

③结构面的密集程度

这是反映岩体完整的情况，通常以线密度（条/m）或结构面的间距表示。见表2-4。

表2-4 节理发育程度分级

分级	I	II	III	IV
节理间距/m	>2	0.5～2	0.1～0.5	<0.1
节理发育程度	不发育	较发育	发育	极发育
岩体完整性	完整	块状	碎裂	破碎

④结构面的连通性

是指在某一定空间范围内的岩体中，结构面在走向、倾向方向的连通程度。结构面的抗剪强度与连通程度有关，其剪切破坏的性质亦有区别；要了解地下岩体的连通性往往很困难，一般通过勘探平硐、岩芯、地面开挖面的统计做出判断。风化裂隙有向深处趋于泯灭的情况，即到一定深度处风化裂隙有消失的趋向。

⑤结构面的张开度和充填情况

结构面的张开度是指结构面的两壁离开的距离，可分为4级：

闭合的：张开度小于0.2mm者；微张的：张开度在0.2～1.0mm者；张开的：张开度在1.0～5.0mm者；宽张的：张开度大于5.0mm者。闭合的结构面的力学性质取决于结构面两壁的岩石性质和结构面粗糙程度。微张的结构面，因其两壁岩石之间常常多处保持点接触，抗剪强度比张开的结构面大。张开的和宽张的结构面，抗剪强度则主要取决于充填物的成分和厚度：一般充填物为黏土时，强度要比充填物为砂质时的更低；而充填物为砂质者，强度又比充填物为砾质者更低。

2.结构体的类型

由于各种成因的结构面的组合，在岩体中可形成大小、形状不同的结构体。

岩体中结构体的形状和大小是多种多样的，但根据其外形特征可大致归纳为：柱状、块状、板状、楔形、菱形和锥形等六种基本形态。

当岩体强烈变形破碎时，也可形成片状、碎块状、鳞片状等形式的结构体。

结构体的形状与岩层产状之间有一定的关系，例如：平缓产状的层状岩体中，一般由层面（或顺层裂隙）与平面上的"X"形断裂组合，常将岩体切割成方块体、三角形柱体等，在陡立的岩层地区，由于层面（或顺层错动面）、断层与剖面上的"X"形断裂组合，往往形成块体、锥形体和各种柱体。

3.岩体结构特征

（1）岩体结构概念与结构类型

岩体结构是指岩体中结构面与结构体的组合方式。形成多种多样的岩体结构类型。具有不同的工程地质特性（承载能力、变形、抗风化能力、渗透性等）。

岩体结构的基本类型可分为整体块状结构、层状结构、碎裂结构和散体结构，它们的地质背景、结构面特征和结构体特征等列于表2-5中。

表 2-5 岩体结构的基本类型

结构类型		地质背景	结构面特征	结构体特征	
类	亚类			形态	强度/MPa
整体块状结构	整体结构	岩性单一，构造变形轻微的巨厚层岩层及火成岩体，节理稀少	结构面少，1～3组，延展性差，多呈闭合状，一般无充填物，$\tan\varphi \geqslant 0.6$	巨型块体	>60
	块状结构	岩性单一，构造变形轻微～中等的厚层岩体及火成岩体，节理一般发育，较稀疏	结构面2～3组，延展性差，多闭合状，一般无充填物，层面有一定结合力，$\tan\varphi \geqslant 0.4\sim0.6$	大型的方块体、菱块体、柱体	一般>60
层状结构	层状结构	构造变形轻微～中等的中厚层状岩体（单层厚>30cm），节理中等发育，不密集	结构面2～3组，延展性较好，以层面、层理、节理为主，有时有层间错动面和软弱夹层，层面结合力不强，$\tan\varphi = 0.3\sim0.5$	中～大型层块体、柱体、菱柱体	>30
	薄层（板）状结构	构造变形中等～强烈的薄层状岩体（单层厚<30cm），节理中等发育，不密集	结构面2～3组，延展性较好，以层面、节理、层理为主，不时有层间错动面和软弱夹层，结构面一般含泥膜，结合力差，$\tan\varphi \approx 0.3$	中～大型的板状体、板楔体	一般10～30

结构类型		地质背景	结构面特征	结构体特征	
类	亚类			形态	强度/MPa
碎裂结构构 dygq	镶嵌结构	脆硬岩体形成的压碎岩，节理发育，较密集	结构面>2~3组，以节理为主，组数多，较密集，延展性较差，闭合状，无~少量充填物，结构面结合力不强，$\tan\varphi=0.4\sim0.6$	形态大小不一，棱角显著，以小~中型块体为主	>60
	层状破裂结构	软硬相间的岩层组合，节理、劈理发育，较密集	节理、层间错动面、劈理带软弱夹层均发育，结构面组数多较密集~密集，多含泥膜、充填物，$\tan\varphi=0.2\sim0.4$，骨架硬岩层，$\tan\varphi=0.4$	形态大小不一，以小~中型的板柱体、板楔体、碎块体为主	骨架硬结构体≥30
	碎裂结构	岩性复杂，构造变动强烈，破碎遭受弱风化作用，节理裂隙发育、密集	各类结构面均发育组数多，彼此交切，多含泥质充填物，结构面形态光滑度不一，$\tan\varphi=0.2\sim0.4$	形状大小不一，以小型块体、碎块体为主	含微裂隙<30
散体结构	松散结构	岩体破碎，遭受强烈风化，裂隙极发育，紊乱密集	以风化裂隙、夹泥节理为主，密集无序状交错，结构面强烈风化、夹泥、强度低	以块度不均的小碎块体、岩屑及夹泥为主	碎块体，手捏即碎
	松软结构	岩体强烈破碎，全风化状态	结构面已完全模糊不清	以泥、泥团、岩粉、岩屑为主，岩粉、岩屑呈泥包块状态	"岩体"已呈土状，如土松软

（2）风化岩体结构特征

工程利用岩面的确定与岩体的风化深度有关，往地下深处岩体渐变至新鲜岩石，但各种工程对地基的要求是不一样的，因而可以根据其要求选择适当风化程度的岩层，以减少开挖的工程量。

（二）岩体的工程地质性质

岩体的工程地质性质首先取决于岩体结构类型与特征，其次才是组成岩体的岩石的性质（或结构体本身的性质）。譬如，散体结构的花岗岩岩体的工程地质性质往往要比层状结构的页岩岩体的工程地质性质要差。因此，在分析岩体的工程地质性质时，必须首先分析岩体的结构特征及其相应的工程地质性质，其次再分析组成岩体的岩石的工程地质性质，有条件时配合必要的室内和现场岩体（或岩块）的物理力学性质试验，加以综合分析，才能确切地把握和认识岩体的工程地质性质。

不同结构类型岩体的工程地质性质：

1. 整体块状结构岩体的工程地质性质

整体块状结构岩体因结构面稀疏、延展性差、结构体块度大且常为硬质岩石，故整体强度高、变形特征接近于各向同性的均质弹性体，变形模量、承载能力与抗滑能力均较高，抗风化能力一般也较强，所以这类岩体具有良好的工程地质性质，往往是较理想的各类工程建筑地基、边坡岩体及洞室围岩。

2. 层状结构岩体的工程地质性质

层状结构岩体中结构面以层面与不密集的节理为主，结构面多闭合—微张状、一般风化微弱、结合力一般不强，结构体块度较大且保持着母岩岩块性质，故这类岩体总体变形模量和承载能力均较高。作为工程建筑地基时，其变形模量和承载能力一般均能满足要求。但当结构面结合力不强，有时又有层间错动面或软弱夹层存在，则其强度和变形特性均具各向异性特点，一般沿层面方向的抗剪强度明显地比垂直层面方向的更低，特别是当有软弱结构面存在时，更为明显。这类岩体作为边坡岩体时，一般地说，当结构面倾向坡外时要比倾向坡里时的工程地质性质差得多。

3. 碎裂结构岩体的工程地质性质

碎裂结构岩体中节理、裂隙发育、常有泥质充填物质，结合力不强，其中层状岩体常有平行层面的软弱结构面发育，结构体块度不大，岩体完整性破坏较大。其中镶嵌结构岩体因其结构体为硬质岩石，尚具较高的变形模量和承载能力，工程地质性能尚好；而层状碎裂结构和碎裂结构岩体则变形模量、承载能力均不高，工程地质性质较差。

4. 散体结构岩体的工程地质性质

散体结构岩体节理、裂隙很发育，岩体十分破碎，岩石手捏即碎，属于碎石土类，可按碎石土类研究。

第三章　岩土工程勘察野外测试技术

第一节　圆锥动力触探试验

一、试验的类型、应用范围和影响因素

（一）圆锥动力触探试验的类型

圆锥动力触探试验的类型可分为轻型、重型和超重型3种。圆锥动力触探是利用一定的锤击能量，将一定尺寸、一定形状的圆锥探头打入土中，根据打入土中的难易程度（可用贯入度、锤击数或单位面积动贯入阻力来表示）来判别土层的变化，对土层进行力学分层，并确定土层的物理力学性质，对地基土做出工程地质评价。通常以打入土中一定距离所需的锤击数来表示土层的性质，也可以动贯入阻力来表示土层的性质。其优点是设备简单、操作方便、工效较高、适应性强，并具有连续贯入的特点。对难以取样的砂土、粉土、碎石类土等土层以及对静力触探难以贯入的土层，圆锥动力触探是十分有效的勘探测试手段。圆锥动力触探的缺点是不能采样对土进行直接鉴别描述，试验误差较大，再线性较差。

（二）圆锥动力触探试验的应用范围

当土层的力学性质有显著差异，而在触探指标上有显著反应时，可利用动力触探进行分层并定性地评价土的均匀性，检查填土质量，探查滑动带、土洞，确定基岩面或碎石土层的埋藏深度等。同时，确定砂土的密实度和黏性土的状态，评价地基土和桩基承载力，估算土的强度和变形参数等。

轻型动力触探适用范围：一般用于贯入深度小于4m的一般黏性土和黏性素填土层。

重型动力触探适用范围：一般适用于砂土和碎石土。

超重型动力触探适用范围：一般用于密实的碎石土或埋深较大、厚度较大的碎石土。

（三） 圆锥动力触探试验的影响因素

圆锥动力触探试验的影响因素有侧壁摩擦、触探杆长度以及地下水。

1. 对于重型动力触探影响因素的枝正

（1） 侧壁摩擦影响的校正

对于砂土和松散中密的圆砾、卵石，触探深度在 1～15m 的范围内时，一般可不考虑侧壁摩擦的影响。

（2） 触探杆长度的修正

当触探杆长度大于 2m 时，需按式（4-1）校正：

$$N_{63.5} = \alpha N \qquad (4-1)$$

式中，$N_{63.5}$ 为重型动力触探试验锤击数；N 为贯入 10cm 的实测锤击数为触探杆长度校正系数，可按规范确定。

（3） 地下水影响的校正

对于地下水位以下的中砂、粗砂、砾砂和圆砾、卵石，锤击数可按式（4-2）校正：

$$N_{63.5} = 1.1 N'_{63.5} + 1.0 \qquad (4-2)$$

式中，$N_{63.5}$ 为经地下水影响校正后的锤击数；$N'_{63.5}$ 为未经地下水影响校正而经触探杆长度影响校正后的锤击数。

2. 对于超重型动力触探影响因素的校正

（1） 触探杆长度影响的校正

当触探杆长度大于 1m 时，锤击数可按式（4-3）进行校正：

$$N_{120} = \alpha N \qquad (4-3)$$

式中，N_{120} 为超重型触探试验锤击数；α 为杆长校正系数，可按表 4-2 确定。

（2） 触探杆侧壁摩擦影响的校正

$$N_{120} = F_n N \qquad (4-4)$$

式中，F_n 为触探杆侧壁摩擦影响校正系数，可按规范确定。

式（4-3）与式（4-4）可合并为式（4-5），因此，触探杆长度和侧壁摩擦的校正可一次完成即：

$$N_{120} = \alpha F_n N \qquad (4-5)$$

式中，αF_n 为综合影响因素校正系数，可按规范确定。

二、试验方法

（一） 动力触探类型及规格

圆锥动力触探试验的类型可分为轻型、重型和超重型 3 种。

（二） 试验仪器设备

圆锥动力触探试验设备主要分 4 个部分（图 4-1）。

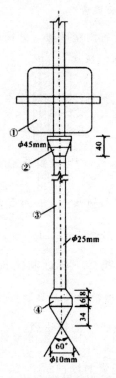

图 4-1 轻型动力触探仪

1. 探头

为圆锥形，锥角60°，探头直径为40～74mm。

2. 穿心锤

钢质圆柱形，中心圆孔略大于穿心杆3～4mm。

3. 提引设备

轻型动力触探采用人工放锤，重型及超重型动力触探采用机械提引器放锤，提引器主要有球卡式和卡槽式两类。

4. 探杆

轻型探杆外径为25mm钻杆，重型探杆外径为42mm钻杆，超重型探杆外径为60mm重型钻杆。

（三）技术要求

圆锥动力触探试验技术要求应符合下列规定。

1. 采用自动落锤装置；

2. 触探杆最大偏斜度不应超过2%，锤击贯入应连续进行；同时防止锤击偏心、探杆倾斜和侧向晃动，保持探杆垂直度；锤击速率每分钟宜为15～30击；

3. 每贯入1m，宜将探杆转动一圈半；当贯入深度超过10m，每贯入20cm宜转动探杆1次；

4. 对轻型动力触探，当N_{10}>100或贯入15cm锤击数超过50次时，可停止试验；对重型动力触探，当连续3次$N_{63.5}$>50时，可停止试验或改用超重型动力触探。

三、试验成果整理

（一）触探指标

以贯入一定深度的锤击数N值（如 N_{10}、$N_{63.5}$、N_{120} 作为触探指标，可以通过N值与其他室内试验和原位测试指标建立相关关系式，从而获得土的物理力学性质指标。这种方法比较简单、直观，使用也较方便，因此被国内外广泛采用。但它的缺陷是不同触探参数得到的触探击数不便于互相对比，而且它的量纲也无法与其他物理力学性质指标一起计算。近年来，国内外倾向于用动贯入阻力来替代锤击数。

（二）动贯入阻力 q_d

欧洲触探试验标准规定了贯入120cm的锤击数和动贯入阻力两种触探指标。以动贯入阻力作为动力触探指标的意义在于：①采用单位面积上的动贯入阻力作为计量指标，有明确的力学量纲，便于与其他物创造相应条件；③便于对不同的触探参数（落锤能量、探头尺寸）的成果资料进行对比分析。

（三）触探曲线

动力触探试验资料应绘制触探击数（或动贯入阻力）与深度的关系曲线。触探曲线可绘成直方图。

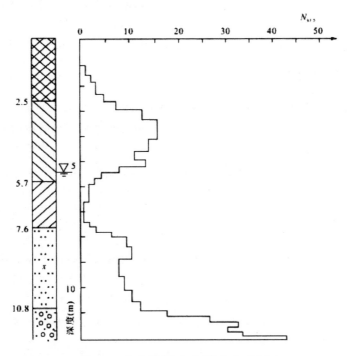

图4-2 动力触探直方图及土层划分

根据触探曲线的形态，结合钻探资料，可进行土的力学分层。但在进行土的分层和确定土的力学性质时应考虑触探的界面效应，即"超前反应"和"滞后反应"。当触探探头尚未达到下卧土层时，在一定深度以上，下卧土层的影响已经超前反映出来，叫作"超前反应"；当探头已经穿过上覆土层进入下卧土层中时，在一定深度以内，上覆土层的影响仍会有一定反应，这叫作"滞后反应"。

据试验研究，当上覆为硬层、下卧为软层时，对触探击数的影响范围大，超前反应量（一般为0.5～0.7m）大于滞后反应量（一般为0.2m）；上覆为软层、下卧为硬层时，影响范围小，超前反应量（一般为0.1～0.2m）小于滞后反应量（一般为0.3～0.5m）。在划分地层分界线时应根据具体情况做适当的调整：当触探曲线由软层进入硬层时，分层界线可定在软层最后一个小值点以下0.1～0.2m处；当触探曲线由硬层进入软层时，分层界线可定在软层第一个小值点以上0.1～0.2m处。根据各孔分层的贯入指标平均值，可用厚度加权平均法计算场地分层贯入指标平均值和变异系数。

第二节 标准贯入试验

标准贯入试验方法是动力触探的一种，它是利用一定的锤击动能（重型触探锤重63.5kg，落距76cm），将一定规格的对开管式的贯入器打入钻孔孔底的土中，再根据打入土中的贯入阻力，判别土层的变化和土的工程性质。贯入阻力用贯入器贯入土中30cm的锤击数N表示（也称为标准贯入锤击数N）。

标准贯入试验要结合钻孔进行，国内统一使用直径为42mm的钻杆，国外也有使用直径为50mm的钻杆或60mm的钻杆。标准贯入试验的优点在于设备简单，操作方便，土层的适应性广，除砂土外对硬黏土及软土岩也适用，而且贯入器能够携带扰动土样，可直接对土层进行鉴别描述。标准贯入试验适用于砂土、粉土和一般黏性土。

一、试验仪器设备

标准贯入试验设备基本与重型动力触探设备相同，主要由标准贯入器、触探杆、穿心锤、锤垫及自动落锤装置等组成。所不同的是标准贯入使用的探头为对开管式贯入器，对开管外径为51±1mm，内径为35±1mm，长度大于457mm，下端接长度为76±1mm、刃角18°～20°、刃口端部厚1.6mm的管靴；上端接一内、外径与对开管相同的钻杆接头，长152mm。

二、试验要点

第一，标准贯入试验孔采用回转钻进，并保持孔内水位略高于地下水位。当孔壁不稳定时，可用泥浆护壁。钻至试验标高以上15cm处，清除孔底残土后再进行试验。

第二，采用自动脱钩的自由落锤法进行锤击，并减小导向杆与锤间的摩阻力，避免锤击时偏心和侧向晃动，保持贯入器、探杆、导向杆连接后的垂直度，锤击速率应小于30击/min。

第三，贯入器打入土中15cm后，开始记录每打入10cm的锤击数，累计打入30cm的锤击数为标准贯入试验锤击数N。当锤击数已达50击，而贯入深度未达到30cm时，可记录50击的实际贯入深度，按式（4-12）换算成相当于30cm的标准贯入试验锤击数N，并终止试验。

$$N = 30 \times \frac{50}{\Delta s} \qquad (4-6)$$

式中，Δs 为50击时的贯入深度（cm）。

第四，拔出贯入器，取出贯入器中的土样进行鉴别描述。

三、影响因素及其校正

（一）触探杆长度的影响

当用标准贯入试验锤击数按规范查表确定承载力或其他指标时，应根据规范规定按式（4-7）对锤击数进行触探杆长度校正：

$$N = \alpha N' \qquad (4-7)$$

式中，N为标准贯入试验锤击数；N'为实测贯入30cm的锤击数；α 为触探杆长度校正系数。

（二）土的自重压力影响

砂土的自重压力（上覆压力）对标准贯入试验结果有很大的影响，同样的击数N对不同深度的砂土表现出不同的相对密实度。一般认为标准贯入试验的结果应进行深度影响校正。

砂土自重压力对标准贯入试验的影响为：

$$N = C_N \cdot N' \qquad (4-8)$$

$$C_N = 0.77 \lg \frac{1960}{\sigma_v} \qquad (4-9)$$

式中，N为校正相当于自重压力等于98kPa的标准贯入试验锤击数；N'为实测标准贯入试验锤击数；C_N为自重压力影响校正系数；$\bar{\sigma}_v$为标准贯入试验深度处砂土有效垂直上覆压力（kPa）。

（三）地下水的影响

对于有效粒径扒。在0.1～0.05mm范围内的饱和粉、细砂，当其密度大于某一临界密度时，贯入阻力将会偏大，相应于此临界密度的锤击数为15，故在此类砂层中贯入击数$N'>15$时，其有效击数N应按式（4-10）校正：

$$N = 15 + \frac{1}{2}(N'-15) \qquad (4-10)$$

式中，N为校正后的标准贯入击数；N'为未校正的饱和粉、细砂的标准贯入击数。

第三节　静力触探

一、静力触探的贯入设备

静力触探试验是用静力将探头以一定的速率压入土中，利用探头内的力传感器，通过电子量测仪器将探头受到的贯入阻力记录下来。由于贯入阻力的大小与土层的性质有关，因此通过贯入阻力的变化情况，可以达到了解土层的工程性质目的。

静力触探试验可根据工程需要采用单桥探头、双桥探头或带孔隙水压力量测的单、双桥探头，测定贯入阻力(p_s)、锥尖阻力(q_c)、侧壁阻力(f_s)和贯入时的孔隙水压力(u)。静力触探试验适用于软土、一般黏性土、粉土、砂土和含少量碎石的土。

以下就静力触探试验的设备构造、试验方法及成果应用做介绍。

（一）静力触探的试验设备

静力触探试验的设备由加压装置、反力装置、探头及量测记录仪器4个部分组成。

1. 加压装置

加压装置的作用是将探头压入土层中，按加压方式可分为下列几种。

（1）手摇式轻型静力触探

利用摇柄、链条、齿轮等用人力将探头压入土中。用于较大设备难以进入的狭小场地的浅层地基土的现场测试。

（2）齿轮机械式静力触探

主要组成部件有变速马达（功率2.8～3kW）、伞形齿轮、丝杆、稻香滑块、支架、底板、导向轮等。其结构简单，加工方便，既可单独落地组装，也可装在汽车上，但贯入力小，贯入深度有限。

（3）全液压传动静力触探

分单缸和双缸两种。主要组成部件有油缸和固定油缸底座、油泵、分压阀、高压油管、压杆器和导向轮等。目前在国内使用液压静力触探仪比较普遍，一般最大贯入力可达200kN。

2. 反力装置

静力触探的反力用3种形式解决。

（1）利用地锚作反力

当地表有一层较硬的黏性土覆盖层时，可以使用2～4个或更多的地锚作反力，视所需反力大小而定。锚的长度一般在1.5m左右，叶片的直径可分成多种，如25cm、30cm、35cm、40cm，以适应各种情况。

（2）利用重物作反力

如地表土为砂砾、碎石土等，地锚难以下入，此时只有采用压重物来解决反力问题，即在触探架上压以足够的重物，如钢轨、钢锭、生铁块等。软土地基贯入30m以内的深度，一般需压重物40～50kN。

（3）利用车辆自重作反力

将整个触探设备装在载重汽车上，利用载重汽车的自重作反力。贯入设备装在汽车上工作方便，工效比较高，但由于汽车底盘距地面过高，使钻杆施力点距离地面的自由长度过大，当下部遇到硬层而使贯入阻力突然增大时易使钻杆弯曲或折断，此时应考虑降低施力点距地面的高度。

触探钻杆通常用外径$\Phi32$～$\Phi35$mm、壁厚为5mm以上的高强度无缝钢管制成，也可用⑦42mm的无缝钢管。为了使用方便，每根触探杆的长度以1m为宜，钻杆接头宜采用平接，以减小压入过程中钻杆与土的摩擦力。

二、探头的结构与工作原理

(一) 探头的工作原理

将探头压入土中时，由于土层的阻力，使探头受到一定的压力。土层的强度愈高，探头所受到的压力愈大。通过探头内的阻力传感器（以下简称传感器），将土层的阻力转换为电讯号，然后由仪表测量出来。为了实现这个目的，需运用3个方面的原理，即材料弹性变形的虎克定律、电量变化的电阻率定律和电桥原理。

传感器受力后会产生变形。根据弹性力学原理，如应力不超过材料的弹性范围，其应变的大小与土的阻力大小成正比，而与传感器截面积成反比。因此，只要能将传感器的应变大小测量出，即可知土的阻力大小，从而求得土的有关力学指标。

如果在传感器上贴电阻应变片，当传感器受力变形时，应变片也随之产生相应的应变，从而引起应变片的电阻产生变化。根据电阻定律，应变片的阻值变化与电阻丝的长度变化成正比，与电阻丝的截面积变化成反比，这样就能将传感器的变形转化为电阻的变化。但由于传感器在弹性范围内的变形很小，引起电阻的变化也很小，不易测量出来。为此，在传感器上贴一组电阻应变片，组成一个电桥电路，使电阻的变化转化为电压的变化，通过放大，就可以测量出来。因此，静力触探就是通过探头传感器实现一系列量的转换：土的强度—土的阻力—传感器的应变—电阻的变化—电压的输出，最后由电子仪器放大和记录下来，达到测定土强度和其他指标的目的。

(二) 探头的结构

目前国内用的探头有3种（图4-3），一种是单桥探头；另一种是双桥探头。此外还有能同时测量孔隙水压的两用(p_s-u)或三用(q_c-u-f_s)探头，即在单桥或双桥探头的基础上增加了能量测孔隙水压力的功能。

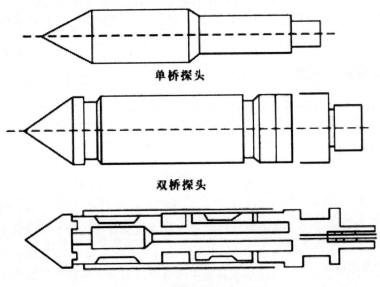

单桥探头

双桥探头

图4-3 精力触探探头示意图

1. 单桥探头

单桥探头由带外套筒的锥头、弹性元件（传感器）、顶柱和电阻应变片组成。锥底的截面积规格不一。

2. 双桥探头

单桥探头虽带有侧壁摩擦套筒，但不能分别测出锥头阻力和侧壁摩擦阻力。双桥探头除锥头传感器外，还有侧壁摩擦传感器及摩擦套筒。侧壁摩擦套筒的尺寸与锥底面积有关。

3. 探头的密封及标定

要保证传感器高精度地进行工作，就必须采取密封、防潮措施，否则会因传感器受潮而降低其绝缘电阻，使零飘增大，严重时电桥不能平衡，测试工作无法进行。密封方法有包裹法、堵塞法、充填法等。用充填法时应注意利用中性填料，且填料要呈软膏状，以免对应变片产生腐蚀或影响信号的传递。

目前国内较常用的密封防水方法是在探头丝扣接口处涂上一层高分子液态橡胶，然后将丝扣上紧。在电缆引出端，用厚的橡胶垫圈及铜垫圈压紧，使其与电缆紧密接触，起到密封的作用，而摩擦传感器则采用自行车内轮胎的橡胶膜套上，两端用尼龙线扎紧，对于摩擦传感器与上接头连接的伸缩缝，可用弹性和密封性能都较好的硅橡胶填充。

密封好的探头要进行标定，找出探头内传感器的应变值与贯入阻力之间的关系后才能使用。标定工作可在特制的磅秤架上进行，也可在材料实验室利用 $50\sim100kN$ 的压力机进行，但最好是使用 $30\sim50kN$ 的标准测力计，这样能在野外工作过程中随时标定，方便且精度较高。

每个传感器需标定 $3\sim4$ 次，每次需转换不同方位。标定过程应耐心细致，加荷速度要慢。将标定结果绘在坐标纸上，纵坐标代表压力，横坐标代表输出电压（mV）或微应变（广）。在正常情况下，各标定的点应在一通过原点的直线上，如不通过原点，且截距较大，可能是应变片未贴好，或探头结构上存在问题，应找出原因后再采取措施。

三、量测记录仪器

目前我国常用静力触探的量测记录仪器有两种类型：一种为电阻应变仪；另一种为自动记录仪。

（一）电阻应变仪

电阻应变仪由稳压电源、振荡器、测量电桥、放大器、相敏检波器和平衡指示器等组成。应变仪是通过电桥平衡原理进行测量的。当触探头工作时，传感器发生变形，引起测量电桥电路的电压平衡发生变化，通过手动调整电位器使电桥达到新的平衡，根据电位器调整程度就可确定应变的大小，并从读数盘上直接读出。

（二）自动记录仪

自动记录仪是由通用的电子电位差计改装而成，它能随深度自动记录土层贯入阻力的变化情况，并以曲线的方式自动绘在记录纸上，从而提高了野外工作的效率和质量。它主要由稳压电源、电桥、滤波器、放大器、滑线电阻和可逆电机组成。自动记录仪的记录过程为：由探头输出的信号，经过滤波器以后，产生一个不平衡电压，经放大器放大后，推动可逆电机转动；与可逆电机相连的指示机构会沿着有分度的标尺滑行，标尺是按信号大小比例刻制的，因而指示机构所显示的位置即为被测信号的数值。近年来已将静力触探试验过程引入微机控制的行列。即在钻进过程中可显示和存入与各深度对应的 q_c 和 f_s 值，起拔钻杆时即可进行资料分析处理，打印出直观曲线及经过计算处理各土层的 q_c、f_s 平均值，并可永久保存，还可根据要求进行力学分层。

四、现场试验

（一）试验前的准备工作

试验前的准备工作如下。

设置反力装置（或利用车装重量）；

安装好加压和量测设备，并用水准尺将底板调平；

检查电源电压是否符合要求；

检查仪表是否正常；

检查探头外套筒及锥头的活动情况，并接通仪器，利用电阻挡调节度盘指针，如调节比较灵活，说明探头正常。

（二）现场试验

现场试验步骤如下。

将仪表与探头接通电源，打开仪表和稳压电源开关，使仪器预热 15min；

根据土层软硬情况，确定工作电压，将仪器调零，并记录孔号、探头号、标定系数、工作电压及日期；

先压入 0.5m，稍停后提升 10cm，使探头与地温相适应，记录仪器初读数 ε_0。试验中每贯入 10mm 测记读数 ε_1 一次。以后每贯入 3~5m，要提升 5~10cm，以检查仪器初读数 ε_0；

探头应匀速垂直压入土中，贯入速度控制在 1.2m/min；

接卸钻杆时，切勿使入土钻杆转动，以防止接头处电缆被扭断，同时应严防电缆受拉，以免拉断或破坏密封装置；

防止探头在阳光下暴晒，每结束一孔，应及时将探头锥头部分卸下，将泥沙擦洗干净，以保持顶柱及外套筒能自由活动。

（三）静力触探试验的技术要求

静力触探试验的技术要求应符合下列规定。

第一，探头圆锥锥底截面积应采用 10cm² 或 15cm²，单桥探头侧壁高度应分别采用 57mm 或 70mm，双桥探头侧壁面积应采用 150~300cm²，锥尖锥角应为 60°。

第二，探头测力传感器应连同仪器、电缆进行定期标定，室内探头标定的测力传感器的非线性误差、重复性误差、滞后误差、温度漂移、归零误差均应满足要求，现场试验归零误差应小于3%，绝缘电阻不小于500MΩ。

第三，深度记录的误差不应大于触探深度的±1%。

第四，当贯入深度超过30m或穿过厚层软土后再贯入硬土层时，应采取措施防止孔斜或断杆，也可配置测斜探头，量测触探孔的偏斜角，校正土层界线的深度。

第五，孔压探头在贯入前，应在室内保证探头应变腔为已排除气泡的液体所饱和，并在现场采取措施保持探头的饱和状态，直至探头进入地下水位以下的土层为止。在孔压静探试验过程中不得上提探头。

第六，当在预定深度进行孔压消散试验时，应量测停止贯入后不同时间的孔压值，其计时间隔由密而疏合理控制。试验过程中不得松动探杆。

五、成果的整理与应用

（一）单孔资料的整理

1. 初读数的处理

初读数是指探头在不受土层阻力的条件下，传感器的初始应变读数。影响初读数的因素很多，最主要的是温度，因为现场工作过程的地温与气温同探头标定时的温度不一样。消除初读数影响的办法是采用每隔一定深度将探头提升一次，在其不受力的情况下将应变仪调零一次，或测定一次初读数。后者在进行应变量计算时，按式（4-11）消除初读数的影响。

$$\varepsilon = \varepsilon_1 - \varepsilon_0 \tag{4-11}$$

式中，ε 为应变量（$\mu\varepsilon$）；ε_1 为探头压入时的读数（$\mu\varepsilon$）；ε_0 为初读数（$\mu\varepsilon$）。

2. 贯入阻力的计算

将电阻应变仪测出的应变量 ε，换算成比贯入阻力 p_s（单桥探头），或锥头阻力 q_c 及侧壁摩擦力 f_s（双桥探头），计算公式如下：

$$p_s = a\varepsilon \tag{4-12}$$
$$q_c = a_1\varepsilon_q \tag{4-13}$$
$$f_s = a_2\varepsilon_i \tag{4-14}$$

式中，a、a_1、a_2 分别为应变仪标定的单桥探头、双桥探头的锥头传感器及摩擦传感器的标定系数（MPa）；ε、ε_q、ε_f 分别为单桥探头、双桥探头的锥头及侧壁传感器的应变量（$\mu\varepsilon$）。

自动记录仪绘制出的贯入阻力随深度变化曲线，其本身就是土层力学性质的柱状图，只需在其纵、横坐标上绘制比例标尺，就可在图上直接量出 p_s 或 q_c、f_s 值的大小。

3. 摩阻比的计算

摩阻比是以百分率表示的双桥探头各对应深度的锥头阻力和侧壁摩擦力的比值，即：

$$R_f = \frac{f_s}{q_c} \times 100\% \tag{4-15}$$

式中，R_f 为摩阻比。

（二）原始数据的修正

1. 深度修正

当记录深度与实际深度有出入时，应按深度线性修正深度误差。若触探的同时量测触探杆的偏斜角 0（相对铅垂线），也需要进行深度的修正。假定偏斜的方位角不变，每 1m 测 1 次偏斜角，则深度修正 Δh_i 为：

$$\Delta h_i = 1 - \cos\left(\frac{\theta_i - \theta_{i-1}}{2}\right) \tag{4-16}$$

式中，Δh_i 为第 i 段深度修正值；θ_i，θ_{i-1} 分别为第 i 次及第 $i-1$ 次实测的偏斜角。

2. 零飘修正

零飘修正一般根据归零检查的深度间隔按线性内插法对测试值加以修正。

（三）绘制触探曲线

单桥和双桥探头应绘制 p_s-z 曲、q_c-z 曲线、f_s-z 曲线、R_f-z 曲线。孔压探头尚应绘制 U_i-z 曲线曲线、f_t-z 曲线、B_q-z 曲线和孔压消散 U_1-$\lg t$ 曲线。

（四）划分土层界线

根据静力触探曲线对土进行力学分层，或参照钻孔分层结合静探曲线的大小和形态特征进行土层工程分层，确定分层界线。

土层划分应考虑超前与滞后的影响，其确定方法如下。

第一，当上、下层贯入阻力相差不大时，取超前深度和滞后深度的中点，或中点偏向小阻值土层 5~10cm 处作为分层界面。

第二，当上、下层贯入阻力相差 1 倍以上，由软层进入硬层或由硬层进入软层时，取软层最后一个（或第一个）贯入阻力小值偏向硬层 10cm 处作为分层界面。

第三，当上、下层贯入阻力无甚变化时，可结合 f_s 或 R_f 的变化确定分层界面。

（五）分层贯入阻力

计算单孔各分层的贯入阻力，可采用算术平均法或按触探曲线采用面积法，计算时应剔除个别异常值（如个别峰值），并剔除超前值、滞后值。计算勘察场地的分层阻力时，可按各孔穿越该层的厚度加权平均计算场地分层的平均贯入阻力，或将各孔触探曲线叠加后，绘制低值与峰值包络线，以便确定场地分层的贯入阻力在深度上的变化规律及变化范围。

（六）成果应用

1. 应用范围

静力触探试验的应用范围如下。

（1）查明地基土在水平方向和垂直方向的变化，划分土层，确定土的类别；

（2）确定建筑物地基土的承载力和变形模量以及其他物理力学指标；

（3）选择桩基持力层，预估单桩承载力，判别桩基沉入的可能性；

（4）检查填土及其他人工加固地基的密实程度和均匀性，判别砂土的密度及其在地震作用下的液化可能性；

（5）湿陷性黄土地区用来查找浸水湿陷事故的范围和界线。

2. 按贯入阻力进行土层分类

利用静力触探进行土层分类，由于不同类型的土可能有相同的 p_s，q_c 或 f_s 值，因此单靠某一个指标，是无法对土层进行正确分类的。在利用贯入阻力进行分层时，应结合钻孔资料进行判别分类。使用双桥探头时，由于不同土的值不可能都相同，因而可以利用 q_c 和 f_s/q_c（摩阻比）两个指标来区分土层类别。对比结果证明，用这种方法划分土层类别效果较好。

3. 确定地基土的承载力

目前，为了利用静力触探确定地基土的承载力，国内外都是根据对比试验结果提出经验公式，以解决生产上的应用问题。

建立经验公式的途径主要是将静力触探试验结果与载荷试验求得的比例界线值进行对比，并通过对比数据的相关分析得到用于特定地区或特定土性的经验公式。

对于粉土则采用式（4-17）：

$$f_0 = 36P_s + 44.6 \tag{4-17}$$

式中，f_0 为地基承载力基本值（kPa）；P_s 为单桥探头的比贯入阻力（MPa）。

4. 确定不排水抗剪强度 C_u 值

用静力触探求饱和软黏土的不排水综合抗剪强度（C_u），目前是用静力触探成果与十字板剪切试验成果对比，建立 P_s 与 C_u 之间的关系，以求得 C_u 值。

5. 确定土的变形性质指标

建议砂土的 $E_s - q_c$ 关系式为：

$$E_s = 1.5q_c \tag{4-18}$$

式中，E_s 为固结试验求得的压缩模量（MPa）。

这个公式是由下列假设推出来的。

触探头类似压进半无限弹性压缩体的圆锥；

压缩模量是常数，并且等于固结试验的压缩模量 E_s；

应力分布的 Boussinesq 理论是适用的；

与土的自重应力 σ_0 相比，应力增量 $\Delta\sigma$ 很小。

由于土在产生侧向位移之前首先被压缩，在压入高压缩土层中的触探头与上述假设条件之间存在着相似性，因此，从理论上来考虑，是可以在探头阻力与土的压缩性之间建立相关关系的经验公式的。

6. 估算单桩承载力

静力触探试验可以看作是一小直径桩的现场载荷试验。对比结果表明，用静力触探成果估算单桩极限承载力是行之有效的。通常是采用双桥探头实测曲线进行估算。现将采用双桥探头实测曲线估算单桩承载力的经验介绍如下。

按双桥探头 q_c、f_s 估算单桩竖向承载力计算式如下：

$$p_a = a\bar{q}_c A + U_p \sum \beta_i f_s l_i \tag{4-19}$$

式中，p_u 为单桩竖向极限承载力（kN）；a 为桩尖阻力修正系数，对黏性土取 2/3，对饱和砂土取 1/2；$\bar{q}_c$ 为桩端上、下探头阻力，取桩端平面以上 4d（d 为桩的直径或边长）范围内按土层厚度的加权平均值，然后再和桩端平面以下 1d 范围的 $\bar{q}_c$ 值平均（kPa）；A 为桩的截面积（m^2）；U_p 为桩身周长（m）；l_i 为第 i 层土的厚度（m）；f_{si} 为第 i 层土的探头侧壁摩阻力（kPa）；β_i 为第 i 层土桩身侧摩阻力修正系数。

第 i 层土桩身侧摩阻力修正系数按下式计算：

对于黏性土，$\beta_i = 10.05 f_{si}^{-0.55}$ 　　　　　　　　　　　　　　　（4-20）

对于砂土用，$\beta_i = 10.05 f_{si}^{-0.45}$ 　　　　　　　　　　　　　　　（4-21）

确定桩的承载力时，安全系数取 2～2.5，以端承载力为主时取 2，以摩阻力为主时取 2.5。

第四节　载荷试验

载荷试验是在保持地基土的天然状态下，在一定面积的刚性承压板上向地基土逐级施加荷载，并观测每级荷载下地基土的变形。它是测定地基土的压力与变形特性的一种原位测试方法。测试所反映的是承压板在 1.5～2.0 倍承压板直径或宽度范围内，地基土强度、变形的综合性状。

载荷试验按试验深度分为浅层和深层。浅层平板载荷试验适用于浅层地基土，深层平板载荷试验适用于埋深等于或大于 3m 和地下水位以上的地基土。按承压板形状分为圆形载荷试验、方形载荷试验和螺旋板载荷试验，按载荷性质分为静力载荷试验和动力载荷试验，按用途可分为一般载荷试验和桩载荷试验。螺旋板载荷试验适用于深层地基土或地下水位以下的地基土。载荷试验可适用于各种地基土，特别适用于各种填土及含碎石的土。

一、浅层平板载荷试验

（一）试验设备及试验要点

1. 仪器设备

载荷试验设备主要由承压板、加荷装置、沉降观测装置组成。

承压板一般为厚钢板，形状为圆形和方形，面积为 0.1～0.5m^2。对承压板的要求为：有足够的刚度，在加荷过程中其本身的变形要小，而且其中心和边缘不能产生弯曲和翘起。

加荷装置可分为载荷台式和千斤顶式两种（图4-4、图4-5），载荷台式为木质或铁质载荷台架，在载荷台上放置重物如钢块、铅块或混凝土试块等重物；千斤顶式为油压千斤顶加荷，用地锚提供反力。采用油压千斤顶必须注意两点：一是油压千斤顶的行程必须满足地基沉降要求；二是入土地锚的反力必须大于最大荷载，以免地锚上拔。由于载荷试验加荷较大，加荷装置必须牢固可靠、安全稳定。

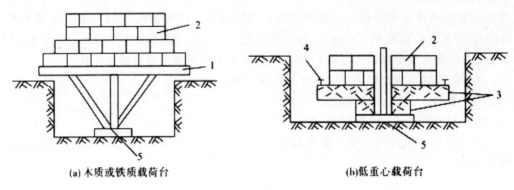

(a) 木质或铁质载荷台   (b)低重心载荷台

图4-4 载荷台式加压装置

1-载荷台；2-钢锭；4-混凝土平台；4-测点；4-承压板

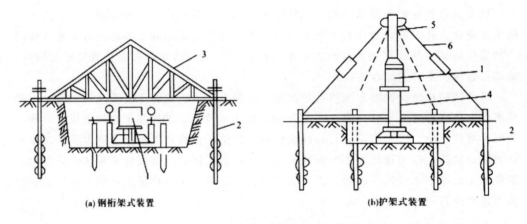

(a) 钢桁架式装置   (b)护架式装置

图4-5 千斤顶式加压装置

1-千斤顶；2-地锚；4-桁架；4-立柱；4-外立柱；6-立杆

沉降观测装置可用百分表、沉降传感器或水准仪等。只要满足所规定的精度要求及线形特征等条件，可任选一种来观测承压板的沉降变形。

2.试验要点

第一，载荷试验应布置在有代表性的地点，每个场地不宜少于3个，当场地内岩土体不均匀时，应适当增加。浅层平板载荷试验应布置在基础底面标高处。

第二，浅层平板载荷试验的试坑宽度或直径不应小于承压板宽度或直径的3倍；深层平板载荷试验的试井直径应等于承压板直径；当试井直径大于承压板直径时，紧靠承压板周围土的高度不应小于承压板直径。

第三，试坑或试井底的岩土体应避免扰动，保持其原状结构和天然湿度，并在承压板下铺设不超过20mm的中砂垫层找平，尽快安装试验设备。当螺旋板头入土时，应按每转一圈下入一个螺距进行操作，减少对土的扰动。

第四，载荷试验宜采用圆形刚性承压板，根据土的软硬或岩体裂隙密度选用合适的尺寸。土的浅层平板载荷试验承压板面积不应小于$0.25m^2$，对软土和粒径较大的填土不应小于$0.5m^2$；图的深层平板载荷试验承压板面积宜选用$0.5m^2$；岩石载荷试验承压板的面积不应小于0.07m²。

　　第五，载荷试验加荷方式应采用分级维持荷载沉降相对稳定法（常规慢速法）。有地区经验时，可采用分级加荷沉降非稳定法（快速法）或等沉速率法。加荷等级宜取10～12级，并不应少于8级，荷载量测精度不应低于最大荷载的±1%。

　　第六，承压板的沉降可采用百分表、沉降传感器或电测位移计量测，其精度不应低于±0.01mm。10min、15min、15min测读一次沉降，以后间隔30min测读一次沉降，当连续两小时的每小时沉降量小于或等于0.1mm时，可认为沉降已达到相对稳定标准，再施加下一级荷载。当试验对象是岩体时，间隔1min、2min、2min、5min测读一次沉降，以后每隔10min测读一次，当连续3次读数差小于或等于0.01mm时，可认为沉降已达到相对稳定标准，再施加下一级荷载。

　　第七，当出现下列情况之一时，可终止试验：①承压板周边的土出现明显侧向挤出，周边岩土出现明显隆起或径向裂缝持续发展；②本级荷载的沉降量大于前级荷载沉降量的5倍，荷载与沉降曲线出现明显陡降；③在某级荷载下24h沉降速率不能达到相对稳定标准；④总沉降量与承压板直径（或宽度）之比超过0.06。

（二）试验资料的整理及成果的应用

1. 试验资料的整理

　　第一，根据原始记录绘制P-S和S-t曲线图。

　　第二，修正沉降观测值，先求出校正值S_0和P-S曲线斜率C，S_0和C的求法有图解法和最小二乘法。

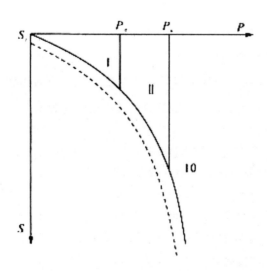

图4-6 P-S曲线修正沉降观测值

　　第三，图解法。在P-S曲线草图（图4-6）上找出比例界限点，从比例界限点引一直线，使比例界限前的各点均匀靠近该直线，直线与纵坐标交点的截距即为S_0。将直线上任意一点的S、P和S_0代入式（4-22）求得C值：

$$S = S_0 + Cp \tag{4-22}$$

　　第四，最小二乘法。计算式如下：

$$NS_o + C \sum P - \sum S' = 0 \qquad\qquad (4-23)$$

$$S_0 \sum P + C \sum P^2 - \sum PS' = 0 \qquad\qquad (4-24)$$

解式（4-23）和式（4-24）求得：

$$C = \frac{N \sum PS' - \sum P \sum S'}{N \sum P^2 - \left(\sum P\right)^2} \qquad\qquad (4-25)$$

$$S_0 = \frac{\sum S' \sum P^2 - \sum P \sum PS'}{N \sum P^2 - \left(\sum P\right)^2} \qquad\qquad (4-26)$$

式中，N 为加荷次数；S_o 为校正值（cm）；P 为单位面积压力（kPa）；S' 为各级荷载下的原始沉降值（cm）；C 为斜率。

求得 S_0 和 C 值后，按下述方法修正沉降观测值 S，对于比例界限以前各点，根据 C、P 值按 $S = C_p$ 计算；对于比例界限以后各点，则按 $S = S - S_o$ 计算。

根据 P 和修正后的 S 值绘制 P－S 曲线。

2. 成果应用

（1）确定地基土承载力

①强度控制法

即以比例界限 P_o 作为地基土承载力。这种方法适用于坚硬的黏性土、粉土、砂土、碎石土。比例界限的确定方法有以下几种。

第一，当 P－S 曲线上有较明显的直线段时，一般采用直线段的终点所对应的压力即为比例界限。

第二，当 P－S 曲线上无明显的直线段时，可用下述方法确定：在某一荷载下，其沉降量超过前一级荷载下沉降量的 2 倍，即 $\Delta S_n > 2 \Delta S_{n-1}$ 的点所对应的压力即为比例界限；绘制 $P - \frac{\Delta S}{\Delta P}$ 曲线，曲线上转折点所对应的压力即为比例界限；绘制曲线，曲线上的转折点所对应的压力即为比例界限，其中团为荷载增量，为相应的沉降增量。

②相对沉降量控制法

根据沉降量和承压板宽度的比值 S／b 确定。当承压板面积为 $0.25 \sim 0.5 \, m^2$ 时，可取 S/b ＝ $0.01 \sim 0.015$ 对应的压力为地基承载力。

③极限荷载法

当 P－S 曲线上的比例界限点出现后，P_o 很快达到极限荷载，即比例界限 P_o 与极限荷载 P_u 接近时，将 P_u 除以安全系数 $F_s \left(F_s = 2 \sim 3\right)$ 作为地基承载力；当比例界限 P_o 与极限荷载 P_u 不接近时，可按式（4-27）计算：

$$f_k = p_u + \frac{p_u - P_o}{F_s} \qquad\qquad (4-27)$$

式中，f_k 为地基土承载力（kPa）；P_o 为比例界限（kPa）；P_u 为极限荷载（kPa）；F_s 为安全系数，一般取 $3 \sim 5$。

当荷载试验加载至破坏荷载，则取破坏荷载的前一级荷载为极限荷载。

承载力特征值的确定应符合下列规定。

①当 P-S 曲线上有比例界限时，取该比例界限所对应的荷载值；

②满足终止试验前 3 条终止加载条件之一时，其对应的前一级荷载为极限荷载，当该值小于对应比例界限荷载值的 2 倍时，取荷载极限值的一半；

③不能按上述两款要求确定时，可取 S/b=0.01~0.05 所对应的荷载值，但其值不应大于最大加载量的一半；

④同一土层参加统计的试验点不应少于 3 点，当试验实测值的极差不超过平均值的 30% 时，取此平均值作为该土层的地基承载力特征值 f_{ak}。

（2）计算变形模量

变形模量可用式（4-28）计算：

$$E_o = 10\left(1 - v^2\right)\frac{P}{Sd} \tag{4-28}$$

式中，E_o 为土的变形模量（MPa）；v 为土的泊松比，碎石土取 0.25，砂土和粉土取 0.30，粉质黏土取 0.35，黏土取 0.42；P 为承压板上的总荷载（kN）；S 为与总荷载 P 相应的沉降量；d 为承压板直径（cm）。

二、螺旋板载荷试验

螺旋板载荷试验（SPLT）是将一螺旋形的承压板用人力或机械旋入地面以下的预定深度，通过传力杆向螺旋形承压板施加压力，测定承压板的下沉量。

（一）适用范围

螺旋板载荷试验适用于深层地基土或地下水位以下的地基土。它可以测量地基土的压缩模量、固结系数、饱和软黏土的不排水抗剪强度、地基土的承载力等，其测试深度可达 10~15m。

（二）试验设备及规格

目前我国已有的螺旋板载荷试验仪器一般由下列 4 个部分组成。

1. 螺旋板头由螺旋板、护套等组成（图 4-7）

螺旋板常用的有 3 种规格，直径 160mm，投影面积 200cm²，钢板厚 5mm，螺距 40mm；直径 252mm，投影面积 500cm²，钢板厚 5mm，螺距 80mm；直径 113mm。螺旋板常用于硬黏土层中。

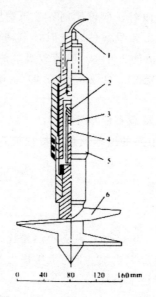

图 4-7 螺旋板头结构示意图

2. 量测系统

由电阻式应变传感器、测压仪等组成。

3. 加压系统

由千斤顶、传力杆等组成。传力杆的规格为 $\Phi 73mm \times 10mm$。若在强度较低的软黏土中进行试验也可采用 $\Phi 36mm \times 10mm$ 的传力杆。

4. 反力装置

由地锚和钢架梁等组成。螺旋板载荷试验装置示意图如图 4-8 所示。

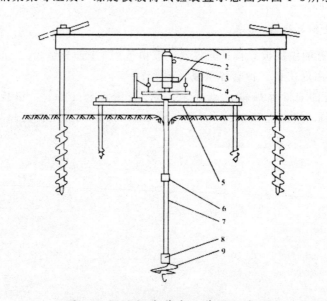

图 4-8 螺旋板载荷实验装置示意图

1-反力装置；2-油压千斤顶；4-传感器导线；4-百分表及磁性座；

4-百分表座横梁；6-传力杆接头；7-传力杆，8-测力传感器；9-螺旋形承压板

（三）试验要求

第一，螺旋板载荷试验应在钻孔中进行，钻孔入进时应在离试验深度20～30cm处停钻，并清除孔底受压或受扰动土层。

第二，螺旋板入土时，应按每转一圈下入一个螺距进行操作，减少对土的扰动。螺旋板与土接触面应加工光滑，使对土体的扰动大大减小。

第三，同一试验孔在垂直方向的试验点间距一般应大于或等于1m，结合土层变化和均匀性布置。一般应在静力触探了解土层剖面后布置试验点。

第四，加荷分级及稳定标准。①沉降相对稳定法（常规慢速法）。用油压千斤顶分级加荷，每级荷载对于砂土、中低压缩性的黏性土、粉土宜采用50kPa，对于高压缩性土宜采用25kPa。每级加荷后的第一小时内，按间隔10min、10min、10min、15min、15min，以后每隔30min读一次承压板沉降量，当连续两小时，每小时的沉降量小于0.1mm时，则达到相对稳定标准，可以施加下一级荷载。②等沉降速率法。用油压千斤顶加荷，加荷速率对于砂土、中低压缩性土宜采用1～2mm/min，每下沉1mm测读压力一次；对于高压缩性土宜采用0.25～0.50mm/min，每下沉0.25～0.50mm测读压力一次，直到土层破坏为止。

试验精度、终止加载条件同深层平板载荷试验。

（四）试验资料整理编辑

绘制P-S曲线：根据螺旋板载荷试验资料绘制P-S曲线的方法与浅层平板载荷试验相同。

绘制S-t曲线：根据S-t关系，绘制S-t曲线、S-lgt曲线、S-$\sqrt{t}$曲线。

（五）成果应用编辑

1. 确定地基土的承载力特征值

确定方法同深层平板载荷试验。

2. 计算变形模量

计算变形模量采用沉降相对稳定法（常规慢速法）试验，按照相关方法，考虑到试验深度和土类的影响，土层的变形模量计算同深层平板载荷试验，按式（4-29）进行计算：

$$E_。= \omega \frac{P}{S} d \tag{4-29}$$

式中，ω为与试验深度和土类有关的系数；d为承压板直径或边长（m）；P为P-S曲线线性段的压力（kPa）；S为与P对应的沉降量（mm）。

三、基岩载荷试验

浅埋基岩或浅层土原位载荷试验比较容易进行，但对于深埋基岩或深层土则难度较大。深层基岩或深层土进行试验时，传力系统和反力系统设计得合理与否对试验的成败及结果的准确性影响很大。目前，深孔基岩（或土）载荷试验常用传力柱法。

（一）传力柱法

这种方法在地面进行加荷，通过传力桩将荷载传至深层基岩或土表面，并在地面进行沉降和传力柱变形观测。该方法的设备主要有加荷及观测系统、传力系统以及反力系统（图4-9）。传力系统由传力垫、传力柱和载荷头组成。传力柱宜采用较大直径的无缝钢管。传力柱法具有以下特点。

1. 测试速度快

该法无需在孔内制作碱护圈和在孔底打一头，因而试验的准备时间短，只要孔挖到了试验深度即可准备试验。

2. 试验结果准确

由于采用大直径标准钢管作为传力柱，其强度和刚度大，因而不会发生失稳。钢管本身变形也很小，当钢管较长时可以通过实测和计算相结合的方法得到钢管变形值。

3. 试验安全

由于避免了在坑底进行试验，具有良好的操作环境，不会因孔壁坍塌造成人员和设备损伤。

4. 试验技术要求高

主要体现在传力系统的设计和选择以及变形观测。

5. 测试系统可靠

只要设备设计合理，最大加压可达到0.3MPa且不影响设备的安全和测试精度。

6. 测试成本高

由于传力钢管需在地面一次拼装后吊装就位，因此要用大吨位的吊机。另外压重物的运输和安装以及钢管本身变形的测量增加了试验成本。

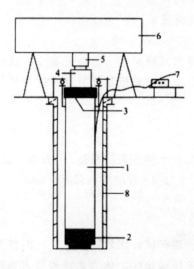

图4-9 传力柱法载荷试验设备

1-传力钢管；2-载荷头；4-传力垫；4-千斤顶；4-钢梁；6-压重物；
7-电阻应变仪；8-砖护壁

（二）孔壁护圈法

该法在孔底试验，设备组成如图4-10所示。其特点如下。

1. 设备轻巧，成本低

由于利用孔壁钢筋碱护圈（环梁）支承反力系统，因而无需压重物和大直径钢管。所有设备通过一台卷扬机即可在现场拼装，不需要大吨位运输和吊装设备。

2. 试验环境差

孔底试验空间狭小，加之土层渗水和基岩涌水使得环境不利于试验。当孔深较大时，人员和设备不安全。

3. 试验周期长

由于该法需现浇一个钢筋碱环梁，当环梁强度达到一定值后才能进行试验，因此前期准备时间较长。

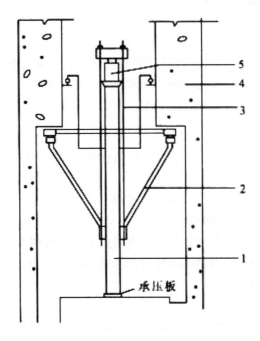

图4-10 孔壁护圈法设备

1-立管；2-斜杆；4-钢拉杆；4-碱护壁；4-千斤顶

试验结果受设备条件和碱环梁质量影响较大：①当基岩承载力较高时，传力杆件本身的强度不够，试验不能达到设计要求值，否则加荷太大会使杆件失稳；②观测变形的百分表基点设在环梁上，读数会受环梁变形影响；③斜杆支承在环梁上，如果碱质量差或不均匀会引起杆件不对称变形，使得试验失败。

深孔基岩载荷试验应优先采用传力柱法，当工期要求不急且基岩承载力不高时可采用孔壁护圈法，但要保证碱环梁的施工质量和加荷杆件的强度满足试验要求，防止基岩受水浸泡。同时，仍然需要继续研究传力柱法，主要是改进变形观测方法，以及大深度试验时钢管的侧向支撑系统。相信通过大量的试验，能积累珍贵的原位试验和室内试验对比资料，对合理取用基岩承载力具有重要意义。

四、基准基床系数的确定

地基土的基床反力系数（K_v），由 P-S 曲线直线段的斜率得出，即：

$$K_v = P/S \tag{4-30}$$

式中，P/S 为 P-S 曲线直线的斜率。

如 P-S 曲线初始无直线段，P 可取临塑荷载一半（kPa），S 为相应 P 值的沉降值（m）。

第五节　现场剪切试验

一、现场直接剪切试验

（一）概述

直接剪切试验就是直接对试样进行剪切的试验，是测定抗剪强度的一种常用方法。通常采用 4 个试样，分别在不同的垂直压力施加水平剪力，测试样破坏时的剪应力，然后根据库仑定律确定土的抗剪强度参数 C。

（二）试验方法

直接剪切试验一般可分为慢剪试验、固结快剪试验和快剪试验 3 种试验方法。

1. 慢剪试验

慢剪试验是先使土样在某一级垂直压力作用下，固结至排水变形稳定（变形稳定标准为每小时变形不大于 0.005mm），再以小于 0.02mm/min 的剪切速量缓慢施加水平剪应力，在施加剪应力的过程中，使土样内始终不产生孔隙水压力。用几个土样在不同垂直压力下进行剪切，将得到有效应力抗剪强度参数 C_s 和 $_s$ 值，但历时较长，剪切破坏时间可按式（4-31）估算：

$$t_f = 50t_{50} \tag{4-31}$$

式中，t_f 为达到破坏所经历的时间；t_{50} 为固结度达到 50% 的时间。

2. 固结快剪试验

固结快剪试验是先使土样在某一级垂直压力作用下，固结至排水变形稳定，再以 0.8mm/min 的剪切速率施加剪力，直至剪坏，一般在 3~5mm 内完成，适用于渗透系数小于 10^{-6}cm/s 的细粒土。由于时间短促，剪力所产生的超静水压力不会转化为粒间的有效应力。用几个土样在不同垂直压力下进行慢剪，便能求得抗剪强度参数 ϕ_{cq} 与 C_{cq} 值，这种 ϕ_{cq}、C_{cq} 也值称为总应力法抗剪强度参数。

3. 快剪试验

快剪试验是采用原状土样尽量接近现场情况，以 0.8mm/min 的剪切速率施加剪力，直至剪坏，一般在 3~5min 内完成。这种方法将使粒间有效应力维持原状，不受试验外力的影响，但由于这种粒间有效应力的数值无法求得，所以试验结果只能求得（$\sigma\tan\phi_q + cq$）的混合值。快速法适用于测定黏性土天然强度，但 ϕ_q 角将会偏大。

（三）仪器设备

1. 直剪仪

采用应变控制式直接剪切仪（图 4-11），由剪切盒、垂直加压设备、剪切传动装置、测力计以及位移量测系统等组成。加压设备可采用杠杆传动，也可采用气压施加。

2. 测力计

采用应变圈，量表为百分表或位移传感器。

3. 环刀

内径 6.18cm，高 2.0 cm。

4. 其他

切土刀、钢丝锯、滤纸、毛玻璃板、圆玻璃片以及润滑油等。

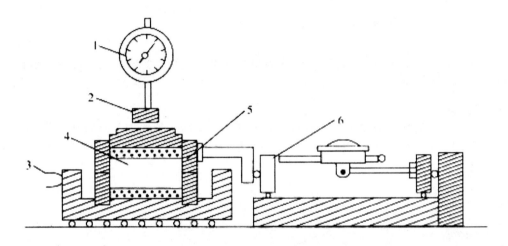

图 4-11 应变控制式直接剪切仪

1-垂直变形量表；2-垂直加荷框架，4-推动座-试样，4-剪切容器；6-量力环

（四）操作步骤

第一，对准剪切盒的上、下盒，拧紧固定销钉，在下盒内放洁净透水石 1 块及湿润滤纸 1 张。

第二。将盛有试样的环刀，平口向下、刀口向上，对准剪切盒的上盒，在试样面放湿润滤纸 1 张及透水石 1 块，然后将试样通过透水石徐徐压入剪切盒底，移去环刀，并顺次加上传压活塞及加压框架。

第三，取不少于 4 个试样，并分别施加不同的垂直压力，其压力大小根据工程实际和土的软硬程度而定，一般可按 50kPa、100kPa、250kPa、200kPa、300kPa、400kPa、600kPa⋯施加，加荷时应轻轻加上，但必须注意，如土质松软，为防止试样被挤出，应分级施加。

第四，若试样是饱和土试样，则在施加垂直压力 5min 后，向剪切盒内注满水；若试样是非饱和土试样，则不必注水，但应在加压板周围包以湿棉纱，以防止水分蒸发。

第五，当在试样上施加垂直压力后，若每小时垂直变形不大于0.005mm，则认为试样已达到固结稳定。

第六，试样达到固结稳定后，安装测力计，徐徐转动手轮，使上盒前端的钢珠恰与测力计接触，记录测力计的读数。

第七，松开外面4只螺杆，拔去里面固定销钉，然后开动电动机，使应变圈受压，观察测力计的读数，它将随下盒位移的增大而增大，当测力计读数不再增加或开始倒退时，即出现峰值，认为试样已破坏，记下破坏值，并继续剪切至位移为4mm，停机；当剪切过程中测力计读数无峰值时，应剪切至剪切位移为6mm时，停机。

第八，剪切结束后，卸除剪切力和垂直压力，取出试样，并测定试样的含水量。

（五）成果整理

1. 计算

计算每一试件的剪应力：

$$\tau = KR \tag{4-32}$$

式中，τ为试样所受的剪应力；K为测力计率定系数（0.01mm/kPa）；R为剪切时测力计的读数与初读数之差值（0.01mm）。

2. 制图

第一，以剪应力为纵坐标，剪切位移为横坐标，绘制剪应力与剪切位移关系曲线（图4-12），取曲线上剪应力的峰值为抗剪强度，无峰值时，取剪切位移4mm所对应的剪应力为抗剪强度s。

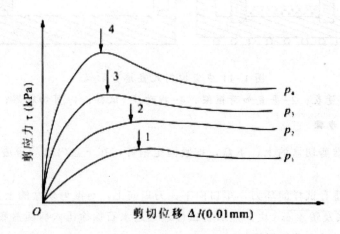

图4-12 剪应力与剪切位移关系曲线图

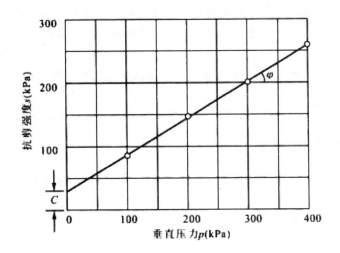

图 4-13 抗剪程度与垂直压力关系图

第二，以抗剪强度为纵坐标，垂直压力为横坐标，绘制抗剪强度与垂直压力关系曲线（图 4-13），直线的倾角为土的内摩擦角 ϕ，直线在纵坐标上的截距为土的黏聚力 C。

（六）注意事项

1. 直接试验方法的适用性

快剪试验、固结快剪试验一般用于渗透参数小于 $6\sim10\,\mathrm{cm/s}$ 的黏性土，而慢剪试验则对渗透系数无要求。对于砂性土一般用固结快剪的方法进行。

2. 试验方法的选择

每种试验方法适用于一定排水条件下的土体和施工情况。快剪试验用于在土体上施加荷载和剪切过程中都不发生固结及排水作用的情况。如土体有一定湿度，施工中逐步压实固结，就可以用固结快剪试验方法。如在施工期和工程使用期有充分时间允许排水固结，则用慢剪试验方法。总之，应根据工程实际情况选择恰当的试验方法。

3. 加荷方法和固结标准

对于正常固结土，一般在荷载 $100\sim400\,\mathrm{kPa}$ 的作用下，可以认为符合库仑公式。如果在试验时，已可以确定现场预期的最大压力，则 4 个试验的垂直压力为：第一个是预期的最大压力；第二个为比预期压力大的压力；第三、第四个则小于预期的最大压力，而且这 4 级垂直压力的级差要大致相等。如果在试验时确定不了预期的最大压力，可用 $100\,\mathrm{kPa}$、$200\,\mathrm{kPa}$、$300\,\mathrm{kPa}$、$400\,\mathrm{kPa}$ 四级垂直压力。

固结时间对一般黏性土而言，当垂直测微表读数不超过 $0.005\,\mathrm{mm/h}$ 时，即认为达到压缩稳定。

4. 剪切速率

黏土的抗剪强度一般会随着剪切速率的增加而增加。剪切速率的控制应由试验方法确定。

5. 剪切标准

剪切标准一般有 3 种情况。一是剪应力与剪切变形的曲线有峰值时，表现在量力环中百分表指针不前进或后退时微剪损。二是无明显峰值时，表现在量力环中百分表指针随着手轮转动仍继续前进，则规定某一剪切位移的剪应力作为破坏值。对64mm直径的试样微剪损4～6mm。三是介于上述二者之间，可测记手轮数与量力环中测微表的相应读数，以便绘出剪应力-剪切变形曲线，据此确定抗剪强度的破坏值。

6. 剪切方法

试验时有手动和电动两种剪切方法。慢剪时，一般采用电动方法。

二、十字板剪切试验

十字板剪切试验是将插入软土中的十字板头，以一定的速率旋转，在土层中形成圆柱形的破坏面，测出土的抵抗力矩，从而换算其土的抗剪强度。十字板剪切试验可用于原位测定饱和软黏土（$\phi_b = 0$）的不排水抗剪强度和估算软黏土的灵敏度。试验深度一般不超过30m。

为测定软黏土不排水抗剪强度随深度的变化，十字板剪切试验的布置，对均质土试验点竖向间距可取1m，对非均质或夹薄层粉细砂的软黏性土，宜先做静力触探，结合土层变化进行试验。

（一）试验仪器和设备

目前我国使用的十字板有机械式和电测式两种。机械式十字板每做一次剪切试验要清孔，费工费时，工效较低；电测式十字板克服了机械式十字板的缺点，工效高，测试精度较高。

机械式十字板力的传递和计量均依靠机械的能力，需配备钻孔设备，成孔后下放十字板进行试验。

电测式十字板是用传感器将土抗剪破坏时的力矩大小转变成电信号，并用仪器量测出来，常用的有轻便式十字板、静力触探两用十字板，不用钻孔设备。试验时直接将十字板头以静力压入土层中，测试完后，再将十字板压入下一层上继续试验，实现连续贯入，可比机械式十字板测试效率提高5倍以上（图4-14）。

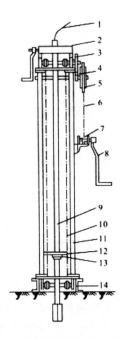

图 4-14 电测试十字板剪切仪

1-电缆；2-施加扭力装置；4-大齿轮；4-小齿轮；4-大链条；

6.10-链条；7-小链条；8-摇把；9-探杆；11-支架立杆；

12-山形板；14-垫压板；14-槽钢；14-十字板头

试验仪器主要由下列 4 个部分组成。

1. 测力装置

开口钢环式测力装置。

2. 十字板头（图 4-15）

国内外多采用径高比为 1：2 的标准型矩形十字板头。板厚宜为 2～3mm。常用的规格有 50mm×100mm 和 75mm×150mm 两种。前者适用于稍硬黏性土。

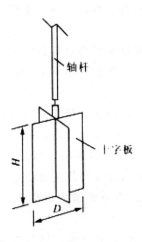

图 4-15 十字板头

3. 轴杆

一般使用的轴杆直径为20mm。

4. 设备

主要有钻机、秒表及百分表等。

（二）试验要求及试验要点

1. 试验的一般要求

钻孔要求平直，不弯曲，应配用Φ33mm和Φ42mm专用十字板试验探杆；

钻孔要求垂直；

钢环最大允许力矩为80kN，m；

钢环半年率定一次或每项工程进行前率定。率定时应逐级加荷和卸荷，测记相应的钢环变形。至少重复3次，以3次量表读数的平均值（差值不超过0.005mm）为准；

十字板头形状宜为矩形，径高比1：2，板厚宜为2～3mm；

十字板头插入钻孔底的深度不应小于钻孔或套管直径的3～5倍；

十字板头插入至试验深度后，至少应静止2～3min，方可开始试验；

扭转剪切速率宜采用（1°～2°）/10s，并应在测得峰值强度后继续测记1min；

在峰值强度或稳定值测试完后，顺扭转方向连续转动6圈后，测定重塑土的不排水抗剪强度；

对开口钢环十字板剪切仪，应修正轴杆与土间的摩阻力影响。

2. 试验要点

这里主要介绍机械式十字板剪力仪试验要点，电测式十字板剪力仪试验要点可参考以下内容及有关规范。

第一，在试验地点，用回转钻机开孔（不宜用击入法），下套管至预定试验深度以上3～5倍套管直径处。

第二，用螺旋钻或提土器清孔，在钻孔内虚土不宜超过15cm。在软土钻进时，应在孔中保持足够水位，以防止软土在孔底涌起。

第三，将板头、轴杆、钻杆逐节接好，并用牙钳上紧，然后下入孔内至板头与孔底接触。

第四，接上导杆，将底座穿过导杆固定在套管上，将制紧螺栓拧紧。将板头徐徐压至试验深度，管钻不小于75cm，螺旋钻不小于50cm，若板头压至试验深度遇到较硬夹层时，应穿过夹层再进行试验。

第五，套上传动部件，用转动摇手柄使特制键自由落入键槽，将指针对准任一整刻数，装上百分表并调整到零。

第六，试验开始，开动秒表，同时转动手柄，以1°/10s的转速转动，每转1°测记百分表读数一次，当测记读数出现峰值或读数稳定后，再继续测记1min，其峰值或稳定读数即为原状土剪切破坏时百分表最大读数ε_y(0.01mm)。最大读数一般在3～10min内出现。

第七，逆时针方向转动摇手柄，拔下特制键，在导杆上装上摇把，顺时针方向转动6圈，使板头周围土完全扰动，然后插上特制键，按步骤（6）进行试验，测记重塑土剪切破坏时百分表最大读数 ε_c（0.01mm）。

第八，拔下特制键和支爪，上提导杆 2～3cm，使离合齿脱离，再插上支爪和特制键，转动手柄，测记土对轴杆摩擦时百分表稳定读数 ε_g（0.01mm）。

第九，试验完毕，卸下传动部件和底座，在导杆吊孔内插入吊钩，逐节取出钻杆和板头，清洗板头并检查板头螺丝是否松动，轴杆是否弯曲，若一切正常，便可按上述步骤继续进行试验。

（三）资料整理

1. 计算原状土的抗剪强度 C_u

原状土十字板不排水抗剪强度 C_u 值，其计算公式如下：

$$C_u = KC\left(\varepsilon_y - \varepsilon_g\right) \tag{4-33}$$

式中，C_u 为原状土的不排水抗剪强度（kPa）；C 为钢环系数（kN/0.01mm）；ε_y 为原状土剪损时量表最大读数（0.01mm）；ε_g 为轴杆与土摩擦时量表最大读数（0.01mm）；K 为十字板常数（m^{-2}），可用式（4-34）计算。

$$K = \frac{2M}{\pi D^2 H\left(1+\dfrac{D}{3H}\right)} \tag{4-34}$$

式中，D 为十字板直径（m）；H 为十字板高度（m）；M 为弯矩（nm）。

2. 计算重塑土的抗剪强度 C_u'

重塑土十字板不排水抗剪强度值，其计算公式为：

$$C_u' = KC\left(\varepsilon_c - \varepsilon_g\right) \tag{4-34}$$

式中，C_u' 为重塑土的不排水抗剪强度（kPa）；ε_c 为重塑土剪损时量表最大读数（0.01mm）。

3. 计算土的灵敏度

土的灵敏度可用式（4-35）计算：

$$s_n = \frac{C_u}{C_u} \tag{4-35}$$

最后，根据计算结果绘制抗剪强度与试验深度的关系曲线。

（四）成果应用

十字板剪切试验成果可按地区经验，确定地基承载力、单桩承载力，计算边坡稳定性，判定软黏性土的固结历史。

1. 计算地基承载力

（1）中国建筑科学院、华东电力设计院提出的计算公式为：

$$f_k = 2C_u + \gamma h \tag{4-36}$$

式中，f_k 为地基承载力（kPa）；C_u 为修正后的十字板抗剪强度（kPa）；γ 为土的重度（kN/m^2）；h 为基础埋置深度（m）。

（2）Skempton 公式（适用于 D/B≤2.5）为：

$$f_u = 5C_u \left(1 + 0.2\frac{B}{L}\right)\left(1 + 0.2\frac{D}{B}\right) + p_o \tag{4-37}$$

式中，f_u 为极限承载力（kPa）；B、L 分别为基础底面宽度、长度（m）；D 为基础埋置深度（m）；p_o 为基础底面以上的覆土压力（kPa）。

2. 估算单桩极限承载力

单桩极限承载力计算公式如下：

$$Q_{umax} = N_o C_u A + U \sum_{i=1}^{n} C_{ui} L \tag{4-38}$$

式中，Q_{umax} 为单桩最终极限承载力（kN）；N_o 为承载力系数，均质土取9；C_u 为桩端上的不排水抗剪强度（kPa）；C_{ui} 为桩周土的不排水抗剪强度（kPa）；A 为桩的截面积（m^2）；U 为桩的周长（m）；L 为桩的入土深度（m）。

3. 分析斜坡稳定性

应用十字板剪切试验资料作为设计依据，按 $\Phi = 0$ 的圆弧滑动法进行斜坡稳定性分析，一般认为比较符合实际。

稳定系数可采用式（4-39）计算为：

$$K = \frac{W_2 d_2 + C_u LR}{W_1 d_1} \tag{4-39}$$

式中，W_1 为滑体下滑部分土体所受重力（kN/m）；W_2 为滑体抗滑部分土体所受重力（kN/m）；d_1 为 W_1 对于通过滑动圆弧中心铅直线的力臂（m）；d_2 为 W_2 对于通过滑动圆弧中心铅直线的力臂（m）；C_u 为十字板抗剪强度（kPa）；L 为滑动圆弧全长（m）；R 为滑动圆弧半径（m）。

4. 检验地基加固改良的效果

对于软土地基预压加固工程，可用十字板剪切试验探测加固过程中地基强度的变化，检验地基加固的效果。例如，天津新港供油站油罐地基采用预压加固后，用十字板测得地基土的不排水抗剪强度，并用 Skempton 公式计算（承压系数采用6），经3次预压，承载力由60kPa提高到127kPa。

三、钻孔剪切试验

土的抗剪强度是指土在外力的作用下抵抗剪切滑动的极限强度，它是由颗粒之间的内摩擦角及由胶结物和束缚水膜的分子引力所产生的黏聚力两个参数组成。在法向应力变化范围不大时，抗剪强度与法向应力的关系近似成为一条直线。其表达式称为库仑定律，即：

$$\tau = C + N\tan\Phi \, (kPa) \tag{4-40}$$

式中为抗剪强度（kPa）；C 为黏聚力（kPa）；N 为正应力（kPa）时 Φ 内摩擦角（°）。

土的剪切试验得出的值在公路、铁路、机场、港口、隧道和工业与民用建筑方面得到了广泛的应用，常用到挡土墙、桩板墙、斜坡稳定以及地基基础等各种工程设施的设计中，例如土压力计算、斜坡稳定性评价、滑坡推力计算、铁路和公路软土地基的稳定性、地基承载力的计算等。

室内直剪试验是将试样置于一定的垂直压应力下，在水平方向连续给试样施加剪应力进行剪切，而得出最大剪应力。依次增加正应力得出对应的剪应力，用线性回归得到库仑定律表达式，其斜率的角度即为摩擦角，其截距即为黏聚力。从现场开挖或钻孔取出的土样，其四周的应力已完全释放，同时在采样、包装、运输过程中，尤其是再制样都会产生不同程度的扰动。对饱和状态的黏土、粉土和砂土等取样往往十分困难，其扰动的影响更大。另外试验时间周期长，不可能从现场立即得到试验数据，而钻孔剪切试验仪可以在现场钻孔中或人工手扶钻机甚至人工手钻钻成的孔中直接进行试验，一般需30～60min可做完一组试验，经计算即可得到孔中相应部位土的黏聚力（C）和内摩擦角（φ）。该试验方法对土的扰动小，具有原位测试的优点，同时仪器轻便，便于携带、操作简单，不需电源。

缺点是要二氧化碳气体或干燥的压缩空气作动力源，不易加气、不易存储、不易携带。但经改善后，已经基本上解决了上述问题。

（一）钻孔试验方法及数据处理

钻孔剪切仪如图4-16所示，试验方法如下。

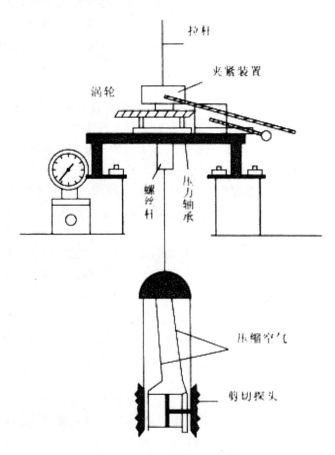

图4-16　钻孔剪切仪示意图

在需要勘探的位置上平整出至少面积0.25m²的场地。用岩芯管直径60mm的钻机或人工钻出试验孔，并达到要求的深度，再用直径76mm的修孔器把孔壁尽可能地修整光滑。孔周围地面要水平，在不做垂直孔的试验时要把坡度修整到要求的角度，使拉杆与地面保持垂直。

安装好仪器，把剪切探头放入孔中预定的试验部位，通过控制台上的调压阀给剪切探头加压，使剪切板扩张，紧紧地压在钻孔孔壁上，根据不同的深度和土质，施加需要的正应力。

根据试验要求及不同的含水量确定固结时间，固结完成后，均速摇动手轮，向上拉剪切探头，记录剪切应力表上的最大值。经仪器和计算换算校正，便得到该正应力下的峰值剪应力。卸除剪切力，依次增大正应力重复上述试验步骤，取得一系列一一对应值，一般做5次剪切。用线性回归给出剪应力-正应力关系曲线，应近似一条直线，其截距是黏聚力，倾角是土的内摩擦角。

钻孔剪切仪可在孔中不同的深度和不同的土质中进行试验，也可在同一深度旋转90°进行同一部位的第二次试验。

（二）试验注意事项及数据处理

钻孔剪切试验是在正应力（N）作用下得出岩土剪切面的最大剪应力（S），通过此关系而确定黏聚力（C）和内摩擦角（φ）。正应力是通过剪切探头上的剪切板扩张压在孔壁上的压力，其大小可从控制台上的压力调节来控制。以下简略地谈谈如何确定这个力的大小。

1. 初始正应力

在黏土中，施加的初始压力必须足够大，以便使直线的破坏点位于y轴的正侧，也就是说正应力必须是压应力而绝不能是拉应力。实际上如果正压力太少，剪切板的牙齿不会完全切入到土体中，而会使剪切板在土体表层滑动，难以产生剪应力，从而得出一个较小的破坏值，最后影响到数据处理，很可能得不到真实的试验结果。在实际工作中，由于初始正应力施加得不合适，因此尽管剪应力不是负值，但会比较小，并使直线成为反"S"形曲线，黏聚力C值成负值，φ角过大。没有真正地发生土体剪切，试验是不成功的。

然而在未试验前，人们无法预测到直线的实际状况，试验所施加的初始正应力建议最小以为估计无侧限抗压强度的一半为原则。另一方面，正压力太大，使土体完全遭到横向破坏，有可能导致试验失败。

2. 后级增量

自第二级开始，每级的增量应控制在一个合理的范围。一般来讲增量值随土体软硬而变化，在软土中增加量较小，在较硬的土中，每级增量较大。

3. 固结时间

每级的固结时间也要随不同的土体、含水量及试验要求而调整。一般要求进行有效应力试验，为此在排水不畅的软黏土中固结时间大约需要30min以上，对其他土层，第一级正应力固结时间采用10min，其后的几级压应力，固结时间宜定为5min。在含有少量黏土的砂层中，由于排水畅通，每次固结时间可降为2min。

在实际进行剪切试验时，还要根据现场的实际情况加以调整。

（四）结论

钻孔剪切试验在我国目前尚无规范可循，但这是一种对土体扰动较少的原位直接剪切试验，属原位测试技术，能较好地反映出土体天然状态下的力学性能，有很大的开发前景。根据前期的工作，笔者对这种试验方法有以下几点体会。①钻孔剪切仪仪器体积小，便于携带，操作简单，仪器不用电源，省去了充电、换电池等麻烦。因没有电器元件，所以在现场也不怕雨淋。②不需取样，即在现场原位进行试验，速度快，能立即得到试验数据。③适合各种地形条件和各种土质，尤其是钻机难以到达的地点。而且所需场地不大，2～3人即能完成全部试验。④对大多数土类而言，在无钻机配合的情况下，手扶钻机甚至人工手钻也可成孔进行试验。⑤原位测试仪器对试验钻孔的直径要求比较严格，孔径为72～76mm。各种方法成孔都要设法满足孔径要求。⑥在软弱碎石地段、含水量较大和缩孔严重的情况下，剪切探头不容易安放在试验位置，试验难度大。

第四章　地质构造与地质图

第一节　地壳运动及地质作用的概念

一、地壳运部的基本概念

人类的工程活动是以地球表层的岩石圈为基础的。随着地球科学研究的深入，人们逐渐认识到，地球各部分的运动变化一刻也没有停止过。在地球的外部圈层（地壳）中，由于地球内部热能、重力能和地球旋转等因素的影响，组成地壳的岩石发生了机械运动，并引起了地表形态的改变。因地球内力变化引起的地壳中岩石的变形和变位称为地壳运动。在地壳运动作用下，地壳中的岩石发生变形、变位，形成新的形态。这些形态在岩石中保留下来，被称为地质构造，如单斜构造、褶皱构造和断裂构造等。地壳运动是地质构造形成的动力，地质构造是地壳运动的结果，因此地壳运动又称构造运动。

（一）岩石的变形

在构造运动中，岩石之所以出现变形、变位，是因为岩石所承受的应力在三维空间的各个方向上出现了大小不等的差异，这种应力状态被称为差应力或构造应力。地壳内部不同地质历史时期差应力值的估算表明，地壳内部差应力值最大的部位，集中分布在地壳表层，越靠近地球深处，差应力值则越小，因此岩石的变形、变位主要发生在地球的上部表层。

当岩石受到应力作用时，如果差应力值较小，一般只发生弹性变形；从差应力值大于极限强度的1/2开始，岩石内部常常先出现微裂隙，体积微微增大，继而发生弯曲变形；当差应力值大于岩石的极限强度时，岩石即发生断裂变形（或称破裂）。弯曲变形与断裂变形是岩石变形的两种基本类型，都属于塑性变形，不可恢复原状，最终在岩石中保留下来的形态分别称为褶皱构造和断裂构造。

（二）岩石的变位

岩石的变位，按其运动方向的不同，可分为垂直运动与水平运动两类。

1. 地壳的垂直运动

垂直运动是指地壳物质沿垂直地表（即沿地球半径）方向的运动。它常常表现为大面积的上升、下降或升降交替运动，形成大型的隆起和凹陷，产生海进和海退现象。垂直运动的运动速度比较缓慢，在同一地区的不同时期，上升运动和下降运动常常交替进行。

2. 地壳的水平运动

水平运动是指地壳物质沿地球表面切向方向上的运动。这种运动使地壳受到挤压、拉伸或剪切，引起岩层的褶皱和断裂。水平的挤压运动可形成巨大的山系，水平的拉伸运动可形成裂谷（如东非大裂谷）。岩石圈的水平移动已通过地质、地球物理方法及仪器测量得到证实。

地壳的水平运动与垂直运动有着密切的联系。一个地区地壳的水平运动可引起另一个地区地壳的垂直运动，相应地，一个地区地壳的垂直运动也可引起另一地区地壳的水平运动。在同一地区，地壳在某一时期以水平运动为主，在另一时期则以垂直运动为主；或者是水平运动与垂直运动兼而有之，以其中一种方向的运动为主，而以另一种方向的运动为辅，因而各种方向的地壳运动实际上是相互联系的。例如，印度洋板块挤压亚欧板块并插入亚欧板块之下，使得5000万年前还是一片汪洋大海的喜马拉雅山地区逐渐抬升，形成了现在的"世界屋脊气"。

二、地质作用的基本概念

地质作用是指促使组成地壳的物质成分、构造和表面形态等不断变化和发展的各种作用。引起这些变化的地质动力称为地质营力。地质动力能按照来自地球本身或地球以外，分为内能和外能。内能指地球内部的能量，主要包括地球的重力能、放射性元素蜕变能、地球自转的旋转能和结晶化学能等；外能指来自地球外部的能量，主要包括太阳辐射能、月球或太阳的引力能、生物能等。根据能的主要来源和作用的部位（地表或地下），地质作用分为内力地质作用和外力地质作用两大类。

（一）内力地质作用

由内能产生的地质动力所引起的地质作用，称为内力地质作用。它们主要是在地壳中或地幔中进行的，其表现方式有地壳运动、岩浆作用、变质作用和地震等。

由于地球自转速度的改变等原因，组成地壳的物质（岩体）不断运动，并改变它的相对位置和内部构造，称为地壳运动。它是内力地质作用的一种重要形式，也是改变地壳面貌的主导作用。

岩浆是地壳深处一种富含挥发性物质的高温高压的黏稠硅酸盐熔融体。在地壳运动的影响下，由于外部压力的变化，岩浆向压力较小的方向移动，上升到地壳上部或喷出地表，冷却凝固成为岩石的全过程，统称岩浆作用。由岩浆作用而形成的岩石，叫岩浆岩。

由于地壳运动及岩浆活动，已形成的矿物和岩石受到高温、高压及化学成分的影响，在固体状态下，发生物质成分与结构、构造的变化，形成新的岩石，这一过程称为变质作用。由变质作用形成的岩石，叫变质岩。

由于地球自转速度的不均一性和地壳内部热能的变化，地壳各部分岩石受到力（即地应力）的作用。当地应力作用尚未超过地壳岩石的弹性限度时，岩石会产生弹性形变，并把能量积蓄起来；当地应力作用超过地壳某处岩石强度时，岩石就会发生破裂，或使原有的破碎带重新活动，并把它所积累的能量急剧地释放出来，并以弹性波的形式向四周传播，从而引起地壳的颤动，产生地震。

（二）外力地质作用

由外能引起的地质作用称为外力地质作用。外力地质作用的总趋势是削高补低，使地面趋于平坦，其作用方式有风化、剥蚀、搬运、沉积和成岩作用。

在地表或近地表的环境中，由于温度变化、大气、水和水溶液及生物等因素的影响，组成地壳表层的岩石发生崩裂、分解等变化，以适应新环境的作用，叫风化作用。按因素的不同，风化作用可以分为物理风化作用、化学风化作用和生物风化作用三种。

风、冰川、流水、海浪等地质营力，将风化产物从岩石上剥离下来，并对未风化的岩石进行破坏，不断改变岩石面貌的地质作用称为剥蚀作用。在地形起伏、气候潮湿、降雨量大的地区，剥蚀作用主要为流水对岩石的冲刷和侵蚀；在干旱的沙漠地区，剥蚀作用主要为风对岩石的破坏。

风化剥蚀的产物，在地质营力的作用下，离开母岩区，经过长距离搬运，到达沉积区的过程，叫搬运作用。剥蚀和搬运往往是同时由同一种地质营力来完成的，如风和流水在剥蚀岩石的同时又迅速将剥蚀下来的岩屑带走。

由于搬运能力（风速或流速）的减弱，物理化学条件的变化或生物作用，被搬运的物质，经过一定距离之后，从风或流水等介质中分离出来，形成沉积物的作用，叫沉积作用。沉积作用的方式有机械沉积作用、化学沉积作用和生物沉积作用三种。

使松散沉积物转变为沉积岩的作用，称为成岩作用。成岩作用包括压固脱水作用、胶结作用和重结晶作用三种。

地壳形成以来，内力地质作用和外力地质作用在时间上，都是一个连续的过程。它们时强时弱，有时以某种作用为主导，但始终是相互依存、彼此推进的，自然界中各种地质体无不留有上述两种地质作用的痕迹。其中内力地质作用使地壳和地球内部的组成及结构复杂化，造成地表高低起伏；外力地质作用使地壳原有的组成和构造发生改变，夷平地表的起伏。

第二节　地质年代

在地史学中，各个地质历史时期形成的岩层被称为该时代的地层。要了解一个地区的地质构造、地层的相互关系和编制地质图，就必须了解这个地区各地层的新老关系。地质年代是用来表明地质历史时期的先后顺序及其相互关系的地质时间系统，包括绝对地质年代和相对地质年代。

一、绝对年代法

绝对地质年代法是通过确定地层形成的准确时间，依次排列出地层新老关系的方法。绝对地质年代主要是利用放射性同位素的衰变原理来测定地质年代的。放射性同位素是不稳定的，在天然条件下发生蜕变，释放出能量，最后变成稳定的终极元素。不管环境如何改变，放射性元素蜕变的速度都是恒定的，都以一定的蜕变常数进行蜕变。并不是任何放射性同位素都可以作为地质年龄测定的对象，一般要求其半衰期要大致和地球年龄属同一个数量级（地球年龄约45亿年），半衰期太长或太短都失去了计时的意义；此外，还要求该放射性同位素在地球岩石中有足够的含量，以及其终极元素具有较好的被保存条件等。现在常用的同位素年龄测定方法有铀铅法、铷锶法和钾氩法。

岩石形成时间是根据岩石中放射性同位素和它的蜕变产物的相对含量来测定的。

二、相对年代法

研究地球的演化历史或地质体形成的过程，有时候并不一定需要知道地质事件发生的准确时间，而只需要知道它们之间的先后顺序，这种只确定地质事件发生先后顺序的方法称为相对地质年代。确定相对地质年代的主要依据是地层层序律、生物层序律及地层间的接触关系，因其无须仪器，故被广泛采用。

（一）地层层序律

地层层序律是确定同一地区地层相对地质年代的基本方法。沉积岩层本来是依先后次序一层层沉积的，先沉积的老岩层在下，后沉积的新岩层在上。当地层因为构造运动发生倾斜但未倒转时，倾斜面以上的地层新，倾斜面以下的地层老。当地层经剧烈的构造运动，层序发生倒转时，上下关系正好颠倒。

实际工作中，可以通过分析层面构造来判断岩层新老关系，如震荡式波痕的尖脊指向岩层顶面（如图4-1所示），泥裂楔状和脊状印模的尖端指向岩层底面（如图4-2所示）。也可以利用标准剖面法，将某地区的地层按新老关系排列为该地区的标准剖面，用标准剖面对比研究区的地层，可以快速、准确地确定该研究区地层的新老关系。

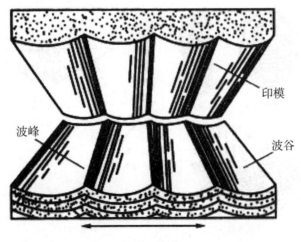

图 4-1 波痕

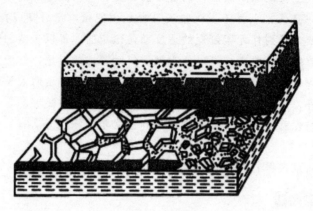

图 4-2 泥裂

（二）生物层序律

生物层序律又称为古生物学方法。人们很早就注意到，时代不同的地层含有不同的化石和化石群，时代相同的地层含有相同或相近的化石群，这些化石在判断地层的时代归属时起着十分重要的作用。生物是不断进化发展的，进化是不可逆的。一般来说年代越老的地层中，所含化石的构造越简单，越低级，和现代生物差别越大；年代越新的地层所含化石的构造越复杂，越高级，和现代生物越接近。任何一个物种在地球有机界的发展过程中只会出现一次，不会重复出现。根据地层中化石的进化程度来确定地层的相对年代，是生物层序律的基本思想。

并非所有的生物化石都能划分地质年代，只有那些分布广泛、数量多、从出现到灭绝时间短的生物化石才可以用来划分地质年代，这些化石被称为标准化石。例如在早古生代出现的三叶虫、笔石，到晚古生代几乎灭绝，那么三叶虫化石和笔石化石就可以作为早古生代的标准化石。标准化石法的优点是简便、易于掌握，只要熟记一些标准化石（见图 4-3）的特征及其层位，就可以进行地层的划分和对比工作。因此标准化石法是地质人员在实际工作中比较常用的一种方法。

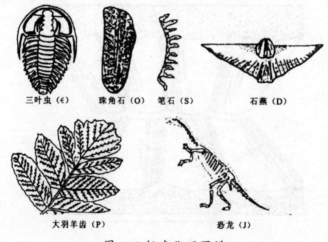

三叶虫（Є）　珠角石（O）　笔石（S）　　石燕（D）

大羽羊齿（P）　　　　　恐龙（J）

图 4-3 标准化石图谱

（三）地层间的接触关系

地壳中存在着在不同地质时期，由不同地质作用形成的各种地层，这些地层相互接触，它们的接触关系是确定一个地区的地质发展史、构造演化史，特别是分析地层形成的先后顺序、确定相对年代的重要依据。

1. 沉积岩之间的接触关系

沉积岩之间的接触关系总体上可以分为整合接触、假整合接触和不整合接触三种类型。

（1）整合接触

在一定时间内沉积地区的地壳处于稳定下降的状态，沉积物连续沉积，岩层之间相互平行，地层之间时代连续，没有明显的沉积间断，这就是整合接触〔如图 4-4（a）所示〕。

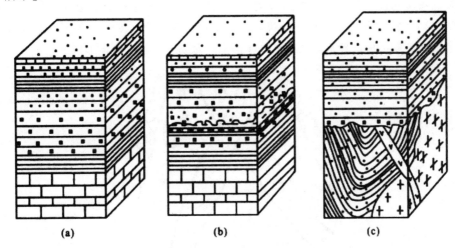

图 4-4 沉积岩之间的接触关系

（a）整合接触；（b）假整合接触，（c）不整合接触

（2）假整合接触

开始时岩石圈处于稳定下降状态，沉积物连续沉积，形成了一套或多套沉积岩层，地层间呈整合接触；当岩石圈发生显著上升时，原来的沉积环境变为陆地，经过较长期的风化、剥蚀后，在地面上形成凹凸不平的风化剥蚀面；当岩石圈重新下降到水面以下时，接受新的沉积，形成新的上覆沉积岩层，其底部，即上、下两套沉积岩层之间，由于开始沉积时地形高差较大，有时可形成砾石堆积，称为底砾岩。这种上下两套地层的产状基本平行一致，中间有明显沉积间断的接触关系称为平行不整合接触，又叫假整合接触，如图 4-4（b）所示。

（3）不整合接触

开始时岩石圈处于稳定沉降状态，在沉积盆地中形成一定厚度的沉积岩层；当岩石圈发生变形时，岩层受水平挤压作用而发生褶皱、断裂，并可伴随岩浆侵入活动与变质作用，同时在垂直方向上则不断隆升，以至于成为山地而遭受风化、剥蚀，形成凹凸不平的剥蚀面；当岩石圈表层重新下降到水下沉积环境时，在剥蚀面上又形成新的水平沉积岩层，其底部有时可形成底砾岩，风化剥蚀面与其上覆地层的产状总是基本协调一致的，而与其下伏的岩层呈明显的角度相交。这种上下两套地层的产状基本呈角度相交，中间有明显沉积间断的接触关系称为不整合接触，又叫角度整合接触，如图4-4（c）所示。

在上述三种的接触关系中，假整合接触和不整合接触在划分地层、确定地质年代方面起着尤为重要的作用。通过假整合或不整合，可以大致确定构造事件的年代。构造事件必定发生于不整合面之下最年轻的岩石（沉积岩、岩浆岩或变质岩）形成之后，不整合面之上最老地层形成之前。

2.岩浆岩之间的接触关系

在岩浆岩广泛发育的地区，各侵入岩体之间存在穿插接触现象。在这类接触关系中，被穿插的岩体总是比穿插它的岩体形成时代早。如果一种岩浆岩体整体上被另一种岩浆岩体所包围，则被包围的岩体为晚形成的岩体；如果一岩脉穿插到另一个岩体内，则截切岩脉的岩浆岩体形成时代较晚。如图4-5所示，各岩浆岩体的形成顺序为号岩浆岩体最先形成，然后2号岩浆岩体形成，最后3号岩浆岩体形成。

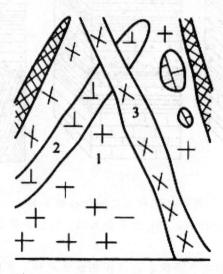

图4-5 岩浆岩之间的接触关系

3.沉积岩与岩浆岩之间的接触关系

按两者形成的先后，沉积岩与岩浆岩的接触关系可分为侵入接触和沉积接触两种类型。

（1）侵入接触

岩浆侵入早期形成的沉积岩中，冷凝形成岩浆岩，这种接触关系叫侵入接触。由于岩浆的高温，使附近的沉积岩产生变质，在岩浆岩和沉积岩接触面附近形成变质带，说明岩浆体形成年代晚于沉积岩层（如图4-6所示）。

②沉积接触。后期形成的沉积岩覆盖在早期形成的岩浆岩上，这种接触关系叫沉积接触。早期形成的岩浆岩，经过长期风化剥蚀，在后期形成的沉积岩底部形成一层含岩浆岩砾石的底砾岩，说明岩浆体形成年代早于沉积岩层（如图4-7所示）。

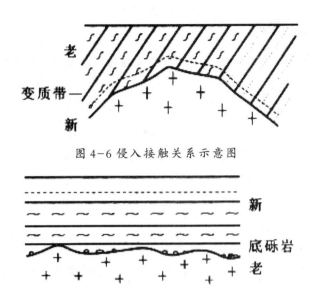

图 4-6 侵入接触关系示意图

图 4-7 沉积接触关系示意图

三、地质年代表

地质工作者在长期实践中，根据地层形成顺序、生物演化阶段、构造运动、古地理特征以及同位素测定，进行了地层的划分和对比工作，得出了地质年代表。

地球从诞生至今经历了约45亿年的漫长地质时期。地质时期中的时间按级别大小分为宙、代、纪、世、期等。每个地质时期形成的地层，又赋予了相应的地层单位，即宇、界、系、统、阶。例如古生代形成的地层称古生界，太古代形成的地层称太古界。

宇（宙）：宇是最大的年代地层单位，是宙的时期内形成的地层。整个地质时代包括太古宙、元古宙和显生宙（过去将太古宙和元古宙合称为隐生宙）三个宙，对应着太古宇、元古宇和显生宇三个最大年代地层单位。

界（代）：界是小于宇、大于系的年代地层单位，形成界全部地层的时间间隔称为代。按生物界演化进程，显生宇（宙）划分为古生界（代）、中生界（代）和新生界（代）。

系（纪）：系（纪）是界（代）的一部分，级别小于界（代），大于统（世），如寒武系（纪）、泥盆系（纪）、侏罗系（纪）、第三系（纪）等。

统（世）：统（世）是级别小于系（纪）的单位。一个系（纪）分成两个或更多的统（世）。比如寒武系（纪）分下统（早世）、中统（中世）和上统（晚世）三个统（世），二叠系（纪）分下统（早世）和上统（晚世）两个统（世）。

组（期）：组（期）比统（世）低一级，一般说来，组（期）是统的再分。如我国上（晚）寒武统（世）由下（早）到上（晚）划分为崮山组（期）、长山组（期）和凤山组（期）。

四、我国地史概况

中国大地是一个拼合的大陆，中国海陆大地构造的发展、演化经历了一个漫长的地质历史时期。

（一）太古代

太古代是地球演化的初期和最早期，距今20亿～40亿年，地球上基本无生命现象。太古界的地层，主要以一套厚度颇大、变质程度很深的变质岩系组成。在我国，以五台群、泰山群和鞍山群地层为代表。

（二）元古代

1. 早元古代

早元古代是地球生物的孕育、萌芽时期，距今16亿～20亿年，主要出现了以低等菌类、藻类为代表的生物。早元古界的地层为一套浅变质岩系，以石英岩、千枚岩和大理岩为主。早元古界的地层与太古界的地层呈角度不整合接触，所反映出的构造运动称为五台运动。

2. 晚元古代

晚元古代仍处于地球生物演化的初级阶段，距今6.2亿～16亿年，主要生物以藻类为代表。晚元古代在中国又划分为长城纪、蓟县纪、青白口纪和震旦纪四个地史时期。

长城纪主要发育在我国的华北地台区，以一套轻微变质的海相粗碎屑岩地层（砾岩、砂岩、砂砾岩）为代表。长城系与下伏早元古界呈角度不整合接触，反映的构造运动称为吕梁运动。

蓟县纪也主要发育在我国的华北地台区，以一套浅海碳酸盐地层（灰岩、白云岩）为代表。蓟县系与下伏长城系地层为整合接触。

青白口纪还是主要发育在我国的华北地台区，以一套浅海细碎屑岩（页岩、粉砂岩）地层为代表。青白口系与下伏蓟县系为整合或平行不整合接触。

震旦纪主要发育在我国的南方地区，特别是我国的西南地区，以一套厚度较大的碳酸盐地层（灰岩、白云岩）为代表。在我国南方，这套地层常以角度不整合直接覆盖于下元古界甚至太古界的地层之上。

3. 古生代

古生代，距今2.3亿～6.2亿年，主要包括早古生代的寒武纪、奥陶纪、志留纪和晚古生代的泥盆纪、石炭纪和二叠纪。

在古生代初期，我国大部分地区为广阔的浅海。中奥陶世之后，华北地区整体上升成为陆地，经历了长期的风化、剥蚀，形成了较平坦的地形。到中、晚石炭世，海水多次侵入，气候潮湿、温暖，在广阔的滨海地区发育了大片的沼泽，植物生长极为茂盛，重新接受沉积作用，形成了我国最重要的含煤地层。早二叠世，海水开始撤退，华北大多数地区自此成为陆地。到早二叠世末期，由于气候逐渐变得干旱，才暂时终止了煤的聚集。

在华南，除少数古陆外，大多数仍被海水淹没。在早、中石炭世和早、中二叠世时期海水曾短暂撤退。滨海的不少地区也有大片聚煤沼泽发育，因此形成了好几个含煤地层，其中以晚二叠世的含煤地层分布最广。

在晚二叠世初期，西南的云、贵、川三省交界的地区曾有大片玄武岩流溢出，厚度可达2500 m左右。

在古生代，我国西部的天山、昆仑山、祁连山、秦岭和东北的大兴安岭等地，经历了强烈的地壳运动，褶皱成山，并伴随着岩浆活动和变质作用。

4. 中生代

中生代距今0.8亿～2.3亿年，主要包括三叠纪、侏罗纪及白垩纪三个地史时期。

在中生代初期，我国北部早已成为陆地，而南部地区大多仍为浅海。至三叠纪末，由于地壳运动，我国南部也大多成为陆地。到侏罗纪，除了西藏、新疆的西南部、云南四川的西部、广东的中部、湖南的东南部、黑龙江的东北部等我国的边缘地区是海相沉积外，其他地方主要是陆相沉积。到白垩纪，只有台湾、西藏以及昆仑山南部还有海相沉积。

在我国，中生代是个地壳运动比较强烈的时期，特别是我国东部地区，在侏罗纪、白垩纪曾多次发生强烈的褶皱和岩浆活动。由于强烈的地壳运动，形成了一系列的山间盆地和若干大型的内陆盆地（例如四川盆地、鄂尔多斯盆地、准格尔盆地、松辽盆地等）。这个时期的地壳运动在我国华北燕山地区表现最为明显，因此称为燕山运动。

中生界的三叠系地层以角度不整合覆盖于下伏的古生界地层之上，代表的构造运动称为华力西运动。中生界的侏罗系地层同样以角度不整合覆盖于下伏的三叠系地层之上，代表的构造运动称为印支运动。中生界的白垩系地层同样大多以角度不整合覆盖于下伏的侏罗系地层之上，代表的构造运动称为早期燕山运动。

5. 新生代

从8000万年以前开始至今，称为新生代地史时期，主要包括第三纪和第四纪。

在我国，新生代后期的海陆分布大致与现代相近，仅在东部沿海边缘地区发生过海浸。而在新生代初期，西藏喜马拉雅地区、东部沿海某些边缘地区以及台湾等岛屿尚为海水所淹没，因此除这些地区有海相地层沉积外，其他地区新生代地层大多以陆相沉积为主。

新生代的大规模地壳运动主要发生在第三纪中期和晚期，由于喜马拉雅山脉是这个时期形成的最著名的代表，所以这一时期的地壳运动称为喜马拉雅运动。

在岩浆活动方面，新生代主要是玄武岩流的溢出。我国东部地区的火山活动相当活跃，个别还一直延续到近代。

老第三纪地层与白垩纪地层以角度不整合覆盖于下伏的白垩系地层之上，代表的构造运动称为晚期燕山运动。新、老第三纪地层之间多以角度不整合接触，代表的构造运动称为早期喜马拉雅运动。而第四系沉积层都与新第三系地层以角度不整合接触，代表的构造运动称为晚期喜马拉雅运动，又称为新构造运动。

第三节　岩层及岩层产状

一、岩层

沉积岩是在比较广阔平坦的沉积盆地（如海洋，湖泊）中一层一层堆积起来的，它们的原始产状大都是水平的，只有盆地边缘的沉积岩层面稍有倾斜。当岩层受到构造运动的影响后，少数仍基本保持原始水平产状不变，大部分与水平面呈不同角度的倾斜，形成倾斜岩层、直立岩层等。

（一）水平岩层

水平或近于水平（倾角小于5°）产出的岩层，统称水平岩层。水平岩层一般反映所在地区构造简单，经历的构造运动轻微。其主要特征如下：

第一，时代新的岩层盖在老岩层之上。地形平坦地区，地表只能见到同一层岩层。地形起伏很大的地区，新岩层分布在山顶或分水岭上；老岩层分布在低洼的河谷、沟底中。即岩层时代越新，出露位置越高；岩层时代越老，则分布的位置越低。

第二，水平岩层的地质界线（即岩层面与地面的交线），与地形等高线平行或重合，呈不规则的同心圈状或条带状，在山沟、山谷中呈锯齿状条带延伸，地质界线的转折尖端指向上游。水平岩层的分布形态完全受地形控制（如图4-8所示）。

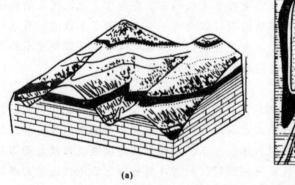
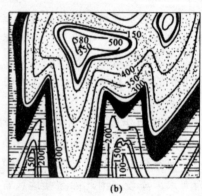

(a)　　　　　　　　　　　　　　(b)

图4-8 水平岩层露头线形态

第三，水平岩层顶面与底面的高程差就是岩层的厚度。

第四，水平岩层的露头宽度（岩层顶面和底面地质界线间的水平距离），与地面坡度、岩层厚度有关。地面坡度相同时，如果岩层厚度大，则露头宽度大；反之，如果岩层厚度小，则露头宽度小。岩层厚度相同时，如果地面坡度平缓，则露头宽度大；反之，如果地面坡度陡立，则露头宽度小。

（二）倾斜岩层

岩层的倾角为5°~85°，即为倾斜岩层。这种岩层常常是区域上某褶皱的一翼，或某断层的一盘。其特征如下：①一套倾斜岩层，当岩层顺序正常时，沿着倾向岩层的时代由老到新。②倾斜岩层的地表出露宽度主要受岩层本身厚度、岩层面与地面间夹角大小以及地面坡度三方面因素控制。若后两者不变，岩层的厚度越大，露头宽度就越大；若岩层厚度相同、地面坡度不变，层面与地面间夹角越大，相应的露头宽度就越小（如图4-9所示）；若岩层厚度不变，层面与地面间夹角大小不变，地形越陡，露头宽度越窄，在笔直的陡崖处，露头宽度为零。③在地质图上，岩层的地质界线与地形等高线是相交的。当岩层产状不同，地面坡度不同时，地质界线呈各种不同形态的"V"字形。倾斜岩层在不同角度坡面上弯曲变化的规律被称为"V"字形法则。具体内容如下。

第一，当岩层倾向与地面坡向相同，岩层倾角小于地面坡度时，地层界线与等高线弯曲方向相同，地层界线曲率大于等高线曲率［如图4-10（a）所示］。

第二，当岩层倾向与地面坡向相反，岩层界线与等高线弯曲方向相同时，地层界线曲率小于等高线曲率。在沟谷中地质界线的"V"字形尖端指向沟谷上游，在山坡上地质界线的"V"字形尖端指向坡下方［如图4-10（b）所示］。

第三，当岩层倾向与地面坡向相同，岩层倾角大于地面坡度时，岩层界线与等高线弯曲方向相反。在沟谷中地质界线的"V"字形尖端指向沟谷下游，在山坡上，地质界线的"V"字形尖端指向山坡上方［如图4-10（c）所示］。

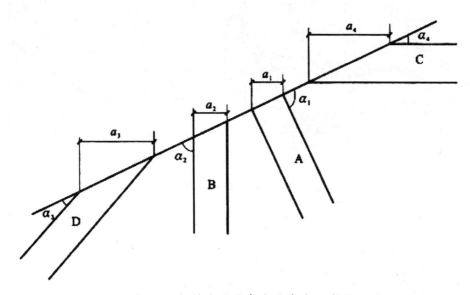

图4-10 倾斜岩层地表出露宽度示意图

（三）直立岩层

倾角直立或近直立（大于85°）状态产出的岩层称为直立岩层。直立岩层在地形地质图上，其地质界线不受地形的影响，沿岩层的走向呈直线延伸。它的地表出露宽度与岩层厚度相等（如图4-11所示）。

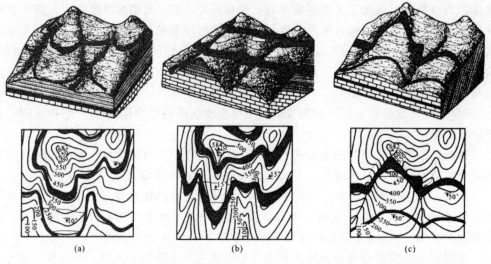

图 4-10 "V"字形法则示意图

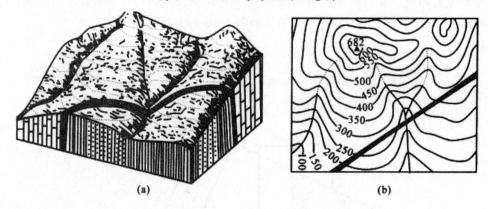

图 4-11 直立岩层露头线形态

二、岩层产状

岩层在空间的产出状态，可以用走向、倾向、倾角三个数据定量地表示。走向、倾向、倾角称为岩层产状要素（如图4-12所示）。

（一）岩层产状三要素

1. 走向

岩层面与水平面的交线叫走向线，如图4-12中的AB所示。走向线两端延伸的方向就是岩层的走向，D'表示岩层在空间的水平延伸方向。岩层走向可以由走向线任意一端的方向来表示，两者相差180°。

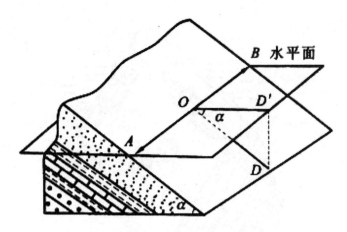

图 4-12 岩层产状要素示意图

2. 倾向

垂直走向线、沿岩层面向下倾斜的直线叫倾斜线，又称真倾斜；其在水平方向上的投影线所指的方向为倾向，又称真倾向。沿着岩层面但不垂直于走向线而向下倾斜的直线为视倾向线，其在水平面上的投影线所指的方向称为视倾向。

走向与倾向垂直。走向确定后，倾向有两种可能：如图 4-12 中的 OD′，方向或与之相反 180°的方向。但倾向确定后，走向只有一种情况。

3. 倾角

真倾斜线与它在水平面上投影线的夹角叫倾角，又称真倾角。视倾斜线与其投影线的夹角为视倾角。真倾角（α）和视倾角（β）之间的关系如式（4-2）所示。

$$\tan \beta = \tan \alpha \cdot \sin \theta$$

（4-2）

其中，θ 为视倾向与岩层走向线所夹锐角（如图 4-13 所示），由此公式可以得出结论，真倾角大于视倾角。

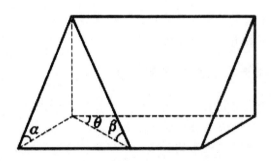

图 4-13 真倾角与视倾角关系图

（二）岩层产状要素的测量方法

岩层的空间位置取决于其产状要素。测量岩层产状三要素是野外工程地质工作者最基本的工作技能之一。岩层产状三要素可通过地质罗盘仪来测出。测量方法如图 4-14 所示。

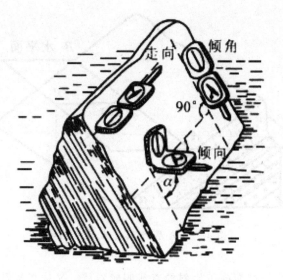

图 4-14 岩层产状测量示意图

1. 测走向

将罗盘仪的长边紧靠岩层层面，调整罗盘位置使水准气泡居中，待磁针静止，读指北针或指南针所指的方位角度数，就是走向的方位。

2. 测倾向

将罗盘仪的短边（如用刻度盘南端）紧靠岩层层面，罗盘北端则指向岩层倾斜方向，调整罗盘位置使水准气泡居中，待磁针静止，读指北针所指的方位角度数，就是所测之倾向方位。

3. 测倾角

将罗盘仪竖放在层面上，使其长边与走向线垂直，半圈刻度朝下，然后拨动盘底旋扭，待测角水泡居中，倾角指示器所指的度数即为岩层的倾角。

（三）岩层产状要素表示方法

用地质罗盘仪测出岩层产状三要素后，一般的表示方法有象限角法和方位角法两种。正规地质资料里一般用方位角法来记录。

三、岩层产状与土木工程建设的关系

岩层产状对建筑物的稳定有着一定的影响。在工程设计和施工中，岩层产状对工程的影响是工程地质工作者应该考虑的问题之一。

岩层产状对路堑边坡稳定性影响很大，岩层产状与岩石路堑边坡坡向间的关系控制着边坡的稳定性。当岩层水平、岩层直立、岩层倾向与边坡坡向相反或岩层倾向与边坡坡向一致，岩层倾角等于或大于边坡坡角时，边坡一般是稳定的；当岩层倾向与边坡坡向一致，岩层倾角小于边坡坡角时，岩层因失去支撑而有滑动的趋势，此时如果岩层层间结合较弱或有软弱夹层，易发生滑动。

隧道稳定情况与岩层产状密切相关。隧道通过水平岩层时，应尽可能选择岩性较好的岩层，如在砂岩中通过比在泥岩或页岩中通过要好；在软、硬岩层相间的情况下，隧道拱部应当尽量设置在硬岩中，设置在软岩中有可能发生坍塌。当隧道轴向垂直岩层走向、穿越不同岩层时，应注意不同岩层之间结合的牢固程度，尤其是在软、硬岩层相间情况下，由于软岩层间结合差，在软岩部位，隧道拱顶常发生顺层坍方；当隧道轴向平行于岩层走向时，倾向洞内的一侧岩层易发生顺层坍滑，边墙承受偏压；当隧道与一套倾斜岩层走向斜交时，为了提高隧道稳定性，应尽可能使隧道方向与岩层走向的交角大些，从而减小横断面上岩层视倾角，这种情况在实践中比较常见。

第四节　褶皱构造及野外识别

褶皱是岩层在构造应力作用下，发生了没有丧失原有连续性的弯曲变形形态。它是地壳中广泛发育的一类地质构造，尤其在沉积岩中最为明显，而变质岩的劈理面、岩浆岩的原生流面，甚至是岩层和岩体中的节理面、断层面等受力后也可能形成褶皱。褶皱的规模差别极大，大到巨大的褶皱系和构造盆地，小到手标本上的褶皱，甚至是显微褶皱构造。

一、褶曲的基本形式

褶曲就是褶皱的基本单位，是褶皱构造中的单个弯曲。

褶曲出露的形态是多种多样的，而其基本形态只有两种：背斜和向斜。背斜是岩层向上弯曲，其核心部位的岩层时代较两翼的岩层时代老；向斜是岩层向下弯曲，其核心部位的岩层时代较两翼的岩层时代新。由于后期风化作用的风化剥蚀作用，背斜在地面上从中心向两侧岩层由老到新对称重复出露，而向斜的出露特征却与之相反，从中心向两侧岩层由新到老对称重复出露图 4-15 背斜和向斜在平面上和剖面上的表征（如图 15 所示）。

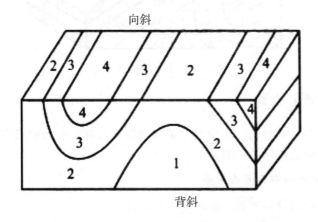

图 4-15 背斜和向斜在平面上和剖面上的表征

二、褶曲要素

为了正确描述和研究褶皱，对褶曲各个组成部分给予了一定的名称，即褶曲要素。褶皱要素主要有（如图4-16所示）。

核：又称核部，是指褶皱中心部位的岩层。

翼：又称翼部，是指褶皱核部两侧的岩层。在横剖面上，构成两翼同一褶皱面拐点切线的夹角称为翼间角。

转折端：是指从一翼向另一翼过渡的弯曲部分。褶轴：又称为轴线或轴。对圆柱状褶皱而言，是指褶皱面上一条平行其自身移动，能描绘出褶皱面弯曲形态的直线。

枢纽：是指褶曲同一层面上，各最大弯曲点的连线。枢纽可以是直线，也可以是曲线或者是折线；可以是水平线，也可以是倾斜线。

轴面：是指由许多相邻褶皱面上的枢纽连成的面，也称为枢纽面。它通过核部，大致平分两翼，是一个假想平面。

轴线：是指轴面与水平面的交线。

脊线：是指褶曲最高点的连线。

槽线：是指褶曲最低点的连线。

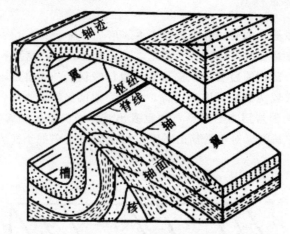

图4-16 褶皱要素示意图

三、褶曲常见分类

褶曲形态是多种多样的，不同形态的褶曲往往反映了不同的成因机制，正确地描述褶曲的形态是研究褶皱的基础。

（一）按褶曲的横剖面形态分类

根据轴面及两翼岩层产状，褶曲可分为五类。

1. 直立褶曲

轴面直立，两翼岩层倾向相反，倾角大致相等［如图4-17（a）所示］。

2. 斜歪褶曲

轴面倾斜，两翼岩层倾向相反，倾角明显不等［如图4-17（b）所示］。

3. 倒转褶曲

轴面倾斜，一翼地层层序正常，另一翼地层发生倒转［如图4-17（c）所示］。

4. 平卧褶曲

轴面大致水平，一翼地层层序正常，另一翼地层发生倒转［如图4-17（d）所示］。

5. 翻卷褶曲

轴面弯曲的平卧褶皱［如图4-17（e）所示］。

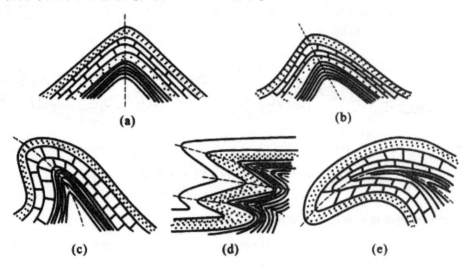

图4-17 根据轴面和两翼岩层产状对褶曲分类

（二）按褶曲的纵剖面形态分类

根据枢纽的产状，可以将褶曲分为两类。

1. 水平褶曲

枢纽产状水平，两翼岩层走向平行。从地表平面上看，地质界线平行延伸［如图4-18（a）所示］。

2. 倾伏褶曲

枢纽产状倾伏，一端向下倾没，一端向上翘起。倾伏背斜，向封闭端倾伏；倾伏向斜，则向开口端倾伏，当它们交替出现时，从地表平面上看，岩层露头呈S形［如图4-18（b）所示］。

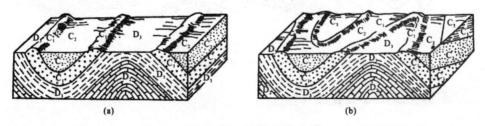

图4-18 褶曲的纵剖面形态分类

四、褶曲的组台类型

在褶皱比较强烈的地区，单个的褶曲比较少见，一般的情况都是线形的背斜与向斜相间排列，有规律地组合成不同形式的褶皱构造。

（一）复背斜与复向斜

它是由一系列连续背斜和向斜组成的一个大背斜或大向斜（如图 4-19 所示）。褶曲在受到剧烈的构造运动以后，两翼岩层形成轴向与大褶曲一致的次一级小褶皱，如我国天山褶皱带中的构造。

图 4-19 复背斜和复向斜示意图

（a）复背斜；（b）复向斜

（二）隔挡式褶皱和隔槽式褶皱

它是由一系列轴面平行的背斜和向斜相间排列组成的。当背斜窄而紧闭，背斜之间的向斜开阔平缓时，即为隔挡式褶皱，如四川盆地东部的一系列北北东向褶皱［如图 4-20（a）所示］；反之，当背斜宽缓、向斜紧闭时，则为隔槽式褶皱，如黔北—湘西一带发育的褶皱［如图 4-20（b）所示］。

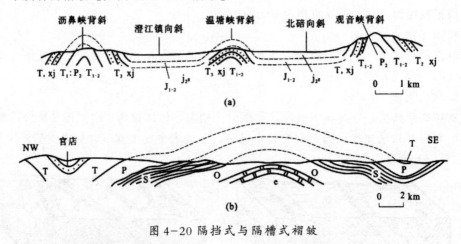

图 4-20 隔挡式与隔槽式褶皱

五、褶皱构造的野外识别

在着手调查研究某地区褶皱构造时，首先，应通过对研究区的地质图及航空相片、卫星相片等资料进行分析，了解研究区地层层序及地质构造总体特征。地质图上的图像是褶皱在地面出露形态的平面投影，由于风化侵蚀，地面这个天然切面起伏不平，可以从任意方向切割褶皱。即使是一个简单的圆柱状褶皱，在不同方向的切面上所出露的形态也各不相同。因此，在地质图上分析褶皱形态和产状时，要注意地形效应的影响，地质图的比例尺越大，受地形影响越大。

其次，要选择露头良好的地带，沿垂直于区域构造走向的路线进行观察。褶皱形成后，由于风化剥蚀作用的破坏和土层覆盖，野外出现的褶曲露头大多数残缺不全。为了恢复褶曲构造的全貌，必须对岩层的层序、岩性和各露头的产状进行测量和全面分析。一般先根据古生物和岩石沉积等特征查明地层层序，然后测量岩层的产状，并根据地层对称重复的分布关系，判断褶曲的基本形态，最后根据褶曲各部位岩层的产状及其枢纽的产状，确定褶皱的几何形态。

轴面和枢纽产状是确定褶曲形态的基本依据，对于露头良好的小型褶皱，有时可以从露头上直接确定该褶皱的轴面和枢纽产状；对露头不完整，规模较大的褶皱，往往需要系统地测量两翼同一岩层的产状，用几何作图或水平投影方法才能确定其轴面和枢纽产状。褶皱存在的根本标志是在垂直岩层走向的方向上同年代岩层作对称式重复排列。

最后，沿同一时代岩层走向进行追索，如果两翼岩层走向相互平行，表明枢纽水平；如果两翼岩层走向呈弧形圈闭合，表明其枢纽倾伏。根据弧形尖端指向或弧形开口方向以及在转折端部位进行实际测量等方法，可以确定枢纽的倾伏方向，判断褶皱的几何形态。

六、褶皱构造对工程的影响

由于受水平挤压力的作用，褶皱核部岩层弯曲大、节理多、岩体破碎、稳定性差。向斜核部往往是地下水流通的场所，在石灰岩地区，还常常有岩溶发育；因此，在核部施工有可能发生岩层的坍落、漏水及涌水问题。

在褶皱构造中进行隧道施工，如果隧道轴与褶皱轴重合，通过向斜核部时，易发生拱顶坍方和地下水的涌入；通过背斜核部时，可能引起岩层塌落（如图4-21所示）。如果隧道轴垂直于褶皱轴，穿过向斜时，隧道中间受到的岩层压力大，两端岩层压力小；穿过背斜时，隧道岩层的受力情况则相反（如图4-22所示）。因此对于隧道等地下工程，一般应尽量布置在褶皱翼部均一岩层中。

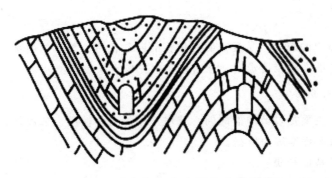

图4-21 隧道平行通过褶皱示意图图

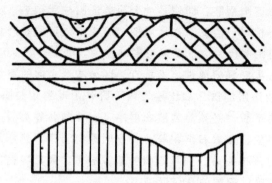

图 4-22 隧道横穿褶皱应力分布示意图

褶皱构造对区域内岩层产状影响很大，如果开挖边坡的走向与褶皱构造的轴向近似平行，应注意岩层产状对边坡工程的影响。如图 4-23（a）所示，向斜使得山体两侧岩层倾向山体内部，有利于边坡稳定；图 4-23（b）中背斜使得山体两侧岩层倾向山体外部，不利于边坡稳定；图 4-23（c）中为单斜岩层形成的山体，右侧岩层倾向山体内部，有利于边坡稳定，左侧岩层倾向山体外部，不利于边坡稳定。如果开挖边坡的走向与岩层走向的夹角在 40° 以上，则有利于边坡稳定。

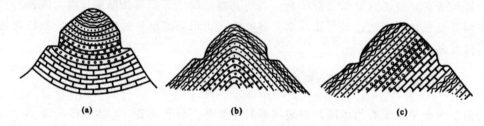

图 4-23 褶皱构造对边坡工程的影像示意图

第五节　断裂构造

断裂构造是指岩石或岩体受构造应力作用，沿一定方向产生机械破裂，失去其连续性和整体性的一种现象。断裂构造在地壳中广泛发育，是地壳中最重要的地质构造之一，它的发育程度与建筑物场地稳定性评价有着直接的关系。

一、节理

节理是岩石中的裂隙，是没有明显位移的断裂构造。裂开的面称为节理面，和岩层面一样，节理面产状也用走向、倾角和倾向三要素来表示。

（一）节理的分类

节理的分类主要是以节理的成因、节理形成的力学性质、节理与有关构造的几何关系和节理的张开程度等为依据。

1. 按节理的成因分类

根据节理的成因，可分为原生节理、次生节理和构造节理。

原生节理是在岩石形成过程中形成的节理，如沉积岩中的泥裂、玄武岩中的柱状节理。

次生节理是指由荷载、风化、地下水等次生作用而形成的节理。风化节理是其中最常见的一种节理，其产状极不稳定，与其他地质构造没有联系，一般发育在地表或接近地表的岩石中。

构造节理是岩石受构造应力作用产生的节理，其产状稳定，发育特征符合力学规律，对工程活动影响较大。

2. 按节理形成的力学性质分类

根据节理形成时的受力性质，构造节理分为剪节理和张节理。

剪节理是岩石受剪应力作用产生剪切破裂形成的节理。剪节理产状比较稳定，在平面和剖面上延伸均较远；节理面平直光滑，有时具有因剪切滑动而留下的擦痕、镜面等现象。当剪节理未被矿物填充时是闭合的；如果被填充，则脉宽较为均匀，脉壁较为平直。

张节理是岩石受张应力作用产生的节理。张节理产状不稳定，在平面上和剖面上的延伸均不远；节理面粗糙不平，擦痕不发育，开口大，常被矿脉填充，成楔形、扁豆状或其他不规则形状。发育于砾岩或砂岩中的张节理，常常绕砾石或粗砂粒而过，如果切穿砾石，破裂面也凹凸不平。张节理有时呈不规则的树枝状、网络状，有时也呈一定几何形态，如追踪 X 形节理的锯齿状张节理，单列或共轭雁列式张节理。张节理一般发育稀疏，节理间距较大，分布不均匀。

上述剪节理和张节理的特征是在一次变形中形成的节理所具有的，如果岩石或岩层经历了多次变形，早期节理的特点在后期变形中常被改造或被破坏。此外，由于各种因素的干扰，即使在一次变形中，节理也并不一定具备上述典型特征。因此在鉴别节理的力学性质时，要综合考虑节理的各种特点。

3. 按节理与有关构造的几何关系分类

节理是一种相对小型的构造，总是发育于其他构造之上。

（1）根据节理产状与岩层产状的关系

节理分为走向节理、倾向节理、斜向节理、顺层节理。

走向节理是指节理走向与所在岩层走向大致平行的节理。

倾向节理是指节理走向与所在岩层走向大致垂直的节理。

斜向节理是指节理走向与所在岩层走向斜交的节理。

顺层节理是指节理面与所在岩层的层面大致平行的节理。

（2）根据节理面与褶皱面的交线同褶皱轴方位之间的关系

可将节理分为纵节理、横节理、斜节理。

纵节理是指节理面与褶皱面交线平行于褶皱轴向的节理。

横节理是指节理面与褶皱面交线垂直于褶皱轴向的节理。

斜节理是指节理面与褶皱面交线斜交于褶皱轴向的节理。

4. 按节理张开程度分类

按照节理缝的张开程度，可以将节理分为宽张节理、张开节理、微张节理、闭合节理。

宽张节理是指节理缝宽大于 5 mm 的节理。

张开节理是指节理缝宽为 3～5 mm 的节理。

微张节理是指节理缝宽为 1～3 mm 的节理。

闭合节理是指节理缝宽小于 1 mm 的节理。

（二）节理组和节理系

在野外岩石岩体中，各种形态节理的出现是有一定的规律的。一次构造作用形成的节理成群产出，且构成一定的组合形式。在一次构造作用的统一应力场中形成，且力学性质相同、产状基本一致的一群节理称为节理组；在一次构造作用的统一应力场中形成的两个或两个以上的节理组，则构成节理系。对于一次构造作用的统一应力场中形成的产状呈规律变化的一群节理，也称为节理系。在野外工作中，一般都是以节理组、节理系为对象进行节理观测。

（三）节理的野外调查研究

节理是降低岩石强度，影响岩体的完整性和稳定性的因素之一。因此，在进行工程地质勘察时，需要对节理进行野外调查和室内整理工作，并编制各种节理统计分析图表。

1. 节理野外调查

节理的野外观察、测量工作必须选择在充分反映节理特征的岩层出露点上进行。节理野外调查内容包括：①测量节理产状。测量方法与测量岩层产状相同。

②观察节理面张开程度和充填情况。③描述节理壁粗糙程度。节理壁粗糙程度影响节理面两侧岩块滑移情况，与评价岩石稳定性有很大关系。④观察节理充水情况。水在节理面中犹如润滑剂，使岩块更易滑动。⑤根据节理发育特征，确定节理成因。⑥统计节理的密度、间距、数量，确定节理发育程度和节理的主导方向。最简单的统计节理密度的方法是在垂直于节理走向的方向上取单位长度计算节理条数，以（条/m）表示。间距等于密度的倒数。

（2）节理测量资料的整理

在野外对节理进行观测并收集了大量资料后，应及时在室内加以整理，进行统计分析。节理的整理和统计一般采用图表形式。节理图类型很多，主要有玫瑰花图、极点图和等密图等，其中节理玫瑰花图编制简便，反映节理性质和方位比较明显，是一种较常用的图式。节理玫瑰花图分为两类：走向玫瑰花图和倾向倾角玫瑰花图。

绘制节理走向玫瑰花图包括以下几个步骤。

①资料的整理

将节理走向换算成北东和北西方向，并对其进行分组。分组间隔大小依作图要求及地质情况而定，一般采用5°或10°为一间隔，如分成0°～9°、10°～19°，习惯上把0°归入0°～9°组内，10°归入10°～19°组内，依此类推。然后统计每组的节理数目，计算每组节理平均走向，如0°～9°组内，有走向为6°、5°、4°的三条节理，则其平均走向为5°。把统计整理好的数值填入表中，统计表应有方位间隔、平均走向、节理数目等栏目。

②确定作图比例尺

根据作图的大小和各组节理数目，选取一定长度的线段代表 1 条节理，以等于或稍大于数目最多的一组节理的线段长度为半径，作半圆，过圆心作南北线及东西线，在圆周上标明方位角。

③找点连线

从 0°～9°一组开始，自圆心沿半径方向引射线，按该组节理平均走向确定射线的方位。根据作图比例尺、各组节理数目，确定射线的长度，然后用折线把射线的端点连接起来。

④图件整理

将作图过程中的辅助线条擦掉，写上图名和比例尺。

由于节理走向玫瑰花图不能反映各组节理的倾角，因此走向玫瑰花图多用于统计产状直立或接近直立的节理。

节理倾向倾角玫瑰花图是根据节理的倾向和倾角编制的，以整圆代替半圆。

二、断层

断层是岩层或岩体沿破裂面发生明显位移的断裂构造。断层是节理进一步发展的结果，地壳中断层的规模差别很大，小的位移只有几厘米，大的错动距离可达上百千米。

（一）断层要素

观察和描述断层的空间形态，首先要明确断层要素，断层要素主要有断层面、断盘和断距。

1. 断层面

断层面是一个将岩块或岩层断开成两部分并沿其滑动的破裂面。断层面的空间位置由其走向、倾向和倾角确定。断层面往往不是一个产状稳定的平直面，而可能是一个走向或倾向都会发生变化的曲面或者是由一系列断裂面和次级断层组成的断层带（如图 4-24 所示）。

断层线是断层面与地面的交线，即断裂构造在地面的出露线，断层线的弯曲形态取决于断层面的弯曲程度、断层面的产状以及地面的起伏程度。断层面倾角越缓，地形起伏越大，断层线的形态就越复杂。

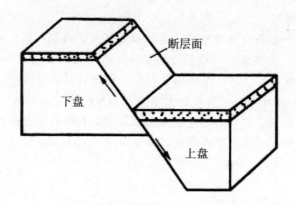

图 4-24 断层要素示意图

2.断盘

断盘是断层面两侧沿断层面发生位移的岩块。如果断层面是倾斜的，位于断层面上侧的一盘为上盘，位于断层面下侧的一盘为下盘；如果断层面直立，则按断盘相对于断层走向的方位描述，如东盘、西盘或南盘、北盘。

根据两盘的相对滑动，相对上升的一盘称为上升盘，相对下降的一盘称为下降盘。

3.断距

断距是指断层两盘的相对位移，即岩层中同一点被断层断开后的位移量。在不同方向的剖面上，断距的值是不同的。两个对应点之间的真正位移距离称为总断距，总断距在断层面走向线上的分量称为走向断距，总断距在断层面倾斜线上的分量称为倾斜断距，总断距在断层面水平面上的投影长度称为水平断距。

（二）断层常见分类

根据断层形成的地质背景、力学机制，断层两盘的相对运动方式以及断层与有关构造的几何关系等因素，断层有各种不同的分类方法。下面对目前常用的几种分类方法加以介绍。

1.按断层与有关构造的几何关系分类

（1）根据断层走向和褶皱轴向或区域构造线之间的几何关系

断层可以分为纵断层、横断层和斜断层。

纵断层是指断层面与褶皱层面的交线同褶皱轴向一致或断层走向与区域构造线基本一致的断层。

横断层是指断层面与褶皱层面的交线同褶皱轴向直交或断层走向与区域构造线基本直交的断层。

斜断层是指断层面与褶皱层面的交线同褶皱轴向斜交或断层走向与区域构造线基本斜交的断层。

（2）根据断层走向与所切割的岩层走向的方位关系

断层可以分为走向断层、倾向断层、斜向断层和顺层断层。

走向断层是指断层走向与岩层走向基本一致的断层。

倾向断层是指断层走向与岩层走向基本直交的断层。

斜向断层是指断层走向与岩层走向斜交的断层。

顺层断层是指断层面与岩层层理等原生地质界面基本一致的断层。

2. 按断层两盘相对运动分类

根据断层两盘相对运动，可以将断层分为正断层、逆断层和平移断层。

正断层是指断层上盘相对于下盘向下滑动的断层。正断层一般较陡，大多数在45°以上，以60°～70°最为常见。断层带内岩石破碎相对不太强烈，角砾岩多带棱角，糜棱岩较不发育，通常没有强烈挤压形成的复杂小褶皱等现象。

逆断层是指断层上盘相对于下盘向上滑动的断层。逆断层一般较为平缓，大多数在45°以下，以30°～35°最为常见。断层带内岩石破碎十分强烈，角砾岩、碎裂岩、糜棱岩发育，通常出现强烈挤压形成的复杂小褶皱等现象。

逆断层的出露是多种多样的，按照逆断层的产状和倾向的不同，主要有逆冲断层和逆掩断层两类。逆冲断层是指断层面产状大于45°的逆断层，在野外很少见到；逆掩断层是指断层面倾角小于45°的逆断层，30°左右的逆掩断层在野外最为常见；如果断层面倾角较小，两盘相对水平位移距离很大，称为辗掩构造或推覆构造。当逆冲构造和推覆构造遭受强烈侵蚀切割，断层上盘大片剥蚀，在原岩块上残留的小片孤零零岩块称为飞来峰；局部被剥蚀后，切穿断层上盘后，露出原岩称为构造窗（如图4-25所示）。

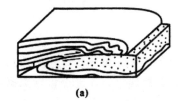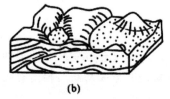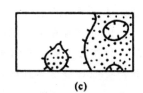

图4-25 飞来峰与构造窗形成示意图

平移断层是指断层两盘基本上沿断层的走向相对滑动的断层。平移断层面一般较陡以至于直立，80°～85°最为常见。断层带内岩石破碎十分强烈，发育有密集剪切带、角砾岩化带、糜棱岩化带等。与上两种断层带相比较，剪裂破碎现象更加强烈。

（三）断层的组合类型

在一定范围内和一定地质背景上，断层常以一定的排列方式有规律地组合在一起，形成不同形式的断层带。例如阶梯状断层、地堑、地垒和叠瓦式构造等，就是分布较广泛的几种断层的组合形式。阶梯状断层就是由数条产状相近的正断层组成的依次断落的断层组合［如图4-26（a）所示］；地堑是两组断层之间的岩块相对下降，两侧岩块相对上升的正断层组合［如图4-26（b）所示］；地垒则是两组断层之间的岩块相对上升，两侧岩块相对下降的正断层组合［如图4-26（c）所示］叠瓦状构造是由若干条平行排列的逆断层构成，其上盘在剖面上构成一个接一个的叠瓦状构造（如图4-27所示），我国四川龙门山地区有此种构造存在。

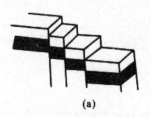
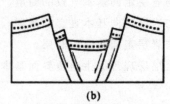
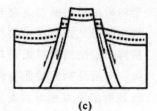

(a)   (b)   (c)

图 4-26 正断层组合形式

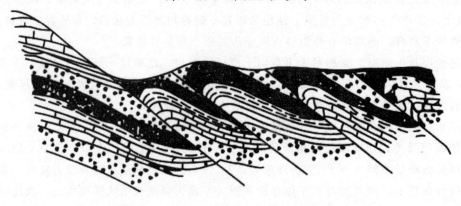

图 4-27 叠瓦式构造

（四） 断层的野外观测

野外观测一直是断层研究的基础和主要方式。断层观测首先要判断断层是否存在，然后分析断层的性质。

1.断层存在的判断依据

岩层发生断裂形成断层后，不仅会改变原有地层的分布规律，还往往在断层面及其相关部分留下各种构造现象，并形成与断层构造有关的地貌现象。在野外可以根据这些标志来识别断层。

（1）地貌标志

断层的活动常常在地貌上有明显表现。这些由断层引起的地貌现象是识别断层最直观的标志。

断层崖与断层三角面：断层两盘的相对滑动，常常使断层的上升盘形成陡崖，这种陡崖通常称为断层崖。如山西西南部高峻险拔的西中条山与山前平原之间就是一条高角度正断层造成的陡崖。当断层崖受到与崖面垂直方向水流的侵蚀切割，则形成沿断层走向分布的一系列三角形陡崖，即断层三角面（如图 4-28 所示）。

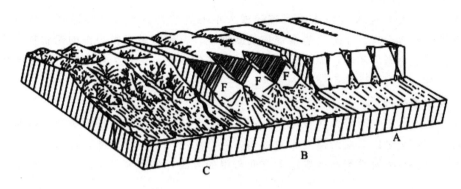

图 4-28 断层崖与三角面发展示意图

A-含有梯形面的断层崖；B-冲沟扩大导致三角面形成；C-长时间侵蚀使三角面消失

断层谷：断层带遭受风化和流水侵蚀，发育形成的谷地叫断层谷，断层谷对地表水系有控制作用。

错段的山脊：错段的山脊往往是断层两盘相对平移错动的结果。

串珠状分布的湖泊洼地：串珠状分布的湖泊洼地可能是由断层的断陷或破碎造成的。我国云南东部顺南北向小江断裂带分布了一串湖泊，自北而南有杨林海、阳宗海、滇池、抚仙湖、杞麓湖以及昆明盆地、宜良盆地、嵩明盆地、玉溪盆地等。

泉水的带状分布：泉水呈带状分布往往也是断层存在的标志。西藏念青唐古拉南麓从黑河到当雄一带散布着一串高温温泉，就是现代活动断层直接影响的结果。

（2）构造标志

断层活动往往留下许多构造现象，这些现象也成为在野外判别断层存在最主要的依据。

构造线不连续：任何线状或面状地质体，如地层、矿层、岩脉、侵入体与围岩的接触面等均沿其产状延伸。如果这些线状或面状地质体在平面上或剖面上突然中断、错开，不再连续，说明有断层存在。

构造强化：如果人们在野外发现了构造强化现象，包括岩层产状的突变，节理化、劈理化、甚至片理化带的突然出现，小褶皱数量剧增、挤压破碎带和各种擦痕等，就说明该地区可能有断层存在。

（3）地层标志

断层的存在有可能会使一套顺序排列的地层出现两盘地层的缺失或重复的现象，这是证明断层存在很重要的证据。由于断层性质不同（正断层或逆断层），断层与岩层倾向方向不同，以及二者倾角相对大小不同，地层的重复和缺失有不同表现。

在野外鉴别时，要注意将断层两盘地层的缺失和重复现象与褶皱构造和不整合接触构造相区分。虽然褶皱构造也有地层的重复现象，但褶皱构造是对称性的重复，而断层的地层重复却是单向性的。虽然沉积间断或不整合构造也可造成地层的缺失，但这两类地层缺失都是区域性的，断层造成的地层缺失则是局部性的。

（4）构造岩

断层两侧岩石因断裂而破碎，碎块经胶结形成的岩石叫构造岩。在断层破碎带中，由于岩石受到强大压力作用而破碎成大小不等的岩石碎块，经过碎屑基质胶结后，形成断层角砾岩。在泥质岩或煤层的断面上，常夹有被磨得很细的泥状物质称为断层泥。断层角砾岩和断层泥都是岩层错动形成的产物，可作为确定断层存在的标志之一。

2.断层性质分析

通过上述标志判断研究区域存在断层后，需要进一步分析断层性质。分析断层性质的核心工作是确定断层两盘的相对运动方向。断层两盘相对运动时在断层面（断层带）上保留下的痕迹是判断两盘运动方向常用的方法，如擦痕、阶步、牵引褶曲、构造岩等。

（1）擦痕和阶步（如图4-29所示）

擦痕和阶步是两盘相对错动时，因摩擦在断层面上留下来的痕迹。擦痕表现为一组比较均匀的平行细纹，是被磨碎的岩屑或岩粉在断层面上刻划的结果。如用手指沿擦痕轻轻抚摸，常常可以感觉到一个方向比较光滑，而相反方向比较粗糙，感觉光滑的方向可指示对盘运动方向。在断层滑动面上常有与擦痕直交的微细陡坎，称为阶步。阶步的陡坎一般面向对盘运动方向。

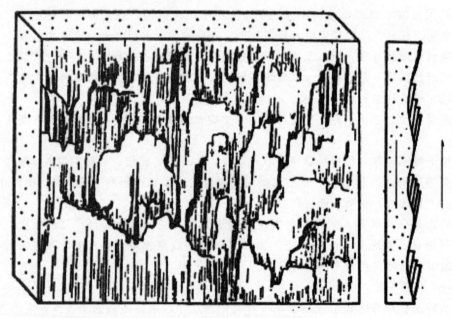

图4-29 擦痕和阶步素描图

（2）牵引褶曲

断层两盘紧邻断层面的岩层，受两盘相对错动影响，常常发生明显的弧形弯曲，这种弯曲被称为牵引褶曲。褶曲的弧形弯曲突出方向指示断层本盘的运动方向（如图4-30所示）。

图4-30 发育在断层带中的牵引褶皱及其指示的两盘滑动方向

（3）构造岩

由于断层的类型不同，构造岩呈现出不同的形态。断层角砾岩为大小不一、无定向排列的棱角状碎块，常见于正断层。磨砾岩为具有圆化程度不同，略具定向排列特性的碎块，常见于逆断层和平移断层。糜棱岩是由研磨成粉状的岩屑重结晶形成的构造岩，多见于大规模逆掩断层和平移断层。

构造岩的存在不仅是确定断层面（断层带）位置的有力证据，有时还可以帮助我们确定两盘相对移动方向。如果断层切断某一标志性岩层或矿层，根据角砾在断层面上的分布可以推断两盘相对位移方向，有时断层角砾呈规律性排列，这些角砾变形的结构面与断层所夹锐角指示对盘运动方向。

（4）根据两盘地层的新老关系

对于走向断层或纵断层的判断方法，如果两盘地层变形复杂，为一套强烈压紧的褶皱，那么就不能简单地根据两盘直接接触的地层新老来判定相对运动。对于切过背斜褶皱的横断层，上升盘核部变宽，下降盘核部变窄；对于切过向斜褶皱的横断层，情况刚好相反。

以上讨论了野外研究断层的各种标志，需要指出的是，断层运动是复杂多变的，一条大断层常常是多期多次地壳活动的结果，先期活动留下的各种现象，常被后期活动所磨损、破坏、叠加、改造，在实际工作中需要认真研究。

三、活断层

活断层一般被理解为正在活动着，或者近期曾有过活动，不久的将来还可能重新活动的断层。目前，对"近期"的看法尚不统一，有的认为只限于全新世之内（最近11000年），有的则认为只限于最近35000年（以 ^{14}C 确定绝对年龄的可靠上限），还有的认为应限于晚更新世之内（最近100000年或500000年）。所谓"不久的将来"，一般是指重要建筑物（如大坝、核电站等）的使用年限（约100年）。活断层的活动对建筑物有一定的破坏作用，对活断层进行研究，要充分掌握其活动特征，合理评估其对工程的影响。

（一）活断层的基本特性

活断层一般是沿已有断层产生错动，它常常发生在现代地应力场活跃的地方。活断层的特性包括活断层的类型和活动方式、活断层的规模、活断层的错动速率、活断层的重复活动周期等。

1. 活断层的类型

按照位移方向与水平面的关系分为正断型活断层、逆断型活断层和走滑型活断层三类，其中以走滑型活断层最为常见。三类活断层由于几何特征和运动特征不同，对工程场地的影响也各异。

2. 活断层的活动方式

活断层的活动方式可分为黏滑型活断层和蠕滑型活断层两类。黏滑型活断层以地震方式产生间歇性的突然滑动，也称为地震断层。它发生在强度较高的岩石中，断层带锁固能力强，能不断地积累应变能达到相当大的量级。当应力达到岩体的强度极限后，会突然错动而发生大的地震，因此黏滑型活断层对建筑物有很大的危害。蠕滑型活断层是沿断层面两侧岩层连续缓慢地滑动，也称蠕变断层。它发生在强度较低的软岩中，断层带锁固能力弱，一般无震发生，有时可伴有小震。我国大多数活断层属黏滑型断层。

3. 活断层的规模

断层所在地区的综合地质因素决定了潜在活断层规模的大小。规模小的活断层长度和深度不足 1 km，规模大的可达数百千米，其中以规模在几千米到一百千米之间的活断层比较常见。活断层一次位移的大小并不相同，从几厘米到十多米都有，并且其位移平均值远远小于其最大值。

4. 活断层的错动速率

活断层的活动强度主要以其错动速率来判定。活断层错动速率相当缓慢，两盘相对徙移平均达到 1 mm/a，已属于相当强烈的活断层。世界著名的美国圣安德烈斯断层，两盘间年平均最大相对位移也只有 5 cm。因此，即使是现在还在蠕动的断层，也必须采用精确的重复水准测量（水准环测或三角、三边测量）。近年来，还采用全球定位系统或超长基线测量法来测量两盘的相对位移。

5. 活断层的重复活动周期

活断层是深大断裂运动复活的产物。活断层往往是由地质历史时期产生的深大断裂，在近期和现代构造应力条件下重新活动而产生的。现今发生地面断裂破坏的地段，过去曾多次反复发生过同样的断层活动。

活断层不一定是长期持续不断地产生明显的活动。历史证明，世界上有些地区的断层，在两次明显活动之间，有一个相对静止期，这个活动的周期是以百年或数百年来计算的。活断层在历史上可能产生的活动次数，是一个很有实际意义的问题。位移较小的活断层发生的次数多；相反，位移较大的活断层发生的次数很少。

（二）活断层的鉴别标志

如果活断层在近期内重新活动，会直接破坏一个地区或场地的稳定。因此在实际工作中，应该对断层活动与否加以鉴别。活断层鉴别标志主要有以下几个方面：地质、地貌、水文地质标志、历史地震及历史期地物错断标志、微地震测量及地形变检测标志、地球物理标志等。

1. 最新沉积物被错断

活断层往往错断、拉裂或扭动全新世以来的最新地层。特别是自人类历史以来所形成的岩层，如黄土层、残积层、坡积层、河床沙砾石层、河漫滩沉积层等。这些岩层被错断、拉裂或扭动就是活断层存在的确凿证据。

2. 破碎带构造形迹

活动断层因其形成时间较晚，断层破碎带中物质一般呈疏松未胶结状态，断面新鲜无风化，第四系填充物质发生牵引变形或擦痕等。

3. 地貌标志

地貌上的突然变化及沉积物厚度的显著差别是活动性断裂存在的重要标志，如隆起山区与断陷盆地突然相接，一系列的河谷向一个方向同步错动，山嘴处形成的三角断崖，河床纵剖面上形成的瀑布（除去岩性差别的影响）、急滩、河漫滩、阶地高程或类型的不连续，河流两岸阶地的不对称，山口处错断的冲积扇、洪积扇等，都可能是活断层作用的结果。

4. 水文地质标志

由于断层带构造物质松散，容易形成强导水带，因而活断层带一线常有泉水分布。由于活断层为深大断裂，深循环水会导致水的化学异常。

5. 历史地震及地物错断

我国有长达3000多年地震历史的记载资料，较近的历史记载，可以帮助判别活断层的存在。活断层有时错断城墙、古城堡和古墓等古建筑物，因此对古代建筑物破坏、错断、掩埋等情况的调查，也可以帮助判断活断层的存在。

6. 微地震测量及地球物理标志

活断层附近常常伴有较频繁的地震活动，且地震沿断层呈带状分布。在活断层存在区域，往往显示出重力、地热、射线等物理异常现象。

四、断裂构造对工程建筑的影响

断裂构造的存在，破坏了岩石的完整性，并且为地下水提供了流通的通道，加速了风化作用的进行，削弱了岩石的强度和稳定性，对土木工程建筑有一定的影响。

岩石中的节理将岩层切割成块，节理间距越小，岩体破坏程度越高，岩体承载力越小。当节理主要发育方向与路线走向平行、倾向与边坡一致时，易发生崩塌等不稳定现象。

断层带岩体破碎，常夹有许多断层泥，强度低，工程建设应尽力避免选择在断层上或断层破碎带附近进行。对于地基岩体，断层破碎带易发生较大规模的沉陷，造成建筑物的断裂或倾斜；对于边坡岩体，断裂面是极不稳定的滑移面，对岩质边坡的稳定有重要影响；对于地下岩体，易发生坍塌甚至冒顶。因此铁路选线时，应尽量避开大断裂带，在条件不允许、必须穿过断层带时，应与断层带成大角度或垂直。

活断层集中地区的稳定性很差，在这种地区进行工程建设，就必须很好地进行区域稳定性评价。建筑场地一般应避开活动断裂带，特别是重要的建筑物，如大坝、核电站等，更不能跨越在活断层上。铁路、输水线路等线性工程必须跨越活断层时，也应尽量避开主断层。如果工程必须在活断层附近布置，那么比较重要的建筑物应尽可能避开有强烈地表变形和分支、次生断裂发育的断层上盘。此外，还可选择在错动下不致破坏的建筑物形式，例如水利建筑宜采用散体堆填坝。有活断层的建筑场地需进行危险性分区评价，以便根据各区危险性大小和建筑物的重要程度，采用适当的抗震结构和建筑形式。

第六节 地质图

工程建设的规划、设计和施工，都需要以地质勘察的资料为依据，而通过对已有地质图的分析和阅读，可以帮助我们尽快了解一个地区的地质情况。因此，学会分析和阅读地质图是十分必要的。

一、地质图及地质图种类

地质图是用规定的符号将自然界的各种地质现象（如地层、岩性和地质构造等）按一定的比例缩小，投影在平面上的图件。一幅完整的地质图包括平面图、剖面图和综合地层柱状图，并标明图名、比例尺、图例和接图等。平面图是地质图最基本的图件，反映了地表相应位置的地质条件，它一般是通过野外地质勘测工作，直接填绘到地形图上编制出来的；剖面图是配合平面图，反映地表以下某断面地质条件的图件，它可以通过野外测绘或勘探工作编制，也可以在室内根据地质平面图来编制；综合地层柱状图综合反映一个地区各地质年代的地层特征、厚度和接触关系等。

地质图的种类很多，因用途的不同而各有侧重。普通地质图主要是用来表示地区地层分布、岩性和地质构造等基本地质条件的图件；构造地质图是专门反映褶曲、断层、接触关系等地质构造的图件；第四纪地质图是专门反映第四纪松散沉积物的成因、年代、成分和分布情况的图件；基岩地质图是假想把第四纪松散沉积物"剥掉"，只反映第四纪以前基岩的时代、岩性和分布的图件；水文地质图是反映地区水文地质资料的图件，可分为岩层含水性图、地下水化学成分图、潜水等水位线图、综合水文地质图等；工程地质图是各种工程建筑专用的地质图，一般是在普通地质图的基础上，增加各种与工程建筑有关的工程地质内容而形成的。

二、地质图阅读步骤

（一）阅读步骤

地质图上内容较多，线条符号复杂，阅读时应遵循由浅入深、循序渐进的原则。

1. 看图名、比例尺、方位和图例

从地质图的图名和比例尺可以了解图幅的地理位置、图上线段长度和面积大小。地质图上的方位一般用箭头指北表示，或用经纬线表示。图例自上而下或自左而右，按从新到老的年代顺序，列出图中出露的所有地层符号和地质构造符号，通过图例可以概括了解图中出现的地层及其年代顺序。读图例时，要注意地层之间的地质年代是否连续，中间是否存在地层缺失现象。

2. 了解地形地貌

通过地形等高线或河流水系的分布特点，了解地区的山川形势和地形高低起伏情况。

3. 分析地质内容

了解各地质年代的地层岩性分布位置、产状及其与地形的关系，分析地质构造。

分析地质构造时，可以先分析各年代地层的接触关系，再分析褶曲，然后分析断层。长期的风化剥蚀作用，会破坏出露地面的构造形态，使基岩在地面出露的情况更为复杂，导致我们在图上一时看不清构造的本来面目。因此，在看地质平面图时要注意与地质剖面图相结合，这样可以更好地加深对地质图内容的理解。

4. 演化历史分析

根据地层、岩性和地质构造特征，分析该地区的演化发展史。

（二）读图实例

根据资治地区地质图（如图4-31所示），可得到以下信息。

1. 图名、比例尺、方位和图例

图名：资治地区地质图。

比例尺：1∶10000，图幅实际范围：1.8 km×2.05 km。

方位：图幅正上方为正北方。

由图例可见，本区出露的沉积岩由新到老依次为：二叠系红色砂岩、上石炭系石英砂岩、中石炭系黑色页岩夹煤层、中奥陶系厚层石灰岩、下奥陶系薄层石灰岩、上寒武系紫色页岩。中寒武系鲕状石灰岩。岩浆岩有前寒武系花岗岩。地质构造方面有断层通过本区。

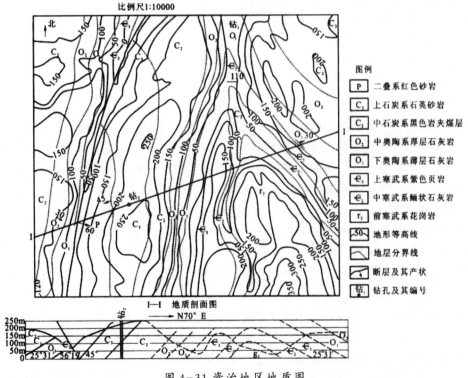

图4-31　资治地区地质图

2. 地形地貌

本区有三条南北向山脉，其中东侧山脉被支沟截断。相对高差350 m左右，最高点在图幅东南侧山峰，海拔350 m；最低点在图幅西北侧山沟，海拔0 m以下。本区有两条流向东北的山沟，其中东侧山沟上游有一条支沟及其分支沟，从北西方向汇入主沟，西侧山沟沿断层发育。

3. 地质内容

（1）地层分布

前寒武系花岗岩岩性较好，分布在本区东南侧山头一带。年代较新、岩性坚硬的上石炭系石英砂岩，分布在中部南北向山梁顶部和东北角高处。年代较老、岩性较弱的上寒武系紫色页岩，分布在山沟底部。其余地层均位于山坡上。

（2）接触关系

花岗岩没有切割沉积岩的界线，且花岗岩形成年代早于沉积岩，因此前寒武系花岗岩与中寒武系沉积岩为沉积接触。中寒武系、上寒武系、下奥陶系、中奥陶系沉积时间连续，地层界线彼此平行，岩层产状大致相同，是整合接触。中奥陶系与中石炭系之间缺失了上奥陶系至下石炭系的地层，沉积时间不连续，但地层界线平行、岩层产状基本一致，是平行不整合接触。中石炭系至二叠系又为整合接触。本区最老地层为前寒武系花岗岩，最新地层为二叠系红色石英砂岩。

（3）褶皱构造

图中以前寒武系花岗岩为中心，两边对称分布中寒武系至二叠系地层，其年代越来越新，为背斜构造。该背斜轴线从南到北由北西转向正北。沿轴线方向观察，地层界线封闭弯曲，且沿弯曲方向凸出，因此这是一个轴线近南北，并向北倾伏的背斜。此倾伏背斜两翼岩层倾向相反，倾角不等，东侧和东北侧岩层倾角较缓（30°），西侧岩层倾角较陡（45°），故为倾斜倾伏背斜，轴面倾向北东东。

（4）断层构造

本区西部有一条北北东向断层，断层走向与褶曲轴线及岩层界线大致平行，属纵向断层。此断层的断层面倾向东，故东侧为上盘，西侧为下盘。比较断层线两侧的地层，东侧地层新，西侧地层老，故东侧断层上盘为下降盘，西侧断层下盘为上升盘，该断层为正断层。从断层切割地层界线的情况看，断层生成于二叠系之后。断层两盘位移较大，说明断层规模大；沿断层形成沟谷，说明断层带岩层破碎。

4. 演化历史

通过上述对图4-21的构造分析可知，本地区在中寒武系至中奥陶系之间地壳持续下降，为接受沉积环境，以海相沉积为主，沉积物基底为前寒武系花岗岩。上奥陶系至下石炭系之间地壳上升，长期遭受风化剥蚀作用，无沉积，缺失大量地层。中石炭系至二叠系之间地壳再次下降，接受沉积，以陆相沉积为主。这两次地壳升降运动并没有造成强烈褶曲及断层。二叠系以后，地壳再次上升，长期遭受风化剥蚀，无沉积。并且二叠系后先受东西向挤压力影响，形成倾斜倾伏背斜，后又受东西向张拉应力影响，形成纵向正断层。此后，本区就趋于相对稳定。

三、地质剖面图的绘制

地质剖面图反映了地表以下各地质构造的特征，是重要的地质图件之一。下面简单介绍在地质平面图的基础上制作剖面图的方法。

（一）选择剖面方位

剖面图主要反映图区内地表以下的构造形态及地层岩性分布。作剖面图前，首先要选定剖面线方向。除特定目的外，剖面线一般选择大体垂直于地层走向的方向。这样才能较好地反映该区地质构造特征等。选定剖面线后，应标在平面图上。

（二）确定剖面图比例尺

作地质剖面图所采用的水平比例尺一般与地质平面图一致，这样便于作图。剖面图垂直比例尺可以与平面图相同，也可以不同。水平比例尺与垂直比例尺一致，能够反映真实的地形和地质情况；适当放大垂直比例尺时，可以揭示较平缓地区的起伏状态。

（三）作地形剖面图

按确定的比例尺作好水平坐标和垂直坐标。将剖面线与地形等高线的交点，按水平比例尺铅直投影到水平坐标轴上，然后根据各交点高程，按垂直比例尺将各投影点定位到剖面图相应高程位置，最后以圆滑曲线，依次连接各高程点，就形成了地形剖面图。

（四）作地质剖面图

1. 投影地质界线

将剖面线与各地质界线（如地层界线点、断层点、不整合接触线点等）的交点，垂直投影到地形剖面图的剖面线上。如有覆盖层，下伏基岩的地层界线也应按比例标在地形剖面图上的相应位置。

2. 延伸地质界线

按平面图上的产状换算得到各地质界线在剖面图上的视倾角。按视倾角的角度，并综合考虑地质构造形态，延伸地形剖面线上各地质界线，并在下方标明其原始产状和视倾角。一般先画断层线，后画地层界线。

3. 画岩性图案

在各地层分界线内，按各套地层出露的岩性及厚度，根据统一规定的岩性花纹符号，画出各地层的岩性图案。

4. 对剖面图进行修饰

首先在剖面图上用虚线将断层线延伸，根据断层性质在延伸线上用箭头标出上、下盘运动方向。然后利用地层的新老关系及地层对称式重复出露情况，并考虑褶皱转折端形态及地层产状等，将同时代地层用圆滑线条连成褶皱（有时为了直观，可用虚线表示出地表以上的褶皱形态）。接下来标注不整合接触界面，其上覆地层应与不整合界面平行，而下伏地层则与不整合界面呈角度相交。最后需注意第四系松散沉积物应画在上伏基岩之上，且一般不能被断层所穿越。

5. 完善剖面图

在作出的地质剖面图上，写上图名、比例尺、剖面方向和各地层年代符号，绘出图例和图签，这样就完成了一幅完整的地质剖面图，如图4-31中的Ⅰ—Ⅰ地质剖面图。

四、地层综合柱状图

地层综合柱状图是根据地质勘察资料（主要是根据地质平面图和钻孔柱状图资料），把地区出露的所有地层、岩性、厚度、接触关系，按地层时代由新到老的顺序综合编制而成的图件。它一般包括地层时代及符号、岩性花纹、地层接触类型、地层厚度、岩性描述等，如图4-22所示。地层综合柱状图和地质剖面图作为地质平面图的补充和说明，通常与地质平面图编绘在一起，构成一幅完整的地质图。

时 代	代号	柱状剖面图	层面	厚度/m	岩 层 描 述	备 注
白垩纪	K	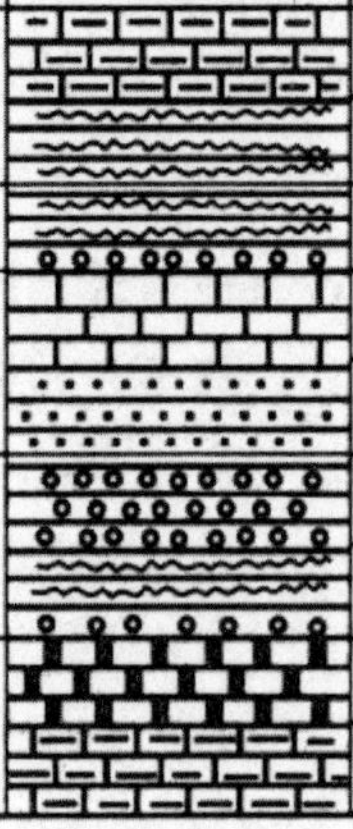	9	8.5	黄褐色泥质石灰岩	
			8	7.0	暗灰色黏土质页岩	
侏罗纪	J		7	11.5	暗灰色泥质页岩、底部为砾岩	不整合
二叠纪	P		6	12.5	灰色硅质灰岩	
			5	5.0	白色致密砂岩	
石炭纪	C		4	15.0	淡红色厚层砾岩	
			3	10.0	薄层页岩、砂岩夹煤层、底部为砾岩	不整合
奥陶纪	O		2	12.0	灰色致密白云岩	
			1	4.5	淡黄色泥质石灰岩	

图 4-22 地层综合柱状图

在地质填图工作以前，要根据实测剖面的资料，编制初步综合地层柱状剖面图。其目的是通过了解岩层的沉积顺序、岩性成分、结构构造、厚度、地层年代及接触关系等，进行区域内地层对比，了解区域内的岩层在时间上的发展变化，进而制订地质填图的统一标准。

初步综合地层柱状图要求具有比较充分的区域地质代表性，在地质复杂区域，可根据不同情况分别编制。在填图过程中对柱状图的不妥之处，应及时进行修改。最后在室内进行整理时，编制成正式的综合地层柱状图。

柱状图的编制，要将老地层放在底部，新地层放在上部，其分层要比地质图细致，比例尺要大于地质图的比例尺。每组岩层的厚度一般应按最大厚度绘制，但对矿产或具有特殊工程地质意义的夹层或标志层，则可适当放大比例尺将其表现出来。

第五章　环境生态学理论

第一节　生态学理论

生态学是生物学的一个分支，生物学的研究对象向微观和宏观两个方面发展，微观方面向分子生物学方向发展，而生态学是向研究宏观方向发展的分支，是以生物个体、种群、群落、生态系统直到整个生物圈作为它的研究对象。生态学也是一个综合性的学科，需要利用地质学、地理学、气象学、土壤学、化学和物理学等各方面的研究方法和知识，是将生物群落和其生活的环境作为一个互相之间不断地进行物质循环和能量流动的整体来进行研究。

一、生态系统

生态系统就是在一定的空间内，生物群落与其环境之间通过不断地物质循环和能量流动而相互作用、相互制约，不断演化达到动态平衡，形成相对稳定的统一整体，是具有一定结构和功能的单位。一个生物物种在一定范围内所有个体的总和在生态系统中称为种群。在一定的自然区域中许多不同种的生物的总和称为群落。在任何情况下，群落都不是孤立存在的，总是和环境密切相关、相互作用。群落与环境之间为互补关系，存在能量流动和物质循环。

（一）生态系统的组成

生态系统有四个主要的组成成分，即非生物环境、生产者、消费者和分解者。

1. 非生物因素

包括气候因子，例如光、温度、湿度、风和雨雪等；无机物质，例如碳、氢、氧、氮、二氧化碳及各种无机盐等；有机物质，例如蛋白质、碳水化合物、脂类和腐殖质等。

2. 生产者

主要指绿色植物等自养生物，也包括蓝绿藻和一些光合细菌和硝化细菌，是能利用简单的无机物质制造食物的自养生物，在生态系统中起主导作用。

3. 消费者

主要指以其他生物为食的各种动物，包括植食动物、肉食动物、杂食动物和寄生动物等。

4.分解者

主要是细菌和真菌，也包括某些原生动物和蚯蚓、白蚁，以及秃鹫等大型腐食性动物。它们分解动植物的残体、粪便和各种复杂的有机化合物，吸收某些分解产物，最终能将有机物分解为简单的无机物，而这些无机物参与物质循环后可被自养生物重新利用。

（二）生态系统的结构

生态系统的结构可以从两方面理解：其一是形态结构，例如生物种类、种群数量、种群的空间格局、种群的时间变化，以及群落的垂直和水平结构等。形态结构与植物群落的结构特征相一致，外加土壤、大气中非生物成分以及消费者、分解者的形态结构。其二为营养结构，营养结构是以营养为纽带，把生物和非生物紧密结合起来的功能单位，构成以生产者、消费者和分解者为中心的三大功能类群，它们与环境之间发生密切的物质循环和能量流动。

（三）生态系统的功能

生态系统的主要功能包括生物生产、能量流动、物质循环及信息传递。

1.生物生产

生态系统中的生物，不断地把环境中的物质能量吸收，转化成新的物质能量形式，从而实现物质和能量的积累，保证生命的延续和增长，这个过程称为生物生产，它包括初级生产和次级生产。生态系统的初级生产实质上是一个能量转化和物质积累的过程，是绿色植物光合作用的过程。进行光合作用的绿色植物称为初级生产者，它是最基本的能量贮存者，尽管绿色植物对光能的利用率还很低（自然植被低于$0.2\%\sim$ 0.5%，平均只有0.14%），但被它们聚集的能量仍然是相当可观的，每年地球通过光合作用生产的有机干物质总量约为1.62×10^{11}t（其中海洋为5.53×10^{10}t），相当于2.87×10^{18}J能量。次级生产是指消费者或分解者对初级生产者生产的有机物以及贮存在其中的能量进行再生产和再利用的过程，因此消费者和分解者称为次级生产者。同样，次级生产者在转化初级生产品的过程中，不能把全部的能量都转化为新的次级生产量，而有很大的一部分要在转化过程中被损耗掉，只有一小部分被用于自身的贮存，这部分能量又会很快通过食物链转移到下一个营养级，直到损耗殆尽。

2.能量流动

地球上一切生命活动都包含能量的利用，这些能量均来自太阳以地球可获取的太阳能约占太阳输出总能量的二十亿分之一，到达地球大气层的太阳能是每分钟每平方厘米8.12J，其中约34%被反射回去，20%被大气吸收，只有46%左右能到达地表，而真正能被绿色植物利用的只占辐射到地面的太阳能的1%左右。当太阳能进入生态系统时，首先是由植物通过光合作用将光能转化为贮存在有机物中的化学能，然后这些能量就沿着食物链从一个营养级到另一个营养级逐级向前流动，先转移给草食动物，再转移给肉食动物，从小型肉食动物转移到大型肉食动物。最后，绿色植物及各级消费者的残体及代谢物被分解者分解，贮存于残体和代谢物中的能量最终被消耗释放回环境中。由上述可见，在生态系统中，能量沿着食物链流动，形成能量流。总能量流动是符合热力学第一定律及第二定律的。

3. 物质循环

生态系统中各种有机物质经过分解者分解，成为生产者利用的形式归还到环境中重复利用，周而复始的循环过程叫物质循环。物质循环可分为生态系统内的生物小循环和生物地球化学大循环。前者是生物与周围环境之间进行的物质循环，其循环速度快、周期短，主要是通过生物对营养元素的吸收、留存和归还来实现；后者范围大、周期长、影响面广。由于一般生态系统与外界都存在不同程度的输入和输出关系，因此生物小循环是不封闭的，它受到另一类范围更广的地球化学循环影响。生物小循环与地球化学大循环相互联系、相互制约，小循环寓于大循环中，大循环离不开小循环，两者相辅相成，构成整个生物地球化学循环。

4. 信息传递

在生态系统的各组成部分之间及各组成部分的内部，存在广泛的、各种形式的信息交流，这些信息把生态系统联系成为一个统一的整体。生态系统中的信息形式主要有营养信息、化学信息、物理信息和行为信息。生态系统功能除了体现在生物生产过程、能量流动和物质循环外，还表现在系统中各生命成分之间存在的信息传递。生态系统中包含多种多样的信息，大致可分为物理信息、化学信息、行为信息和营养信息。

（1）物理信息及传递

生物通过声、光、色、电等向同类或异类传达的信息构成生态系统的物理信息，通过物理信息可表达安全、警告、恫吓、危险和求偶等多方面信息，例如求偶的鸟鸣、兽吼等。

光信息——光强弱、光质、光照时间长短是重要的光信息。太阳能是光信息的重要初级信源。

声信息——鸟类婉转多变的叫声；蝙蝠、鲸类发达的声呐定位系统。

电信息——特别是鱼类，大约有300多种能产生0.2V～2V微弱电压，电鳗产生的电压能高达600V。

磁信息——鱼类遨游迁徙于大海、候鸟成群结队长途飞行等都靠动物自己的电磁场与地球磁场互相作用确定方向、方位。

（2）化学信息及传递

生物在某些特定条件下，或某个生长发育阶段，分泌出某些特殊的化学物质，这些物质在生物种群或个体之间起着某种信息作用，这就是化学信息。例如，昆虫分泌性外激素吸引异性个体，猫、狗通过排尿标记其活动的领域，臭鼬释放臭气抵抗敌害，白蚁传递生殖信息等。

动物和植物间的化学信息。植物产生气味，不同动物对植物气味有不同反应，例如蜜蜂取食与授粉靠植物的化学信息。

动物之间的化学信息。动物通过外分泌腺向体外分泌某些信息素；动物可利用信息素标记所表现的领域行为；动物向体外分泌性信息素，以沟通种内两性个体的性信息素交流。

植物之间的化学信息。植物之间的化学信息传递是通过化感物质实现的，称为化感作用。化感作用，有促进作用也有抑制效应。

（3）行为信息

有些动物可以通过特殊的行为方式向同伴或其他生物发出识别、挑战等信息，这种信息传达方式称为行为信息。例如，蜜蜂通过舞蹈告诉同伴花源的方向、距离等，人类的哑语也是一种行为信息方式。

（4）营养信息

通过营养关系，把信息从一个种群传递给另一个种群，或从一个个体传递给另一个个体，即为营养信息。

二、食物链和食物网

食物链是各种生物之间由于食物关系而形成的一种联系。在生态系统中，一种生物不可能固定在一条食物链上，而往往同时属于数条食物链。实际上，生态系统中的食物链很少单条、孤立地出现（除非食性是专一的），它们往往相互交叉，形成复杂的网络式结构，即食物网。

（一）食物链

按照生物间的相互关系，一般把食物链分成三类：

1.捕食链

捕食链是生物种间通过捕食关系而形成的食物链，例如草→兔→狐。食物链起始于生产者，终止于最高级消费者；生产者永远都是第一营养级；食物链营养级别一般不超过五级；消费级别等于营养级别减一；一般不把人列入。

2.寄生链

寄生链是生物体内以寄生方式而形成的食物链，例如鸟类→跳蚤→原生动物→细菌→过滤性病毒。

3.腐生链

腐生链是专以动植物遗体为食物而形成的食物链，例如植物残体→蚯蚓→线虫类→节肢动物。

捕食链是食物链的重要模式，它是由生产者与消费者之间通过捕食关系建立起来的。因此，一条捕食链必须有生产者且至少含有三个营养级。因为分解者营腐生活，所以分解者不加入捕食链的构成。食物关系也是营养关系，因此食物链和食物网又叫做生态系统的营养结构，食物链的各个环节叫营养级。生产者是食物链的首要环节，一定属于第一营养级，植食性动物作为初级消费者属于第二营养级，但肉食性动物尤其是大型肉食性动物，其营养级并非一成不变。例如，猫头鹰捕食初级消费者鼠类的时候，它属于第三营养级，但当它捕食次级消费者黄鼬的时候，它就属于第四营养级。

（二）食物网

食物网形象地反映了生态系统内各生物有机体间营养位置和相互关系，生物正是通过食物网发生直接或间接的联系，保持生态系统结构和功能的相对稳定。

一般来说，具有复杂食物网的生态系统，一种生物的消失不致引起整个生态系统的失调，但食物网简单的系统，尤其是在生态系统功能上起关键作用的种，一旦消失或遭受严重破坏，就可能引起这个系统的剧烈变动。例如，如果构成苔原生态系统食物链基础的地衣，因大气中二氧化硫含量超标而逐渐死亡，就会使整个系统遭到破坏。

（三）生态金字塔

生态金字塔是反映生态系统营养结构与机能的锥体图解模式，它把生态系统中的营养级依次由低到高排列起来，构成"金字塔"形的营养结构。

由于营养级可以用生物量、生物个体数量以及能量来分别表示，生态金字塔可分为三类，即生物量金字塔、数量金字塔和能量金字塔。

生态金字塔一般都是底部大、上部小的形状，但是对某些生态系统也有例外情况。例如，海洋中浮游植物常低于浮游动物，受到严重干扰的受损草地生态系统，家畜的生物量有时超过草地植被的生产量。生态金字塔对生态系统来说是不稳定的，倒置说明下一个营养级的能量已经不能满足上一个营养级的需要，生态系统的正常结构与功能将难以为继。

三、生态平衡与生态系统稳定性

生态平衡是指在一定时间内，生态系统中的生物和环境之间、生物各个种群之间，通过能量流动、物质循环和信息传递，使它们相互之间达到高度适应、协调和统一的状态。当生态系统处于平衡状态时，系统内各组成成分之间保持一定的比例关系，能量、物质的输入与输出在较长时间内趋于相等，结构和功能处于相对稳定状态，在受到外来干扰时，能通过自我调节恢复到初始的稳定状态c在生态系统内部，生产者、消费者、分解者和非生物环境之间，在一定时间内保持能量、物质输入与输出动态的相对稳定状态。因此，生态平衡首先是动态的，其表述应该反映不同层次、不同发育期的区别。

（一）生态平衡的基础

生态系统之所以能够维持相对稳定或动态平衡，是由于生态学的基本规律决定的。

1. 相互依存与相互制约规律

相互依存与相互制约，反映生物间的协调关系，是构成生物群落的基础。生物间的这种协调关系，主要分两类：

第一，普遍的依存与制约，亦称"物物相关"规律。有相同生理、生态特性的生物，占据与之相适宜的小生境，构成生物群落或生态系统。系统中不仅同种生物相互依存、相互制约，异种生物（系统内各部分）间也存在相互依存与制约的关系。同样，不同群落或系统之间，也同样存在依存与制约关系。

第二，通过"食物"而相互联系与制约的协调关系，亦称"相生相克"规律。具体形式就是食物链与食物网，即每一种生物在食物链或食物网中都占据一定的位置，并具有特定的作用。各生物种之间相互依赖、彼此制约、协同进化。被食者为捕食者提供生存条件，同时又为捕食者控制；反过来，捕食者又受制于被食者，彼此相生相克，使整个体系（或群落）成为协调的整体。

2. 物质循环转化与再生规律

生态系统中，植物、动物、微生物和非生物成分，借助能量的不停流动，一方面不断地从自然界摄取物质并合成新的物质，另一方面又随时分解为原来的简单物质，即所谓"再生"，重新被植物所吸收，进行不停顿的物质循环。因此，要严格防止有毒物质进入生态系统，以免有毒物质经过多次循环后富集到危及人类的程度。

3. 物质输入输出的动态平衡规律

物质输入输出的平衡规律，又称协调稳定规律，它涉及生物、环境和生态系统三个方面。当一个自然生态系统不受人类活动干扰时，生物与环境之间的输入与输出是相互对立的关系，生物体进行输入时，环境必然进行输出，反之亦然。生物体一方面从周围环境摄取物质，另一方面又向环境排放物质，以补偿环境的损失（这里的物质输入与输出，包含着量和质两个指标）。对于一个稳定的生态系统，无论对生物、环境，还是对整个生态系统，物质的输入与输出总是相平衡的。

4. 生物与环境相互适应与补偿的协同进化规律

生物与环境之间，存在作用与反作用的过程，或者说生物给环境以影响，反过来环境也会影响生物。植物从环境吸收水和营养元素，这与环境的特点，例如土壤的性质、可溶性营养元素的量以及环境可以提供的水量等紧密相关。同时，生物体则以其排泄物和尸体把相当数量的水和营养素归还给环境，最后获得协同进化的结果。

5. 环境资源的有效极限规律

作为生物赖以生存的各种环境资源，在质量、数量、空间和时间等方面，是有一定条件限制的，不可能无限制地供给，因而任何生态系统的生物生产力通常都有一个大致的上限。当外界干扰超过生态系统的忍耐极限时，生态系统就会被损伤、破坏，甚至瓦解。因此，放牧强度不应超过草场的允许承载量；采伐森林、捕鱼狩猎和采集药材时不应超过各种资源可持续利用的产量；保护某一物种时，必须要给予足够它生存、繁殖的空间；排污时，必须使排污量不超过环境的自净能力等。

（三）生态平衡的调节

生态系统平衡的调节机制主要是通过系统的反馈机制和稳定性实现的。

1. 反馈机制

反馈分正反馈和负反馈。正反馈可使系统更加偏离平衡位置'不能维持系统的稳态。生物的生长、种群数量的增加等都属于正反馈。要使系统维持稳态，只有通过负反馈机制，就是系统的输出决定系统未来功能的输入。种群数量调节中，密度制约作用是负反馈机制的体现。负反馈的意义在于通过自身的功能减缓系统内的压力，以维持系统的稳态。

2. 稳定性

稳定性包括抵抗力和恢复力。抵抗力是生态系统抵抗并维持系统结构和功能原始状态的能力；恢复力是生态系统遭到外部干扰破坏后，系统恢复原始状态的能力。

第二节　环境与资源保护

自然资源指的是自然界中人类可以直接获得用于生产和生活的物质。一般可分为两类：不可再生的资源，例如各种金属和非金属矿物、化石燃料等，它们需要经过漫长的地质年代才能形成；可再生的资源，是指水、土壤、动植物、风能和太阳能等资源，它们能在一定的时间内再生产出来或循环再现。在某种意义上说，自然资源也是自然环境的主要组成部分。自然保护的中心就是保护增殖（可再生资源）和合理利用自然资源。

一、能源与环境

能源是实现国民经济现代化和提高人民生活水平的物质基础。世界经济发展的实践证明，总的能源消耗量和增长速度与国民经济生产总值及其增长率是成正比关系。能源总消耗量与人口平均能源消耗是衡量一个国家或地区经济发展水平的重要标志。

（一）能量生产与环境污染

大多数能源是用于发电，目前多采用矿物燃料加热产生蒸汽来发电，即火力发电，核电站也是通过热能来发电的。无论哪种发电形式对环境均产生热污染。另外，根据应用能源性质的不同，相应地会对环境产生不同性质的污染。

1. 电能生产与热污染

火力发电的简单原理是水被燃烧的矿物燃料加热成高温高压的蒸汽，进入汽轮机后，汽轮机受蒸汽作用而迅速转动，并带动与它同轴的发电机，从而产生电能，经变压器和高压输电线输出供应用户。其中从汽轮机出来的废热蒸汽经冷却器冷却后形成水，冷凝水用泵打回锅炉重复使用，而冷却器中的冷却水则增温外排，进入河流或其他水体，造成热污染。

2. 火力发电站对环境的影响

目前，火力发电主要是靠燃烧煤炭、石油或天然气等矿物燃料，煤和石油的燃烧是构成能源污染的主要来源。火力发电厂排出的污染物中，燃烧煤炭时主要是烟尘和二氧化硫，还有二氧化氮；在燃烧石油时主要是二氧化硫，其次是二氧化氮；在燃烧天然气时主要是二氧化氮。

3. 核能发电与环境

核能就是利用铀-235（或钚-239）等放射性元素的核，在中子轰击下发生裂变，并释放出核能，将水加热成蒸汽，驱动汽轮机——发电机组运转，产生电能。进行核裂变反应的反应堆，就是核电站的"锅炉"，它的优点是无烟尘、无粉煤灰、无漏油等环境污染。它唯一使人担心的是存在放射性污染，特别是由反应堆产生的放射性废物要与环境隔离，不使其进入生态环境，才能认为是安全的。尽管核能的利用已很普遍，但核泄漏事故也是时有发生，例如影响比较大的苏联切尔诺贝利核电站泄漏事故和因地震引起的日本福岛核电站泄漏事故等。因此，核电站的安全性是非常重要的一个因素，人们在重新审视核电站的安全问题。

（二）探索和开发新能源

随着经济的不断发展，能源的消耗量迅速增长，能源问题越来越成为经济发展中的突出问题。作为不可再生资源的煤和石油等能源，开发利用增大，地球储量急剧减少，同时这类能源还会带来严重的环境污染问题。因此，人们正在积极寻找各种办法和措施，大力探索和开发各种新能源。

1. 太阳能

热是能的一种形式，太阳光能使照射的物体发热，证明它具有能量。这种能量来自太阳的辐射，称之为太阳辐射能，它是地球的总能源，也是唯一极其庞大既无污染又可再生的天然能源。据估计，太阳每秒钟放射的能量相当于 $3.75×10^{26}w$ 的能量。然而，仅有少量的能量到达地球大气的最高层，并且还有一部分加热空气和被大佬反射而消耗掉。即使这样，每秒钟到达地面上的能量还高达 $8.00×10^{12}kw$，相当于 $5.50×10^6t$ 煤的能量。

2. 生物能源沼气的利用

沼气是由生物能源转换得来，是甲烷、二氧化碳和氮气等的混合气体，具有较高的热值，可以做燃料烧饭、照明，也可以驱动内燃机和发电机。沼气燃烧后的产物是二氧化碳和水，不增加空气中有害物的组成，不留灰尘和废渣，不危害农作物和人体健康。因此，沼气对解决我国部分农村能源的消费问题，以及从保护环境、维持生态平衡等方面最具有现实意义。

3. 核聚变能

聚变反应不产生裂变碎片，所以其放射性问题不如裂变反应那样严重。由于氘一氚聚变反应的热利用率为50%～60%，因此它的热污染问题较其他任何发电方法少。核聚变能可能成为未来的新能源，至少在发电方面是这样。核聚变反应所需要的原料从本质上来说是不受限制的，而且引起的环境污染也较轻。但是，核聚变反应要发出大量的电力，达到实用阶段还须做长期的努力。

4. 地热能源

地热来源有三种形式，即干蒸汽、温蒸汽和热水，其中干蒸汽利用最好。温度超过150℃，属于高温地热田，可直接用于发电，但其数量也最少。世界上已发现5个主要干蒸汽区，即美国加利福尼亚州的盖塞斯间歇泉区、意大利北部的拉德雷洛、新墨西哥州的克尔德拉，以及日本的两个地区。湿蒸汽田的储量大约是干蒸汽田的20倍，温度在90～150℃之间，属于中温地热田。我国是一个地热资源十分丰富的国家，据不完全统计，现已查明的温泉和热水点已接近2 500处，并陆续有发现。我国地下热水资源几乎遍布全国各地，温泉群和温泉点温度大多在60无以上，个别地方达100～140℃。此外，在西藏、云南和台湾等省都发现了地热湿气田。

5. 其他能源

氢能又叫氢燃料，主要是氢气，它是一种清洁能源。氢作燃料其优点很多，燃烧时发热量很大，相当于同重量含碳燃料的4倍，而且水可以作为氢的廉价原料来源，燃烧后的生成物又是水，可循环往复，对环境无污染，便于运输和储藏。目前，作为燃料（火箭发射燃料）在实际中应用的主要是液态氢。潮汐能是由于海岸潮汐的振荡流动产生的，它包括上升与下降的垂直运动和涨潮与退潮的水平运动。形成潮差最大的海湾、海峡和河口地区等流水的动力均可开发利用，用以发电；建筑水坝、围截盆地出口，可以造成海湾水位与外海水位之间的落差（潮差一般达10m以上即可发电），由于潮流振荡运动的产生，引起盆地中的水位时升时降，水流便可用于驱动涡轮机产生电力。风能是一种最古老的能源，在古代人们已开始利用做动力行船、抽水灌溉等，这些主要是将风能转换成机械能，但多次被各种新技术发明所取代。随着风能利用上一些技术问题的不断突破，从减少污染的角度出发，风能利用必有一个较大的发展。

二、矿产资源与环境

随着经济的不断发展，矿产资源的消费正在加剧。长期以来，人们从地球内部获得物质并加工制造成人们所需的各种设备，这些物质即人们所说的矿产资源。由于这些矿产资源的不断消耗而引起人们的关心，同时也带来一系列的环境污染问题。

（一）矿产资源的消耗

一般将矿产资源视为不可更新的资源，分为金属矿物和非金属矿物。非金属矿物包括的种类十分广泛，按重量计最大量的一类是岩石、砂砾石、石膏和粘土类矿物，多作为建筑材料，来源较丰富，尚未感到短缺问题，非金属矿物中还包括含有氮、磷、钾三种元素的肥料矿物，对发展农业生产极为重要；金属矿物包括黑色金属及有色金属、稀有金属等。矿产资源消耗是一个国家富裕水平的指标，使用矿物资源必定会与生活水平相关。

（二）矿山开发与环境污染

矿山开采活动对环境的破坏，给人们直观的感觉是有大规模的露天采矿场、高大的废石堆、大面积的尾矿场、地下采矿造成大面积地表塌陷与开裂，以及巨大的采矿机械运输的噪声，但实质问题是矿藏资源开采对区域环境中水、空气、土壤和噪声的污染。

1. 水污染

主要由于采矿、选矿活动，使地表水或地下水含酸性、重金属和有毒元素，这种污染的矿山水统称为矿山污水。矿山污水危及矿区周围河道、土壤，甚至破坏整个水系，影响生活用水、工农业用水。当有毒元素、重金属侵入食物链时，会给人类带来潜在的威胁。

2. 空气污染

露天采矿及地下开采工作面的钻孔、爆破以及矿石、废石的装载运输过程中产生的粉尘，废石场废石（特别是煤矸石）的氧化和自然释放出的大量有害气体，废石风化形成的细粒物质和粉尘，以及尾矿风化物等，在干燥气候与大风作用会产生尘暴，这些都会造成区域环境的空气污染。

3. 土地破坏及复田土壤的污染

矿山开采，特别是露天开采造成大面积土地被破坏或占用。美国约有 1.50×10^4 个露天矿，每年破坏土地 $3.00 \times 10^4 hm^2$ 以上，在德国仅开采褐煤一项，每年就占地约 $2.10 \times 10^4 hm^2$ 万公顷。我国矿山开采破坏土地的总数尚未作详细的统计，根据初步掌握的资料，各类主要的露天矿山有 1000 多个，多属于小型露天矿，对土地的破坏十分严重。近年来，在露天矿开采中注意了恢复破坏土地的工作，露天开采采取复田的措施，有的开辟成新的风景游览区，以降低对土地资源的消耗。

4. 地下开采造成地面塌陷及裂隙

地下采矿，当矿体采出后，其采场及坑道上部地层失去支撑，原有的地层内部平衡被破坏，岩石破裂、塌落，地表也随着下沉形成塌陷坑、裂缝，以及不易识别的变形等直接影响，破坏了周围的环境及工农业生产，甚至威胁人们的安全。

5. 海洋矿产资源开发的污染

开发矿藏产生的环境污染不只限在陆地上。目前世界石油产量很大一部分来自海底油田，而且这一比例还在迅速增长。油井的漏油、喷油以及石油运输和精炼过程中不可避免地跑、冒、滴、漏所造成的污染也将增加。另外，很快还要从海底开采其他许多矿物，特别是锰矿，从海底采掘矿物会给环境带来明显的危害。

三、土地资源与环境

土地是人类赖以生存的基础，是极其宝贵的自然资源之一。土地资源的利用是社会经济发展的立足之本，在可持续发展战略中，土地资源的可持续利用是其中最基本的核心内容之一。

（一）土地资源可持续利用

从经济学来看，根据《我们共同的未来》报告中对可持续发展的定义，土地资源可持续利用表述为尽可能减少对人类生存所依赖的土地资源破坏与退化，维持一个不变或增加的资本贮量，旨在人类生活质量的长期改善，即在追求经济发展效益最大化的同时，维持和改善土地资源的生产条件和环境基础。它强调的是，土地作为社会必不可少的生产资本，其贮量随着社会的发展进步不能减少，而应保持不变；从人口与土地关系角度出发，土地资源可持续利用是人口与土地关系的协调和共荣，即土地资源的生产能力和景观环境，要满足不断发展的人类生存、生产和社会活动的需要。

（二）土地资源可持续利用的实质

人类的生存发展，无一不与土地资源息息相关。一方面，土地资源在向人们提供生活物质、生活空间的同时，也在提供生产活动的原材料、生产活动场所；另一方面，人们的社会活动又反过来影响土地资源的存在状况、环境变化及土地的功能。人与土地之间不断地进行物质、能量和信息交流。就土地资源的供应而言，其能力大小受自然、经济和社会等因素影响，其中自然是基础，经济和社会是动力。自然因素通过经济和社会因素得以发挥，经济和社会因素则借助自然因素这个基础得到体现。所以，要实现土地资源的可持续利用，必须综合考虑自然、经济和社会各方面因素，不断提高土地资源的供应能力。

四、生物资源与自然保护

生物资源包括植物和动物资源两类。这些资源多是人类生活直接需要的食物来源，也是其他日用生活资料和生产资料的重要来源。但是，目前世界范围的生物资源破坏十分严重，森林面积日益缩减，动植物的物种减少、草原退化、渔业资源恢复缓慢等，人类面临众多的生态问题。在这里着重对森林资源的急剧缩减、草原退化和荒漠化、渔业资源的减产等问题进行讨论。

（一）森林环境资源

森林资源的急剧减少，是人类面临的一个重大生态问题，给全球环境带来深刻影响。世界森林面积逐年减少，而且分布很不均匀。在森林的破坏中，热带雨林的砍伐尤其令人不安。

1. 热带森林环境

目前，地球上的热带森林正面临有史以来最严重的砍伐和破坏。热带森林中有世界上最丰富的物种，美国癌症研究机构认为，至少有10种热带森林植物对癌症有疗效。在美国治疗癌症的两种药品就是用来自马达加斯加热带森林中的一种叫作"长春花"的植物制作的，这两种药在美国的年销售额为2亿美元。另外，科学家还发现至少3种热带森林植物可以用来治疗艾滋病。

2. 我国森林环境资源

我国不仅森林资源少，而且分布不均匀，大量的森林都集中在东部和西部的个别地区。从林木总蓄积分布看，黑龙江、吉林两省占全国的32%，云南和四川占全国的25%，这四省已占全国的1/2以上。西北地区有的省森林覆盖率还不到3%。特别值得注意的是，一些地区的森林仍然遭到破坏，乱砍滥伐、毁林开荒和森林火灾等还在继续发展，必须采取措施予以制止。

3. 我国人工林地衰退现状与对策

人工林地力衰退是个世界性问题。地力衰退直接影响国土资源的有效利用和森林的可持续发展，以及构成严重的生态环境问题，已成为世界各国普遍关注的热点问题。我国人工林地面积为世界之最，但由于树种布局、栽培制度、群落结构、粗放经营和连作等原因，导致地力衰退，使我国人工林质量越来越差，林地平均每公顷蓄积量仅为31.78m^3，而且目前产量还在下降。林地退化与林地消失成为制约我国林业发展的重要问题。人工林地衰退，不仅引起森林质量下降，同时造成严重的环境问题，突出的表现在森林病虫害日趋严重、森林土壤养分损失，以及水土流失加剧和生物多样性降低。

（二）草原资源

我国是世界上草原面积较大、资源比较丰富的国家之一，草原总面积占世界第4位。但是，由于过去盲目毁草开荒、过度放牧及其他的不合理利用，以及鼠害、虫害等原因，使草原面积大大减少，草原严重退化、沙化和碱化。同时草原质量不断下降。约占草原总面积84.4%的西部和北方地区是我国草原退化最为严重的地区，退化草原已达草原总面积的75%以上，尤以沙化为主。堪称我国"条件最好草原之一"的呼伦贝尔草原，近年也出现不同程度的退化、沙化和盐渍化现象，事实说明，为了持续利用草原，更好地发展畜牧业和保护草原上的野生动物，必须合理利用和保护草原资源。

（三）野生动植物资源

野生动植物资源指的是非人工种植、驯养的动植物。几乎所有的野生动植物都可以直接或间接地为人类所利用，是人类生产和生活不可缺少的宝贵资源。随着科学技术的进步，生产力的发展，人们能够将许多野生的物种进行人工驯化、繁殖而培养成人工培养的动植物品种。野生动植物资源可为人类提供生产和生活所需的多种原料；丰富的野生动植物种源是培养新品种的源泉，也是生物科学研究不可缺少的基地；野生动植物资源是生态系统中不可缺少的组成部分。因此，保持野生物植物资源具有重要的意义，人们应积极维护自然界的野生动植物资源。我国幅员辽阔，自然条件多种多样，有丰富的野生动植物资源，仅高等植物就有3万多种，木本植物约7 000多种，陆栖脊椎动物、鸟类、兽类以及鱼类等均十分丰富，特别是世界珍贵的动植物，例如大熊猫、金丝猴、扬子鳄、白鳍豚、银杉、琪桐、银杏和金钱松等，这些丰富的动植物资源，是自然界给我们留下的宝贵财富，我们应该很好地爱惜它们。

第三节　生物多样性保护

生物多样性是指地球上存在多种生物类型，它们互相依赖又互相制约，使自然生态和食物链保持动态平衡和稳定，各种生物得以在不断变化的环境中生存和发展。生物多样性是地球上各种生物赖以长期存在、繁衍和昌盛的基础和社会财富的源泉。生物多样性包括基因（遗传资源）多样性、物种多样性、生态系统多样性和景观多样性四个层次。保护生物多样性就是要保护生态系统和自然环境，维持和恢复各物种在自然环境中有生命力的群体，保护各种遗传资源。但是，由于人类活动的扩展和对大自然的过度开发，许多物种已经灭绝或正面临灭绝的危险。

一、生物圈

地球上的生物在地球物质循环和能量交换过程中起特殊重要的作用。生物圈是指地球上有生命活动的领域及其居住环境的整体。生命分布的上限可达15～20km高空，海底有机质可达到10km深处。陆地上在美国密西西比地区7.5km深的钻孔中发现生活细菌，但绝大部分生物生存于陆地上和海面之下约100m的范围。生物圈的形成是生物界和水圈、大气圈及岩石圈（土圈）长期相互作用的结果。作为地球一个外层的生物圈，它之所以存在，是因为具备了下列的三个条件：可获得充足的太阳能；有可被生物利用的大量液态水，几乎所有的生物体都含有大量的水分，没有水就没有生命；生物圈内有适宜生命活动的温度条件。生物圈提供生命物质所需的营养物质，包括氧气、二氧化碳以及氮、碳、钾、钙、铁、硫等矿质营养元素，它们是生命物质的组成，并参加到各种生理过程中去。

此外，还有许多环境条件（如风、水的含盐浓度等）也对生物产生影响作用，可总称为生态条件。在最适宜的条件下，生命活动促进能量的流动和物质循环，并引起生命活动发生种种变化。生物要从环境中取得必需的能量和物质，就要适应环境，而环境因生物活动发生变化，又反过来推动生物的适应性。生物与生态条件这种交互作用促进了整个生物界持续不断地进化。构成生物圈的生物，包括人类在内的所有动物、植物和微生物不断地与环境进行物质与能量交换。从地球上各种生命的历史来说，人类的生命史比较短暂，在人类出现农业生产以前，人类活动对生物圈的影响是微不足道的。

二、生物多样性

生物多样性就是地球上所有生物体和生态环境的丰富性和变异性。它包括物种多样性、遗传多样性、生态系统多样性和景观多样性四个层次，是生物在长期的环境适应中逐渐形成的一种生物生存策略。

（一）生物多样性的意义

生物多样性是人类持续发展的自然基础。生物多样性中，生态系统多样性维持着系统中基本能量和物质运动过程，保证物种的正常发育与进化过程以及与其环境间的生态学过程，从而保护物种在原生环境条件下的生存能力和遗传变异度。因此，生态系统多样性是物种多样性和遗传多样生存的保证。

1. 物种多样性是人类基本生存需求的基础

人类的基本生存需求直接依赖于农、林、牧、渔业活动所获取的动植物资源。自1万年前农业兴起之后，人类就一直不断获取自然界的动植物资源，来满足人类对食物、燃料和药材等基本生存需求。现代工业中很大一部分原料直接或间接来源于野生动植物，而且很多野生动物还是人类食物的主要对象。

2. 遗传多样性是增加生物生产量和改善生物品质的源泉

除直接利用野生动植物、微生物外，人类也利用传统的育种技术和现代基因工程，不断培育新品种，淘汰旧品种，扩展农作物的适应范围，其结果是大大提高了作物的生产力，丰富了农作物的遗传多样性。维持动植物的资源对全球粮食保证和人民生活需求有重大意义。

3. 生态系统多样性是维持生态系统功能必不可少的条件

不同生物或群落通过占据生态系统的不同生态位，采取不同的能量利用方式，以及食物链网的相互关联维持生态系统的基本能量流动和物质循环。因此，生物多样性的丰富度直接影响生态系统的能量利用效率、物质循环过程和方向、生物生产力、系统缓冲与恢复能力等。同时，生态系统多样性在维持地球表层的水平衡、调节微气候、保护土壤免受侵蚀和退化，以及控制沙漠化等方面也起着重要的作用。

4. 景观多样性是指不同类型的景观多样化和变异性

景观是一个大尺度的宏观系统，是由相互作用的景观要素组成，具有高度空间异质性的区域。景观要素是组成景观的基本单元，相当于一个生态系统。依形状的差异，景观要素可分为嵌块体、廊道和基质。由于能量、物质和物种在不同的景观要素中呈异质分布，而且这些景观要素在大小、形状、数目、类型和外貌上又会发生变化，这就形成了景观在空间结构上的高度异质性。景观功能是指生态客体，即物种、能量和物质在景观要素之间的流动。景观异质性可降低稀有内部种的丰富度，增加需要两个或两个以上景观要素边缘种的丰富度。自然干扰、人类活动和植被的演替或波动是景观发生动态变化的主要原因。20世纪70年代以来，森林的大规模破坏造成的生境片段化、森林面积的锐减，以及结构单一的人工和半人工生态系统大面积出现，严重地影响景观的变化过程，形成极为多样的变化模式，其结果是虽然增加了景观的多样性，但却给生物多样性的保护造成严重的障碍。

（二）中国生物多样性现状

我国国土辽阔，气候多样，地貌丰富，河流纵横，湖泊遍布，东部和南部还有广阔的海域，复杂的自然地理条件为各种生物及生态系统类型的形成与发展提供了多种生境。森林、草原、荒漠、农田、湿地和海洋，是构成我国生态系统的主要种类。我国的森林生态系统可分为寒温带针叶林、温带针阔叶混交林、暖温带落叶阔叶林和针叶林、亚热带常绿阔叶林和针叶林、热带季雨林和雨林；我国的草原生态系统可分为温带草原、高寒草原和荒漠区山地草原三大类。荒漠是发育在降水稀少、强度蒸发、极度干旱生境下稀疏的生态系统类型，主要分布在我国的西北部，约占国土面积的1/5；农田生态系统主要分布于我国东南部，类型复杂，有30多种粮食作物、200多种蔬菜和300多种果树，同时茶园、桑园、橡胶园等也是重要的农田生态系统；湿地生态系统主要包括湖泊、河流和沼泽，湖泊很多，以面积在50km，以上的大中型湖泊为主，水生生物种类繁多，沼泽总面积约 $1.40 \times 10^7 km^2$，种类丰富的水禽在这些湿地上越冬、繁殖和栖息；我国的海域跨越3个温度带，海岸滩涂和大陆架面积广阔，有海岸滩涂、海岸湿地、河口、海岛和大洋等生态系统。

中国物种多样性与生态系统多样性有直接关系。尽管从二十世纪三四十年代我国的科学家已经开始对动物、高等植物和低等植物进行考察，但整个生物种类至今远未查清。就无脊椎动物和隐花植物而言，目前定名发表的种仅占实际存在种的一小部分。我国海域已记录的海洋生物物种超过1.3万种，约占世界海洋生物总数的1/4以上。

遗传多样性或基因多样性是生物多样性的重要组分，物种是由许多具有丰富遗传变异的种群组成，从而使其具有大量基因型。我国拥有极为丰富的物种，是世界上遗传多样性最丰富的国家之一。物种的生存力与其遗传多样性成正比，小的分离的残遗种群比具有丰富遗传多样性的种群更易于濒危或灭绝。当一个物种被发现已经濒危的时候，其遗传多样性已大量地丧失，存活的机会已经减少，而拯救免其灭绝为时已晚。生物多样性是一种非常脆弱的资源。

物种多样性高度丰富，物种特有性高，生物区系起源古老，经济物种多，是我国生物多样性的显著特点。从植物区系的种类数目看，中国仅次于马来西亚、巴西，居世界第三位，许多古老种类为我国特有。中国拥有大量特有的物种和遗传物种，这些特有物种的分布往往局限在很小的特定生境中，而这种特有的现象在研究了解动物区系和植物区系的特征和形成方面，以及保护生物多样性和持续利用的优先领域方面具有特殊的意义。

中国的经济物种异常丰富，有几千种重要的野生经济植物、大量的经济动物资源和多种具有经济价值的微生物，这些生物资源对我国的经济发展和人民生活具有无法替代的作用。

三、生物多样性的丧失

随着世界农业、医药和工业中生物资源的利用日甚，全球生物多样性正以空前的速度丧失，生物多样性的急剧降低，已威胁人类生存与发展的基础。

（一）生物多样性全球性锐减

全球每年约有 $1.50 \times 10^7 hm^2$ 的热带森林被砍伐。热带森林生态系统是地球上生物多样性最集中的地区，占陆地表面7%的热带森林赋存着地球上一半的生物体。全世界已有几百种遗传特征不同的种群正处于危机之中。全世界以热带雨林生态系统的基因损失量最大，同时遗传多样性的丧失直接危及农业的发展。总之，生物多样性的丧失必然减少生物圈中的生态关联，使生命支持系统的重要组成部分——生态系统的功能（承载力、恢复力和抗干扰能力）失衡，物质循环过程受阻，进而间接影响全球气候变化，恶化人类生存环境，限制人类生存与发展的选择机会。

（二）中国生物多样性面临严重威胁

人类活动使生态系统不断破坏和恶化，已成为中国目前最严重的环境问题之一。生态受破坏的形式主要表现在森林减少、草原退化、农田土地沙化与退化、水土流失、沿海水质恶化、赤潮发生频繁、经济资源锐减和自然灾害加剧等方面。森林是陆地生态系统中分布范围最广、生物总量最大的植被类型。我国森林资源长期受到乱砍滥伐、毁林开荒及森林病虫害的破坏，森林特别是天然森林面积大幅度下降。

我国占总面积1/3左右的草原地带，近年来，产草量下降近半。尤其是北方半干旱地区的草场，产草量原本不高，加之超载放牧、毁草开荒及鼠害的影响，退化极为严重。在草原破坏、风沙加强的威胁下，北方沙漠化进程已经加快，沙漠面积大幅度增加。

我国的水域生态系统也受到了相当严重的破坏。近年来，海岸湿地已被围垦很多，加上自然淤积成陆和人工填海造陆，给垦区附近广大水域的海洋生物资源造成深远的影响。

虽然中国具有高度丰富的物种多样性，但由于人口快速增长和经济高速发展，增大了对资源及生态环境的需求，致使许多动物和植物严重濒危。

我国动物和植物灭绝情况按已有资料统计，犀牛、麋鹿、高鼻羚羊、白臀叶猴，以及植物中的崖柏、雁荡润楠、喜雨草等，已经消失了几十年甚至几个世纪，其中高鼻羚羊被普遍认为是在20世纪50年代后在新疆灭绝的。我国目前濒危的主要动物物种有东北虎、华南虎、云豹、大熊猫、叶猴类、多种长臂猿、儒艮、坡鹿、白鳍豚等。许多水域中，不仅某些经济价值高和敏感的物种在逐步缩减甚至消失，而且对虾、海蟹、带鱼、大小黄鱼等主要经济鱼种的可捕捞量也迅速缩减。

中国的栽培植物遗传资源也面临严重威胁。由于经济高速发展，各农业区的生态环境遭受了不同程序的破坏，许多古老名贵品种因优良品种的推广而绝迹。山东省的黄河三角洲和黑龙江省的三江平原过去遍地野生大豆，现在只有零星分布，其他城市也多有类似情况。在动物遗传资源方面，优良的九斤黄鸡、定县猪已经绝灭，北京油鸡数量锐减，特有的海南峰牛、上海荡脚牛也已很难找到。

（三）生物多样性破坏的三大主因

1.人口

中国的人口不仅绝对数量大，而且地理分布不均衡。我国东南部人口密集，西北部人口稀疏。因此，中国的人口对生物多样性的影响是巨大的，是造成生境破坏的主要原因。

2.资源掠夺性利用

滥捕乱猎在中国有些地区十分严重。例如，从20世纪50年代就开始对猕猴进行大量捕捉，加之其栖息地不断缩小，使中国猕猴的种群数量减少，至今尚未得到恢复。此外，羚羊、野生鹿及其他可用作裘皮的动物、鱼类等资源，由于过量狩猎、捕捞，种群数量大量减少甚至灭绝。我国海域主要经济鱼类资源20世纪60年代初已出现衰退现象，70年代开始过度捕捞，引起各海区沿岸与近海的底层和近底层传统经济鱼类资源持续衰退。在淡水湖泊，这种现象更为严重。过度采挖野生经济植物是过度利用的另一种形式，近几年在内蒙古、新疆和甘肃等地大量地挖掘甘草，使其分布面积大量减少。我国特有的许多珍贵食用和药用真菌，例如冬虫夏草、灵芝、竹荪和庐山石耳等由于长期的人工采摘，已有濒临灭绝的危险。

3.环境污染

环境污染可以说给许多生物的生存带来灭顶之灾。城乡工农业污水大量排入水域，大气污染物，特别是酸雨的危害，重金属以及长期滞留的农药残毒富集于环境，使许多水陆生物因生境恶化而濒危。我国的湖泊及一些主要河流已被工业废水严重污染，这是水生动物大量消亡的主要原因。至于海洋，特别是近海的海岸污染也是物种减少的重要因素。

四、生物多样性保护战略

（一）不断强化和提高人们的生物多样性保护意识，促进公众的广泛参与

生物多样性保护工作的目标能否实现，从根本上取决于人们的行为方式和参与程度。人们的行为受多种因素影响，但最主要的是受其观念和意识所支配。当前生物多样性保护工作所面临的主要问题本质上是由于人们缺乏生物多样性保护意识的结果。所以，强化和不断提高人们的生物多样性保护意识，是做好生物多样性保护的首要工作。为此，应通过各种方式不断向人们进行生物多样性保护的观念和意识教育，使人们真正认识到生物多样性保护与持续发展的内在关系，进而促进公众广泛而有效地参与生物多样性保护工作，形成生物多样性保护的公众基础。

（二）建立和完善生物多样性保护的法律体系和政策体系

完备的生物多样性保护法律体系和政策体系是生物多样性保护的根本保证和依据。虽然我国有关法规和政策对生物多样性保护做了明确的规定，并起到了积极和有益的作用，但其中也存在不协调之处，目前急需建立和完善一整套法律体系和政策体系。法律体系应进一步明确生物资源的所有权、经营权、监督管理等方面的问题，政策体系应体现保护与开发、局部与整体、当前与长远相协调的原则，国家发展规划应体现生物多样性保护和持续利用的原则。只有这样，才能保证和促进生物多样性保护工作的顺利进行。

（三）完善生物多样性保护的管理体系

生物多样性的保护，需要有一个非常有效的管理体系，并建立完整的管理和监督检查制度。各级政府和各部门都应分别设立专门机构或专人负责此项工作。国家应定期召开这些负责人的会议，打破各地区、各部门的界限，共同研讨我国生物多样性保护的战略与对策，并检查战略的实施情况，提出措施以解决实施过程中出现的新问题，建立协调行动的管理体制。各地区、各部门也应定期举行类似的活动。同时应采取措施，提高各级管理人员的业务素质和管理能力，使这一管理体系能够真正有效地运行。

（四）大力加强生物多样性保护中科学技术支持能力的建设

科学技术是生物多样性保护的重要基础。实践表明，没有较高水平的科学技术支持，生物多样性保护的目标就不能实现。科学技术的不断进步可以促进生物多样性管理水平的提高，加深人类对人与自然关系的理解，扩大自然资源的可供给范围和可供给量，提高资源利用效率和经济效益。这些作用对于缓解我国人口与经济增长和资源有限性之间的矛盾、扩大环境容量并相应扩大生存空间和提高生存质量，进而促进持续发展目标的实现尤为重要。因此，要从多方面大力支持和加强生物多样性的科学技术能力建设，逐步形成较为完备且具有一定水平的生物多样性保护科技体系及相应的人才队伍。

（五）就地保护野生物种及其生态系统，加强自然保护区的建设和管理

对一些面临严重威胁的物种及各类生态系统，要采取措施在野外就地保护生物多样性，使物种和生态系统得以延续。栖息地丧失或改变是物种濒危与消失的重要因素，所以建立自然保护区是保护物种及栖息地和生态系统的最基本措施之一。我国已经有各类自然保护区近千处，它们对我国的生物多样性保护工作发挥了极其重要的作用。但这些尚不能满足我国生物多样性保护工作的需要，必须进一步增加新的保护区或扩大保护区面积，逐步建成类型齐全、布局合理、面积适宜的自然保护区网络。同时，要不断提高自然保护区的管理水平和管理手段，注意发挥自然保护区的多种功能。

（六）加强重要物种及其遗传资源的迁地保护

统一规划和协调各迁地保护机构，重点开展一些高濒危物种的拯救工作。提高现

有动植物园、水族馆、种子库等迁地保护机构的管理水平，促进它们与科研机构的联合，加强和发展它们在生物多样性保护中的功能和作用，形成有效的全国迁地保护网络。

（七）综合利用土地资源，防治环境污染

利用各种经济杠杆和产业政策，促进多种经营的广泛开展和就业结构的调整，建立有效促进生物资源持续利用的经济体系，使生物资源的增殖、保护与开发利用一体化，形成规模产业，提高生物资源的利用效益。实行有利于环境的土地管理，恢复和维护生态系统的结构、功能和生产力，消除或减少环境污染对生物多样性的威胁，实现资源的持续利用及生态效益、经济效益和社会效益的统一。

（八）建立国家统一的生物多样性保护监测网络和信息系统

根据我国生物多样性区划的结果，采用先进的技术和手段，进一步完善并形成统一的我国生物多样性监测网络，在此基础上建立我国生物多样性保护信息系统。通过这一系统可以及时了解生物多样性动态变化并预测发展趋势，为决策者和管理者及有关人员提供可靠的信息。同时，该系统可以促进国内信息的广泛交流与使用，还可以加强与国外的信息交流。

（九）加强生物多样性保护的国际合作

保护生物多样性是人类共同关心的问题，所以需要国际社会超越文化和意识形态等方面的差异，采取一致的行动。我国已经加入了《生物多样性公约》等世界上有关生物多样性保护的主要几个公约。我们应该在维护国家对生物资源拥有主权的前提下，依据公约的机制，结合我国的国情，有效地开展与国际组织的双边合作及多边合作，通过研究与开发或适度地向其他国家提供生物资源，获取一定的补偿，争取资金和技术援助，共同分享惠益，促进我国和世界生物多样性保护工作的不断深入和广泛展开。

（十）为生物多样性保护建立可靠的财政机制

经费保证是生物多样性保护工作顺利开展的关键之一。应采取措施，将生物多样性保护所需各项资金纳入国家和地方财政预算、征收开发利用资源的补偿费，基本原则是谁开发利用，谁出资保护。在工程建设和开发活动中，注意生态的保护和恢复，落实保护生物多样性的措施和资金。同时争取国际援助、民间募捐、建立专门保护基金。

第六章　地质环境监测技术

第一节　地下工程地下水环境动态监测技术

一、监测点网布设原则

第一，岩溶山区地下工程地下水环境监测范围与水文地质环境调查范围一致。

第二，监测工作应按水文地质单元布置。

第三，监测工作应充分考虑地下水的流向（垂直与水平流向）布置监测点。

第四，考虑监测结果的代表性和实际采样的可行性、方便性，尽可能选择能反映地下水现状的井泉点、暗河等布设监测点，结合适量的水文地质勘探钻孔。

水文地质勘探钻孔主要沿地下工程轴线设置，宜布置在以下部位：

一是地堑、地垒等断块式构造的断裂影响带；二是断层或裂隙密集带；三是可溶岩与非可溶岩接触带；四是溶蚀洼地、串珠状漏斗发育处；五是潜在的岩溶地下水分水岭地带及其两侧。

第五，监测点网布设能反映地下水补给源和地下水与地表水的水力联系，对与岩溶地下水有水力联系的地表水体也应进行监测。

第六，监测点网不要轻易变动，尽量保持地下水监测工作的连续性。

在实时监测和跟踪监测阶段，还应根据涌水情况，补充主要的涌水点作为监测点，地下工程进出口端的总排水口也应进行监测。

二、监测指标

根据地下施工对岩溶地下水可能带来的潜在环境影响，在背景监测阶段应对水量（井、泉、暗河），水位（水文地质勘探钻孔、地表水体），水化学简分析，同位素 ^2H，^3H、^{18}O，水质等进行监测。

三、监测时段与频率

鉴于岩溶地下水的敏感性，监测时段宜从地下工程施工前（至少一个水文年）一直延续至建成后，地下水动态稳定之后至少一个水文年，气候异常时应延长监测时间。

在背景监测阶段，应分别对一个连续水文年的枯、平、丰水期的地下水的各项指标各监测一次，若在现阶段已经存在较明显的环境水文地质问题，则应加大监测频率与时间。在实时监测阶段和跟踪监测阶段，监测频率提高，不同监测指标的频率有所不同，详见表6-1和表6-2。

表6-1 岩溶隧道地下水环境实时监测频率

监测对象	监测指标				
	水量（水位）	水质（III建设项目）	水化学	同位素	降水量/蒸发量
地表井、泉、暗河	1次/（1~1天）	≥1次/月	1次/（1~2月）	1次/（2~3月）	——
隧道内涌水点	≥3次/天，变化较大时加密	——	突发涌水1次；长期涌水1次/（1~2月）	突发涌水1次；长期涌水1次/（2~3月）	——
隧道口排水	≥1次/天，变化较大加密	≥1次/月	——	——	——
地表水体	1次/（3~5天）	≥1次/月	——	——	——
地下水探孔	1次/（1~3天）	——	——	——	——
气象	——	——	——	——	1次/天

表6-2 岩溶隧道地下水环境跟踪监测频率

监测对象	监测指标				
	水量（水位）	水质（HI建设项目）	水化学	同位素	降水量/蒸发量
地表井、泉、暗河	1次/15天	1次/月	枯、平、丰水期各1次	枯、平、丰水期各1次	——
隧道口排水	≥1次/天，变化较大加密	1次/月	——	——	——

监测对象	监测指标				
	水量（水位）	水质（HI建设项目）	水化学	同位素	降水量/蒸发量
地表水体	1次/15天	1次/2月	——	——	——
地下水探孔	1次/5天	——	——	——	——
气象	——	——	——	——	1次/天

第二节　岩溶塌陷监测技术

一、监测方法

（一）岩溶管道系统水（气）压力监测技术

研究与实验表明，当水（气）压力变化或作用于第四系底部土层的水力坡度达到该层土体的临界值时，第四系土层就会发生破坏，进而产生地面塌陷。

岩溶管道系统水（气）压力监测技术采用岩溶管道裂隙系统中水（气）压力变化速度（v）和作用于第四系底部土层的水力坡度（I）为塌陷指标，监测系统主要由埋藏于观测井中的压力传感器和与其连接的数据自动采集系统组成。通过监测范围内土体成分和结构的调查，并进行原状土样渗透变形试验或室内模型试验，确定土体发生塌陷的临界条件 v_0 和 I_0。通过两种判别指标可以预测岩溶塌陷、沉降的发生。岩溶水压力波动速率 v 与 v_0 的比较：当 $v \geqslant v_0$ 时，基岩面附近的土层可能发生渗透破坏，有产生塌陷、沉降的可能。

由岩溶水压力、土层水压力以及两个传感器距离计算出来的水力坡度（I）与临界坡度（I_0）的比较：当 $I \geqslant I_0$ 时，基岩面附近的土层将可能发生渗透破坏，有产生塌陷的可能。

（二）光导纤维监测技术

光导纤维监测技术也称为布里渊散射光时域反射监测技术，是一种不同于传统监测方法的全新应变监测技术。其原理是当单频光在光纤内传输时会发生布里渊背向散射光，而布里渊背向散射光与应变和温度成正比，在温差小于 $5℃$ 时，可以将温度影响忽略不计，此时光纤中的应变量可按式（6-1）计算：

$$\varepsilon = \Delta V_B / [V_B(o) \times C] \tag{6-1}$$

式中：V_B——某应变下的布里渊频移；$V_B(o)$——无应变下的布里渊频移；C——应变比例常数，ε 为应变量。

岩溶管道系统水（气）压力监测技术主要用于监测隧道沿线两侧范围内潜在的岩溶塌陷、沉降发生区，而光导纤维监测技术则主要用于监测隧道上方地表的塌陷、沉降。岩溶山区隧道工程地表岩溶塌陷、沉降的监测应结合两种监测技术，以提高监测预报的可靠性。

（三）地质雷达监测技术

地质雷达又叫探地雷达，我国在20世纪90年代引进这一技术，广泛应用于公路、铁路沿线及地质灾害易发地区的监测工作。其原理是通过发射端向地面发射高频电磁波，电磁波通过不同地面介质的反射波的形状是不同的；在接收端接收这些不同形状的反射波，反映到雷达图上，就可以分析地下的情况。当有土层扰动或溶洞（土洞）时，解析的雷达图上可以发现与周围介质的图像有明显的差异。地质雷达可以监测土层扰动或溶洞的发育变化过程。

经过多年的实际应用推广，地质雷达在岩溶塌陷监测中的应用已十分广泛。其优点主要有：一是技术成熟，应用范围广；二是能定期监测溶洞的变化；三是对线性工程监测效果最好，如公路、铁路等；四是操作布设相对简单。而不足之处主要有：一是受场地周边电磁波干扰大，影响探测效果；二是不能直接读取数据，需要专业人士分析数据，而且会出现多解性的情况；三是探测深度有限。

二、监测点布置

监测点布设应以突发岩溶塌陷的安全监测为主，兼顾抢险设计、施工和科研的需要。

岩溶管道系统水（气）压力监测点应布置于地下工程地下水疏干影响范围内，地下岩溶管道发育，地表为第四系土层覆盖的区域。在上述区域内，监测点着重布置于如下部位：一是已查明的岩溶管道上方；二是断层破碎带；三是地下水强径流带；四是背斜轴部与倾伏端；五是向斜核部与扬起端。岩溶塌陷动力监测应充分利用现有水井、泉点、钻孔、基坑等开展监测工作，必要时，应通过钻探快速成孔，且雨量监测点不少于1个。

光导纤维监测仅需沿地下工程轴线将光纤埋设于第四系地层中，光纤连接上数据接收器即可对地下工程上方潜在的岩溶塌陷、沉降进行监测。

三、监测时间与频率

岩溶塌陷、沉降的监测工作应从施工前至少1个水文年开始，直至周边地下水动态连续3个水文年变化相对稳定后方可结束。隧道施工前的监测主要是为了查明施工期状态下岩溶塌陷、沉降发生的敏感区，并提前采取防治措施，以免施工开始后产生严重灾害。

岩溶管道系统水（气）压力监测技术和光导纤维监测技术均可采用数据自动采集技术，可实现实时监测，控制监测频率十分方便。一般监测的时间间距为1小时一次，如遇到隧道揭露集中排水点、隧道涌水量突增、暴雨、干旱等情况，可将监测频率提高至10秒钟一次。

第三节　爆破振动监测

在运用爆破方法进行地下工程开挖建设中，若周边有危岩以及重要建（构）筑物时，要进行爆破振动监测。

监测中应以振速峰值来衡量爆破的振动强度，并要求爆破振动强度应小于危岩、滑坡、建（构）筑物允许振动强度安全指标，若超过安全指标，应根据监测结果及时调整爆破参数和施工方法，制定防震措施，指导爆破安全作业，减少或避免爆破振动的危害。

在选择仪器时，应尽量选择装配有能够同时监测多个爆破振动参数的数据采集系统，如能同时监测测点振速、加速度以及振动频率等振动参数。

爆破振动监测分为洞内新开挖硐室围岩稳定性监测、既有两室结构振动监测、洞外危岩及建（构）筑物监测三部分。

在新开挖隧道的迎爆面边墙沿横向布置三个测点，其他测点根据工程实际需要及业主要求进行布置；在既有硐室结构的关键部位布置测点；对于危岩，可以设置在主控结构面附近，建（构）筑物布置在代表性裂缝附近，在监测振动数据的同时用简易量测方法或仪器定期自动连续测量。

第四节　围岩变形及应力监测

第一，地下工程围岩变形监测是施工监控量测的重要项目，位移收敛值是最基本的量测数据，通过对围岩变形及其速度进行测量，以掌握围岩内部变形随时间变化的规律，从而判断围岩的稳定性，为确定二次支护的时间提供依据，以保证结构总变形量在规范允许值之内，更好地用于指导施工。

第二，围岩变形监测分为周边水平净空收敛量和拱顶的竖向沉降量，水平净空收敛测量主要采用收敛计，拱顶下沉采用普通水准测量。

第三，监测断面纵向间距取 10～40m，每断面布置 2 个或 3 个测点，通常在围岩所处地质条件较差（围岩级别大于Ⅳ）或在穿越特殊构造带的地方应缩小断面间距，从密布点。

第四，围岩表面位移观测点的埋设采用钢筋混凝土钻孔浇筑而成，埋没深度不小于 0.2m。测点在观测断面距离开挖面 2.0m 的范围内埋设，并在当次爆破后及下次爆破前的 24h 内测读初始读数。

第五，初测收敛断面应尽可能靠近开挖面，距离宜为 1.0m，收敛测桩应牢固地埋设在围岩表面，其深度不宜大于 20cm；收敛测桩在安装埋设后应注意保护，避免因测桩损坏而影响观测数据的准确性。

第六，为了减少观测时的人为误差，观测时应尽可能由固定人员和观测设备操作，并测读三次取其平均值，以保证观测精度。

第七，在隧道洞口段施工，或地质条件变差、量测值出现异常情况时，量测频率应加大；必要时 1h 或更短时间量测一次；对于地质条件好且位移收敛稳定的隧道，可加大断面间距；对于围岩较差，位移收敛长期不稳定时，应缩小量测断面的间距。净空变化位移监测的频率可参照表 6-3 所示的位移变化速度及距开挖面的距离来确定。

表 6-3 净空位移监测频率

位移速度/·d⁻¹	距工作面距离（B）/m	监测频率
>10	0~1	1~2次/d
5~10	1~2	1次/d
1~5	2~5	1次/2d
<1	5以上	1次/7d

说明：B 为隧道开挖宽度；当水平收敛位移速度为 0.1~0.2mm/d 时，可以认为围岩基本稳定，此时可以停止监测。

第八，拱顶下沉量测也属于位移量测，通过测量观测点与基准点的相对高差变化量得出拱顶下沉量和下沉速度，其量测数据是判断支护效果、指导施工工序、保证施工质量和安全的最基本资料；拱顶下沉监测值主要用于确认围岩的稳定性，事先预报拱顶崩塌。

第九，拱顶下沉监测可采用精密水准仪、锢钢尺及钢挂尺测量观察点与基准点之间的高差。拱顶下沉测点的布置应与周边位移收敛一致，位于同一断面上，拱顶下沉监测频率如表 6-4 所示。

表 6-4 拱顶下沉监测频率

测试断面布置	间测间隔时间			
	1~15天	16天~1月	1~3个月	>3个月
每 10~40m 一个断面，每个断面 3 个测点	1~2次/天	1次/天	1~2次/周	1~3次/月

第十，围岩应力监测可采用压电型钻孔应力传感器进行监测（图 6-1），具体施工方式如下：

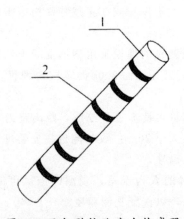

图 10.3 压电型钻孔应力传感器

1. 金属筒；2. 应变片

一是在设计监测点位置进行钻孔，要求钻孔孔径略大于钻孔应力传感器的金属筒外径，深度与传感器长度相匹配。

二是对钻孔进行清孔，将已贴好应变片的应力传感器送入钻孔中，外露端与围岩临空面齐平。

三是在金属筒内浇筑素混凝土，混凝土标号通常为C15～C25，利用小型机械进行振捣，使其形成密实的混凝土填心。

四是待混凝土填心完全凝固后，将钻孔应力传感器与数据采集设备连接即可实施围岩不同深度处的应力监测。

第五节　地下工程地质环境监测新技术

一、针入式土体分层沉降测量装置

（一）技术背景

有关土体分层沉降测量的仪器装置主要有分层标和基岩标，以及部分现有的专利仪器，由电磁感应原理制作的磁环式分层沉降仪在岩土工程中被普遍使用。其中，基岩标和分层标联合全球卫星定位系统测量适用于大面积区域长时间监测，自动化及智能化程度高，同时价格昂贵，精度偏低；磁环式沉降仪设备简单，操作方便，但在实施过程中通过人工下放磁探头，人为误差较大，若磁环间距较小，土体里磁性矿物质含量较高时会对探头磁感应产生影响，再加上钢尺精度为±1mm，整体情况误差较大，精度偏低。

该土体分层沉降测量装置能弥补现有分层沉降测量设备精度偏低、价格昂贵、可靠度不足的缺点，并且操作简便，短期测量且可回收重复利用，适用于隧道工程、基础工程及地质环境保护中土体沉降的监测。

二、装置介绍

第一，该针入式土体分层沉降测量装置，主要由防护罩101及竖向开缝套管112、顶盘及底座111、测针109、中空齿轮转轴107、测线110、阻挡钢丝108及读数装置103共六部分组成。

第二，防护罩101固定在孔外土体中，对露出地表的部分进行防护，如图6-2所示。

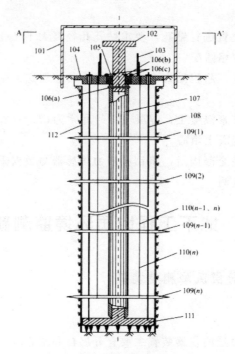

图 6-2 装置大样图

101.防护罩；102.圆盘转轴；103.读数装置；104.大圆环；105.小圆环；

106.销钉（a）、（b）、（c）；107.中空齿轮转轴；108.阻挡钢丝；109.测针；

110.测线；111.底座；112.竖向开缝套管

第三，竖向开缝套管 112 中线两边对称局部开缝，缝宽大于测针 109 两伸缩针头 205 间距，一端沿缝中线设有开口 701，如图 6-3 所示。

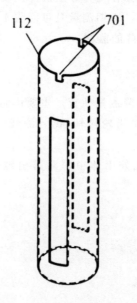

图 6-3 竖向开缝套管示意图

701. 开口

第四，顶盘由大圆环104套小圆环105组成，并在顶盘表面用销钉106（c）将其固定；大圆环上设有两个对称的测线穿孔207（b）（图6-4和图6-5），对称固定有两个突出端403，如图6-6所示。

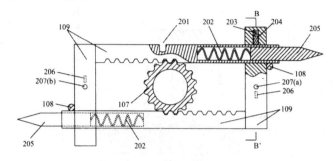

图6-4 测针结构详图

201.卡槽；202.自然状态弹簧；203.压缩状态弹簧；204.卡块；205.伸缩针头；
206.半圆环；207.测线穿孔（a）、（b）

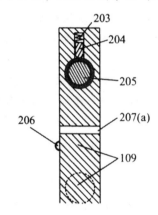

图6-5 B-B ' 剖面图

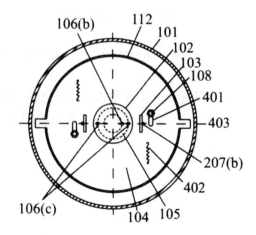

图6-6 A-A ' 剖面图

401.条形穿孔；402.弹簧挂钩；403.突出端

第五，圆盘转轴102穿过小圆环105中心，插入中空齿轮转轴107，中部设有对称的销钉孔，用销钉106（b）与小圆环105固定，下部设有贯通销钉孔，用销钉106（a）固定中空齿轮转轴107，如图6-7所示。

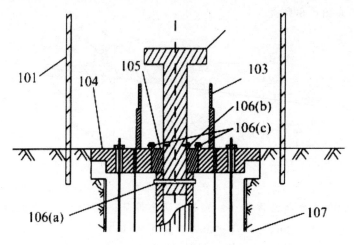

图 6-7 孔口结构放大图

第六，底座111下盘固定有锥形短针，上盘固定有与中空齿轮转轴内径相同的短圆柱，盘上设有两螺纹孔，见图6-2。

第七，测针109主要由两根"L"形的单针组成，其中一根单针上设有圆柱形卡槽201（使用前用橡胶填塞），另一根端部设有压缩状态弹簧203，圆柱形卡块204，卡块与压缩状态弹簧203连接处为平面，另一端为球面；每根单针上均设有测线穿孔207（a）、半圆环206，端部为中空，中空部分连接有自然状态弹簧202，伸缩针头205，见图6-4和图6-5。

第八，中空齿轮转轴107一端为横向切平面与小圆环105搭接，切平面下部对称设有插销孔，另一端为靴状切面与底座111搭接，见图6-2。

第九，测线110为高强度低松弛细线一端与半圆环206绑接，并穿过测线穿孔207（a）、207（b），另一端套上圆环并做好编号，从上到下为0，1，2，···，n-1，n，每根测针109上连接两根测线110。

第十，阻挡钢丝108一端通过螺纹孔跟底座111连接，另一端穿过条形穿孔401用螺母与大圆环104连接。

第十一，读数装置103由游标、带挂钩的弹簧以及阶梯状刻度板组成，游标固定在挂钩上，刻度板紧挨测线穿孔207（b）固定在大圆环104上，如图6-8所示。

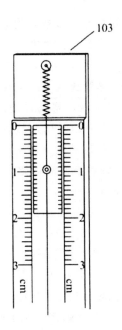

图 6-8 读数装置示意图

第十二，临时弹簧挂钩402水平固定在大圆环104上，挂钩一端朝向测线穿孔207（b），见图6-6。

第十三，大圆环104外径与底座111直径略小于竖向开缝套管112内径。

第十四，小圆环105外径略大于中空齿轮转轴107外轮廓直径。

第十五，测线110一端套上的圆环直径略大于测线穿孔207（b）直径。

三、工作原理

实施例一：短期可回收测量。

第一，该针入式土体分层沉降测量装置，主要是利用中空齿轮转轴将测针插入或是紧挨着土体，跟随土体一同沉降，通过固定在测针上的测线将沉降量传递到孔口，再通过读数装置测量出土体的分层沉降值。

第二，用取心钻机钻取与测量装置量程规格相同的钻孔，分析并记录每层土体厚度，清理孔底残渣。

第三，将竖向开缝套管开口一端朝上，及时缓慢下放套管，防止孔壁发生坍塌，并分别在套管开口处开挖一土槽用以固定顶盘突出端。

第四，根据土体分层厚度情况，确定所需要的测针数以及连接每根测针的测线长度，制备好备用。

第五，每根测针使用前已按图6-4所示装配完好，卡槽用橡胶填塞。

第六，在孔外将中空齿轮转轴水平横放，按图6-4所示从相同的齿轮位置处将所需测针穿到中空齿轮转轴上。

第七，将顶盘套在圆盘转轴上，并用销钉（b）固定，再将圆盘转轴插入中空齿轮转轴，对准销钉孔，插入销钉（a）固定。

第八，在中空齿轮转轴靴状端口套上底座，用阻挡钢丝将顶盘和底座连接，一端用螺纹孔固定，将阻挡钢丝移到条形穿孔偏离中线一侧用螺母固定，见图6-4。

第九，将备好的测线一端绑接在半圆环上，然后穿过测线穿孔引到顶盘外，再套上已做好编号的圆环，并挂在临时弹簧挂钩上，每根测针连接2根测线。

第十，待所有孔外工作准备完毕后，将装置缓慢送入孔内，当顶盘接近孔口时，逆时针缓慢旋转装置，将顶盘突出端对准土槽，然后继续下放至孔底。

第十一，取下销钉（b），顺时针转动圆盘转轴，带动测针向两端伸出，当转动半周时，再插上销钉（b）将圆盘转轴和小圆环固定，此时卡槽刚好移动到卡块处，伸缩针头均已同步插入或是紧挨着土体。

第十二，分别取下挂在临时弹簧挂钩上的圆环，然后挂在读数装置上，记下初始读数 $S_{0左}$，$S_{1左}$，$S_{2左}$，…，$S_{n-1左}$，$S_{n左}$，$S_{0右}$，$S_{1右}$，$S_{2右}$，…$S_{n-1右}$，$S_{n右}$，取下圆环放在测线穿孔（b）旁，让测线处于自然状态，由于圆环直径大于测线穿孔（b）的直径，圆环不会掉进孔里。

第十三，经过一段时间后再将圆环挂到读数装置上，记下读数：$s_{0左}'$，$s_{1左}'$，$s_{2左}'$，…，$s_{n-1左}'$，$s_{0右}'$，$s_{1右}'$，$s_{2右}'$，…$s_{n-1右}'$，$s_{n右}'$，则第n层的沉降值 Δs_n：

$$\Delta s_{n左} = \left(s_{n左}' - s_{n-1左}' \right) - \left(s_{n左} - S_{n-1左} \right) \tag{6-2}$$

$$\Delta s_{n右} = \left(s_{n右}' - s_{n-1右}' \right) - \left(s_{n右} - S_{n-1右} \right) \tag{6-3}$$

$$\Delta s_n = \left(\Delta s_{n左} + \Delta s_{n右} \right) / 2 \tag{6-4}$$

第十四，读完数之后取下销钉（b），逆时针旋转圆盘转轴，带动测针向中间收缩，旋转半周后再插上销钉（b），从孔中抽出装置，以备下次再用。

实施例二：长期一次性测量。

第一，前序步骤在实施例一中第九和第十之间附加上：取下填塞在卡槽里的橡胶；其余第一～第十一均相同。

第二，取出销钉（c），将圆盘转轴、小圆环和中空齿轮转轴一同缓慢抽出钻孔，由于此时卡块在弹力作用下已部分深入卡槽中，测针不能自动回缩。

第三，将阻挡钢螺母端移到条形穿孔靠近中线一侧，让阻挡钢丝偏离测针，并用橡胶填塞条形穿孔。

第四，后续步骤和实施例一中第十二和第十三相同。

二、一种塌陷监测新方法

（一）背景技术

由于岩溶土洞均处在地面以下，且埋深各异，极具隐蔽性，给实时监测带来了极大的困难。目前，相关的监测方法主要有地质雷达、TDR（BOTDR）技术以及水（气）压力监测，但是前两者费用太高，后一种对监测结果不易得出较为准确的结论，并且三种方法操作便捷性低。

本节介绍的地面塌陷监测方法，能够弥补上述监测方法费用高、操作复杂的缺点，同时准确性高、设备简单，可进行实时连续自动化监测，还可以回收监测设备重复利用，适用于对各种岩溶土洞的监测。

（二）监测方法介绍

第一，该岩溶土洞塌陷监测方法，主要由模数转换及报警系统31、信号传输电缆05、磁环32、开关型霍尔元件33以及托盘34等五部分组成，如图6-9所示。

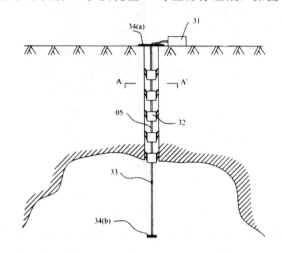

图6-9 监测示意图

31.模数转换及报警系统；32.磁环；33.开关型霍尔元件；

34.托盘，（a）为中部开孔托盘，（b）为圆饼托盘

第二，磁环32由开口圆筒01、卡片02、圆筒铁皮03和磁钢04组成（图6-10）。

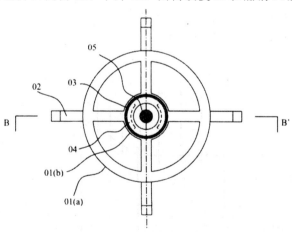

图6-10 A-A' 剖面图

01.开口圆筒，（a）外筒，（b）内筒；02.卡片；03.圆筒铁皮；04.磁钢；

05.信号传输电缆

第三，开口圆筒01由外筒01（a）和内筒01（b）通过十字形横梁连接，内筒01（b）直径和高度比外筒01（a）小，外筒01（a）的高度宜取10~15cm（图6-11）。

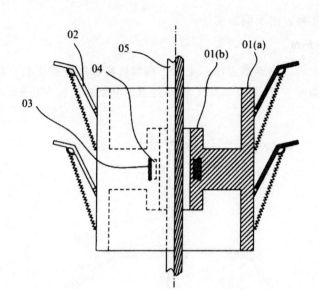

图 6-11 B-B ' 剖面图

第四，卡片 02 连接在外筒 01（a），并且可以绕连接点在竖直平面内 180°旋转，另一端连接有弹簧，每个磁环 32 的四个正方向上分别设置有两个卡片 02。

第五，圆筒铁皮 03 镶嵌在内筒 01（b）中，用来屏蔽磁钢的磁场。

第六，磁钢 04 为弧形体，镶嵌在内筒 01（b）中，对称分布有两个，内侧紧贴圆筒铁皮 03。

第七，中开关型霍尔元件 33 总共有两个，为提高监测灵敏度，将两霍尔元件垂直安装在信号传输电缆 05 中，如图 6-12 所示。

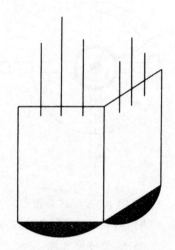

图 6-12 霍尔元件安装示意图

第八，模数转换及报警系统 31 用来处理开关型霍尔元件 33 传出的脉冲信号，并记录脉冲数显示在 LED 屏上，同时每监测到一次脉冲便发出警报。

第九，信号传输电缆 05 一端连接模数转换及报警系统 31，另一端连接托盘 34

（b），从上到下依次穿过托盘 34（a）和各磁环 32，在离托盘 34 上端一定距离内嵌有开关型霍尔元件 33；其主要用来传输脉冲信号，同时也起到拉线的作用。

第十，托盘 34 分为中部开口托盘 34（a）和圆饼状托盘 34（b），托盘 34（a）置于孔口，用以固定信号传输电缆 05，直径大于孔径；托盘 34（b）用来承接掉下来的磁环，直径介于磁环内筒 01（a）和外筒 01（b）之间。

三、实施原理

第一，该塌陷监测方法，主要原理是向孔内等间距下放磁环，磁环的卡片与岩土体紧贴，当岩土体发生塌落时，广失去依附体的磁环便会沿着信号传输电缆向下滑动，当滑到霍尔元件处，霍尔元件感应到磁场时便会发出一个脉冲信号传到模数转换及报警系统中进行存储，通过统计脉冲数便可得知洞穴塌落高度。

第二，首先打设一个与装置规格相匹配的钻孔，钻孔必须要打到洞穴顶部，将洞穴与外界大气连通，记录钻孔深度即洞穴埋深

第三，在信号传输电缆内嵌霍尔元件的一端连接上圆饼状托盘 34（b），并将圆盘和电缆线下放到孔底，务必要保证霍尔元件到地面的距离超出钻孔深度 $H = 50 \sim 100cm$（图 6-9）。

第四，按等间距 s（30～50cm）布置磁环，并计算出所需的磁环数 $n = H/s$，然后将各个磁环下放到孔内规定位置，在磁环上弹簧的拉力作用下，卡片会紧贴孔壁。

第五，待各磁环下放完毕后，在孔口处安装上中部开口托盘 34（a）用来固定电缆线，随后将电缆线接入模数转换及警报系统，接通电源并调试仪器后便可开始进行实时监测。

第六，若遇到洞穴穹顶部分发生塌落时，和孔壁紧密接触的磁环会随岩土体一起塌落，但由于磁环串在电缆上，所有塌落的磁环会沿着电缆向下滑动，当某个磁环滑落到安装有开关型霍尔元件处时，霍尔元件会感应到相关磁场，产生一个脉冲电压，该脉冲电压经过电缆传输到地面的模数转换及报警系统中进行存储，并引起系统的报警响应。

第七，如果一次性塌落高度比较大，将带动多个磁环发生滑动，此时系统将会接收到多个脉冲信号，并累积存储。由于串联在电缆线上相邻磁环内磁钢之间的垂直距离最小为一个外筒 01（a）的高度，再加上磁钢外的一层圆筒铁皮的磁场屏蔽作用，当有多个磁环一起滑下时，霍尔元件也能产生多个与之相应的脉冲信号。

第八，当发生塌落后，卡片失去支撑并在弹簧的拉力作用下向外筒 01（a）壁收回，同时磁环沿电缆线滑过霍尔元处后，便会停留在圆饼托盘处。

第九，过一段时间后，便可以方便地从系统的 LED 屏上读出产生的脉冲信号数 m，进而得出此监测时间段内，洞穴穹顶发生的塌落高度 $h = (m-1)s$。

第十，如需回收利用，可以将所有未发生滑动的磁环下放到孔底，并沿电缆线滑动到圆饼托盘处，然后拉动电缆线将所有磁环提出孔外进行下一次监测使用。

第七章　水污染治理技术

第一节　工业废水处理

一、几种常见的工业废水处理

（一）农药废水

农药废水主要来源于农药生产工程。其成分复杂，化学需氧量（COD）可达每升数万毫克。农药废水处理的目的是降低农药生产废水中污染物浓度，提高回收利用率，力求达到无害化。主要农药废水处理方法有活性炭吸附法、湿式氧化法、溶剂萃取法、蒸馏法和活性污泥法等。

（二）电泳漆废水

金属制品的表面涂覆电泳漆，在汽车车身、农机具、电器、铝带等方面得到广泛的应用。用超滤和反渗透组合系统处理电泳漆废水，当废水通过超滤处理，几乎全部树脂涂料都可以被截住。透过超滤膜的水中含有盐类和溶剂，但很少含有树脂涂料。用反渗透处理超滤膜的透过水，透过反渗透膜的水中，总溶解固形物的去除率可以达到97%~98%。这样，透过水中总溶解固形物的浓度可以降低到13~33mg／L，符合终段清洗水的水质要求，就可用作最后一段的清洗水了。

（三）重金属废水

重金属废水主要来自电解、电镀、矿山、农药、医药、冶炼、油漆、颜料等生产过程。

使废水中呈溶解状态的重金属转变成不溶的金属化合物或元素，经沉淀和上浮从废水中去除。可应用方法有：中和沉淀法、硫化物沉淀法、上浮分离法、电解沉淀（或上浮）法、隔膜电解法等。

将废水中的重金属在不改变其化学形态的条件下进行浓缩和分离。可应用方法：反渗透法、电渗析法、蒸发法和离子交换法等。

（四）电镀废水

电镀废水毒性大，量小但面广。为了实现闭路循环，操作时必须注意保持水量的平衡。

1. 镀镍废水

镀镍漂洗水的pH值近中性，所以可用醋酸纤维素反渗透膜。

2. 镀铬废水

镀铬废水pH值低（偏酸性），且呈强氧化性，用醋酸纤维素膜是不可取的，关键要解决膜的耐酸和抗氧化问题。

3. 镀锌、镀镉废水

氧化镀锌、镀镉等漂洗废水中存在CN^-，从而使反渗透膜对金属离子的分离能力受到严重影响。

（五）含稀土废水处理

稀土生产中废水主要来源于稀土选矿、湿法冶炼过程。根据稀土矿物的组成和生产中使用的化学试剂的不同，废水的组成成分也有差异。目前常用的方法有蒸发浓缩法、离子交换法和化学沉淀法等。

1. 蒸发浓缩法

废水直接蒸发浓缩回收铵盐，工艺简单，废水可以回用实现"零排放"，对各类氨氮废水均适用，缺点是能耗太高。

2. 离子交换法

离子交换树脂法仅适用于溶液中杂质离子浓度比较小的情况。一般认为常量竞争离子的浓度小于$1.0\sim1.5kg/L$的放射性废水适于使用离子交换树脂法处理，而且在进行离子交换处理时往往需要首先除去常量竞争离子。无机离子交换剂处理中低水平的放射性废水也是应用较为广泛的一种方法。比如：各类黏土矿（如蒙脱土、高岭土、膨润土、蛭石等）、凝灰石、锰矿石等。黏土矿的组成及其特殊的结构使其可以吸附水中的H^+，形成可进行阳离子交换的物质。有些黏土矿如高岭土、蛭石，颗粒微小，在水中呈胶体状态，通常以吸附的方式处理放射性废水。黏土矿处理放射性废水往往附加凝絮沉淀处理，以使放射性黏土容易沉降，获得良好的分离效果。对含低放射性的废水（含少量天然镭、钍和铀），有些稀土厂用软锰矿吸附处理（pH=7～8），也获得了良好的处理效果。

3. 化学沉淀法

在核能和稀土工厂去除废水中放射性元素一般用化学沉淀法。

（1）中和沉淀除铀和钍

向废水中加入烧碱溶液，调pH值在7～9之间，铀和钍则以氢氧化物形式沉淀。

（2）硫酸盐共晶沉淀除镭

在有硫酸根离子存在的情况下，向除铀、钍后的废水中加入浓度10%的氯化钠溶液，使其生成硫酸钡沉淀，同时镭亦生成硫酸镭并与硫酸钡形成晶沉淀而析出。

（3）高分子絮凝剂除悬浮物

放射性废水除去大部分铀、钍、镭后，加入PAM（聚丙烯酰胺）絮凝剂，经充分搅拌，PAM 絮凝剂均匀地分布于水中，静置沉降后，可除去废水中的悬浮物和胶状物以及残余的少量放射性元素，使废水呈现清亮状态，达到排放标准。

（六）纤维工业废水

与传统方法相比，用膜技术处理纤维工业废水，不仅能消除对环境的污染，而且经济效益和社会效益更好。超滤法可用于回收聚乙烯醇（PVA）退浆水，一方面对环境起到一定的保护作用，另一方面回收的材料还可以再次用于生产。超滤法可用于从染色废水中回收染料，避免污染还能减少浪费。

（七）造纸工业废水

造纸废水主要来源于造纸行业的生产过程。造纸工业废水的处理方法多样。膜法处理造纸废水，是指造纸厂排放出来的亚硫酸纸浆废水，它含有很多有用物质，其中主要是木质素磺酸盐，还有糖类（甘露醇、半乳糖、木糖）等。过去多用蒸发法提取糖类，成本较高。若先用膜法处理，可以降低成本、简化工艺。

（八）印染工业废水

印染工业废水量大，根据回收利用和无害化处理综合考虑。回收利用，如漂白煮炼废水和染色印花废水的分流，前者碱液回收利用，通常采用蒸发法回收，如碱液量大，可用三效蒸发回收，碱液量小，可用薄膜蒸发回收；后者染料回收，如士林染料（或称阴丹士林）可酸化成为隐色酸，呈胶体微粒，悬浮于残液中，经沉淀过滤后回收利用。

（九）冶金工业废水

冶金废水来源于冶金、化工、染料、电镀、矿山和机械等行业生产过程。冶金工业废水比较复杂，利用膜技术处理冶金工业废水应采用集成膜技术，并应注意采取恰当的预处理措施。

二、工业废水处理站设计

工业废水处理站设计与污水处理厂设计基本相似，其不同的是：

（一）工业废水处理站建设为企业行为

其设计报批的过程没有污水处理厂设计这么复杂和烦琐，一般通过厂方决定、报相应建设管理部门和环保部门立项审批通过即可。

（二）工业废水处理站一般靠近工业企业建设

其设计更多地需要根据工业企业的具体情况和远期发展考虑。鉴于地价较贵，很多企业为节省占地，往往将废水处理站立体化建设。

（三）工业废水成分较生活污水成分复杂

许多行业废水中均含有重金属、油类、抗生素、难降解有机物，因而物化处理、化学处理较常见。

（四）工业废水量少、但污染高

工业废水水量较小、污染物浓度较高，且水量、水质经常波动，因而废水处理的构筑物往往与生活污水处理有一定不同，如进水管渠较小，格栅非常窄（多自制），多数要设水质或水量调节池，二沉池多为竖流式沉淀池，固液分离除沉淀池外还有气浮池等。

工业废水处理站设计的关键在于选择合适的处理工艺及其构筑物。而工艺流程选择在于如何进行生化和物化技术的优化组合，或者选择先物化—后生化工艺还是选择先生化—后物化工艺。如果废水可生化性较好，且水量很大，宜采用先生化—后物化；若可生化性较好，但水量很小，宜采用先物化—后生化；若可生化性很差，或者含有一定浓度有毒有害的物质，如重金属、石油类、难降解有机物、抗生素等，宜物化在先，生化在后。

第二节　污水处理方法

一、物理处理法

所有利用物理方法来改变污水成分的方法都可称为物理处理过程。物理处理的特点是仅仅使得污染物和水发生分离，但是污染物的化学性质并没有发生改变。常用的过程有水量与水质的调节（包括混合）、隔滤、离心分离、沉降、气浮等。目前物理处理过程已成为大多数废水和污水处理流程的基础，它们在废水处理系统中位置可用。

（一）格栅与筛网

筛网广泛用于纺织、造纸、化纤等类的工业废水处理。隔栅一般斜置在废水进口处截留较粗悬浮物和漂浮物。阻力主要产生于筛余物堵塞栅条。一般当隔栅的水头损失达到 $10 \sim 15cm$ 时就该清洗。现在一般采用机械，甚至自动清除设备。

（二）离心分离

按离心力产生的方式，离心分离设备可分为两种类型：压力式水力旋流器（或称旋流分离器）和离心机。离心机设备紧凑、效率高，但结构复杂，只适用于处理小批量的废水、污泥脱水和很难用一般过滤法处理的废水。

（三）沉淀池

沉淀池是分离悬浮物的一种常用构筑物。沉淀池由进水区、出水区、沉淀区、污泥区及缓冲区等五部分组成。沉淀池按构筑形式形成的水流方向可分为平流式、竖流式和辐流式三种。

在平流沉淀池内，水是沿水平方向流过沉降区并完成沉降过程的。废水由进水槽经淹没孔口进入池内。

竖流式沉淀池多用于小流量废水中絮凝性悬浮固体的分离，池面多呈圆形或正多边形。沉速大于水速的颗粒下沉到污泥区，澄清水则由周边的溢流堰溢入集水槽排出。如果池径大于7m，可增加辐射向出水槽。溢流堰内侧设有半浸没式挡板来阻止浮渣被水带出。池底锥体为储泥斗，它与水平的倾角常不小于45°，排泥一般采用静水压力；污泥管直径一般用200mm。

辐流式沉淀池大多呈圆形，辐流式沉淀池的直径一般为6～60m，最大可达100m，池周水深1.5～3.0m。沉淀后的水经溢流堰或淹没孔口汇入集水槽排出。溢流堰前设挡板，可以拦截浮渣。当池径、小于20m时，用中心借动；当池径大于20m时，用周边传动。周边线速为1.0～1.5m／min，池底坡度一般为0.05，污泥靠静压或污泥泵排出。

（四）过滤

污水的过滤分离是利用污水中的悬浮固体受到一定的限制，污水流动而将悬浮固体抛弃，其分离效果取决于限制固体的过滤介质。过滤池分离悬浮颗粒的过程涉及多种因素，其机理一般分为三类。

1. 迁移机理

悬浮颗粒脱离流线而与滤料接触的过程即迁移过程；引起颗粒迁移的原因有筛滤、拦截、沉淀、水力作用、布朗运动、惯性等。

2. 附着机理

由迁移过程而与滤料接触的悬浮颗粒附着在滤料表面不再脱离，即附着过程；引起颗粒附着的因素有接触凝聚、静电引力、吸附作用、分子引力等。

3. 脱落机理

普通快滤池常用水进行反冲洗，有时先用或同时用压缩空气进行辅助表面冲洗。截留和附着于滤料上的悬浮物受到冲刷而脱落；滤料颗粒在水流中旋转、碰撞和摩擦而脱落使悬浮物脱落。

滤池的种类虽多，但基本构造类似。一般用钢筋混凝土建造，池内有入水槽、滤料层、承托层和配水系统；池外有集中管系，配有进水管、出水管、冲洗水管、冲洗水排出管等管道及附件。

滤池按滤料层的数目可分为单层滤料滤池、双层滤料滤池和三层滤料滤池。承托层必不可少，其作用为：防止过滤时滤料从配水系统中流失；反冲洗时起一定的均匀布水作用。承托层一般采用天然砾石或卵石，粒度从2～64mm，厚度从100～700mm。

二、化学处理法

化学处理法就是通过化学反应和传质作用来分离、去除废水中呈溶解、胶体状态的污染物或将其转化为无害物质的废水处理法。通常采用方法有：中和、化学混凝、化学沉淀、氧化还原、电解、电渗析、超滤等。

（一）中和

用化学方法去除污水中的酸或碱，使污水的pH值达到中性左右的过程称中和。

1. 中和法原理

当接纳污水的水体、管道、构筑物，对污水的pH值有要求时，应对污水采取中和处理。酸性或碱性废水中和处理基于酸碱物质摩尔数相等，具体公式如下：

$$Q_1C_1 = Q_2C_2$$

公式中，Q_1 为酸性废水流量，L／h；Q_2 为碱性废水流量，L／h；C_1 为酸性废水酸的物质的量浓度，mmol／L；C_2 为碱性废水碱的物质的量浓度，mmol／L。

对酸性污水可采用与碱性污水相互中和、投药中和、过滤中和等方法。其中和剂有石灰、石灰石、白云石、苏打、苛性钠等。对碱性污水可采用与酸性污水相互中和、加酸中和和烟道气中和等方法，其使用的酸常为盐酸和硫酸。酸性污水中含酸量超过 4% 时，应首先考虑回收和综合利用；低于 4% 时，可采用中和处理。碱性污水中含碱量超过 2% 时，应首先考虑综合利用，低于 2% 时，可采用中和处理。

2. 中和法工艺技术与设备

对于酸、碱废水，常用的处理方法有酸性废水和碱性废水互相中和、药剂中和和过滤中和三种。

（1）酸碱废水相互中和

酸碱废水相互中和可根据废水水量和水质排放规律确定。中和池水力停留时间视水质、水量而定，一般 1～2h；当水质变化较大，且水量较小时，宜采用间歇式中和池。

（2）药剂中和

在污水的药剂中和法中最常用的药剂是具有一定絮凝作用的石灰乳。石灰作中和剂时，可干法和湿法投加，一般多采用湿式投加。当石灰用量较小时（一般小于 1t／d），可用人工方法进行搅拌、消解。反之，采用机械搅拌、消解。经消解的石灰乳排至安装有搅拌设备的消解槽，后用石灰乳投配装置投加至混合反应装置进行中和。混合反应时间一般采用 2～5min。采用其他中和剂时，可根据反应速度的快慢适当延长反应时间。

（3）过滤中和

酸性废水通过碱性滤料时与滤料进行中和反应的方法叫过滤中和法。升流式膨胀中和滤池分恒滤速和变滤速两种。过滤中滚筒为卧式，其直径一般 1m 左右，长度为直径的 6～7 倍。由于其构造较为复杂，动力运行费用高，运行时噪音较大，较少使用。

（二）化学混凝

混凝是水处理的一个十分重要的方法。混凝法的重点是去除水中的胶体颗粒，同时还要考虑去除 COD、色度、油、磷酸盐等特定成分。常用混凝剂应具备下述条件：第一，能获得与处理要求相符的水质。第二，能生成容易处理的絮体（絮体大小、沉降性能等）。第三，混凝剂种类少而且用量低。第四，泥（浮）渣量少，浓缩和脱水性能好。第五，便于运输、保存、溶解和投加。第六，残留在水中或泥渣中的混凝剂，不应给环境带来危害。混凝处理流程应包括投药、混合、反应及沉淀分离等几个部分。

（三）氧化还原

污水中的有毒有害物质，在氧化还原反应中被氧化或还原为无毒、无害的物质，这种方法称氧化还原法。

常用的氧化剂有空气中的氧、纯氧、臭氧、氯气、漂白粉、次氯酸钠、三氯化铁等，可以用来处理焦化污水、有机污水和医院污水等。

常用的还原剂有硫酸亚铁、亚硫酸盐、氯化亚铁、铁屑、锌粉、二氧化硫等。如含有六价铬（Cr^{6+}）的污水，当通入 SO_2 后，可使污水中的六价铬还原为三价铬。

按照污染物的净化原理，氧化还原处理法包括药剂法、电解法和光化学法三类，在选择处理药剂和方法时，应遵循下述原则：第一，处理效果好，反应产物无毒无害，最好不需进行二次处理；第二，处理费用合理，所需药剂与材料来源广、价格廉；第三，操作方便，在常温和较宽的pH范围内具有较快的反应速度。

（四）电解

电解法的基本原理就是电解质溶液在电流作用下，发生电化学反应的过程。阴极放出电子，使污水中某些阳离子因得到电子而被还原（阴极起到还原剂的作用）；阳极得到电子，使污水中某些阴离子因失去电子而被氧化（阳极起到氧化剂作用）。因此，污水中的有毒、有害物质在电极表面沉淀下来，或生成气体从水中逸出，从而降低了污水中有毒、有害物质的浓度，此法称电解法，多用于含氰污水的处理和从污水中回收重金属等。

三、物理化学处理法

物理化学法是利用物理化学反应的原理来除去污水中溶解的有害物质，回收有用组分，并使污水得到深度净化的方法。常用的物理化学处理法有吸附、离子交换、膜分离等。

（一）吸附

吸附是一种物质附着在另一种物质表面上的过程，它可以发生在气-液、气-固、液-固两相之间。在污水处理中，吸附则是利用多孔性固体吸附剂的表面吸附污水中的一种或多种污染物，达到污水净化的过程。这种方法主要用于低浓度工业废水的处理。

1. 吸附原理

吸附剂与吸附质之间的作用力有静电引力、分子引力（范德华力）和化学键力。根据固体表面吸附力的不同，吸附可以分为三个基本类型。

（1）物理吸附

即吸附质与吸附剂间的分子引力（范德华力）所产生的吸附，这是最常见的一种吸附现象。

（2）化学吸附

即吸附质与吸附剂之间发生化学反应，形成牢固的吸附化学键和表面配合物。

（3）离子交换吸附

即常说的离子交换。吸附质的离子由于静电引力聚集到吸附剂表面的带电点上，并转换出原先固定在这些带电点上的其他离子。

其中，对于物理吸附与化学吸附的比较如下：

物理吸附：被吸附物的分子不是附着在吸附剂表面固定点上，而是稍能在界面上作自由移动，一种放热反应，吸附热较小，在低温下就可以进行，可以形成单分子层或多分子层吸附，因分子引力普遍存在，一种吸附剂可以吸附多种物质物理吸附没有选择性，吸附剂性质不同，某一种吸附剂对吸附质的吸附量也有所差别。

化学吸附：吸附分子不能在表面自由移动，吸附时放热量较大，化学反应需要大量的活化能，一般需在较高的温度下进行，选择性吸附，一种吸附剂只对某种或特定几种吸附质有吸附作用，化学吸附具有选择性，且只能是单分子层吸附。

2. 吸附等温式

在一定温度下，表明被吸附物的量与浓度之间的关系式称为吸附等温式。弗兰德里希吸附等温式是目前常用的公式之一。

弗里德里希吸附等温式为指数型的经验公式。其形式为：

$$\frac{Y}{m} = Kp^{\frac{1}{n}}$$

公式中，K为弗里德里希吸附系数；n为常数，通常大于1。

虽为经验式，但与实验数据相当吻合，通常将该式绘制在双对数坐标纸上以便确定K与n值。将上式两边取对数，可得：

$$\log\frac{Y}{m} = \log K + \frac{1}{n}\log p$$

即 $\log\frac{Y}{m}$ 与 $\log p$ 呈直线形式，直线的斜率为 $\frac{1}{n}$，截距为 $\log K$。本式对物理吸附和化学吸附也都适用，但在高浓度时计算偏差较大，因此，在高浓度时不宜使用该式。

3. 吸附剂

活性炭是目前应用最为广泛的吸附剂。在生产中应用的活性炭一般都制成粉末状或颗粒状。活性炭的吸附能力不仅与其比表面积有关，而且还与活性炭表面的化学性质、活性炭内微孔结构、孔径及孔径分布等诸多因素有关。常用活性炭其比表面积在 $500 \sim 1700 \text{m}^2 / \text{g}$，微孔有效半径在 $1 \sim 1000 \text{nm}$，其中小孔半径在 2nm 以下，过渡孔半径在 $2 \sim 100 \text{nm}$，大孔半径在 $100 \sim 10000 \text{nm}$。小孔容积一般在 $0.15 \sim 0.90 \text{mL} / \text{g}$，其比表面积应占此面积的95%以上，活性炭表面吸附量主要受小孔支配来完成。

活性炭又按用途分为环保治理系列活性炭、脱硫专用炭等。它们具有不同的特点，适用于不同的环境。

4. 吸附的操作

在污水处理中，吸附操作分为两种。

（1）静态吸附操作

污水在不流动的条件下进行的吸附操作，该操作是间歇操作。多次吸附由于比较麻烦，在污水处理中应用较少，静态吸附常用的设备为一个池子和桶或搅拌槽等。

（2）动态吸附操作

污水在流动的条件下进行的吸附操作，它是把欲处理的污水连续地通过吸附剂填料层，使污水中的杂质得到吸附。动态吸附常用的设备有固定床、移动床、流化床三种。固定床是污水处理中常用的吸附装置。固定床根据处理水时，原水的水质和处理要求可分为单床式、多床串联式和多床并联式三种。流化床是一种较为先进的床型。目前应用较少。

（二）离子交换

离子交换法是水处理中硬水软化及除盐的主要方法之一，在废水处理中，主要用于除去废水中的金属离子。其实质是不溶性离子化合物（离子交换剂）上的可交换离子与溶液中的其他同性离子发生的交换反应。

1. 离子交换方式与设备

离子交换方式可分为静态交换和动态交换两种。

（1）静态交换

将污水与交换剂同时置于一耐腐蚀容器内，使它们充分接触（可进行不断地搅动）直至交换反应达到平衡状态，该法适用于平衡良好的交换反应。

（2）动态交换

污水与树脂发生相对移动，它又有塔式（柱式）与连续式之分，目前，在离子交换系统中多采用柱式交换法。国内应用最为广泛的为固定床离子交换柱。

柱式离子交换法的操作步骤：起除微粒及疏松树脂层的作用，清洗树脂颗粒表面及内部的再生剂；将未再生完全的树脂赶出柱底，使未再生完全的树脂远离柱底；应用于回收操作。

固定床离子交换器包括简体、进水装置、排水装置、再生液分布装置及体外有关管道和阀门。固定床离子交换器也有其自身缺陷，为此，人们发展了连续离子交换设备，包括移动床和流动床。在工业用水处理中，离子交换法占有极其重要的地位，用来制取软水或纯水。在污水处理中，主要用于回收和除去污水中的金、银、铜、镉、铬、锌等重金属离子，也用于放射性废水和有机废水的处理。

2. 离子交换法在污水处理中的应用

（1）我国电镀行业多采用离子交换法回收镍

废水中的镍主要以 Ni^{2+} 形式存在，可以采用阳离子交换树脂。强酸性树脂价格低，机械强度和化学稳定性好，但交换和再生性能差，而弱酸性树脂交换容量及再生性能好，选择性也好，但价格较贵，机械强度较差，目前国内都采用弱酸性阳离子树脂，用固定床双阳柱串联全饱和流程。

镀件经三级逆流漂洗得到含镍废水在 100mg／L 以上，从漂洗槽排出的含镍废水送到废水池，再用泵送到过滤器，除去其中杂质后进入两个串联 Na 型阳离子交换柱进行离子交换。交换后出水的 pH 值在 6～7，范围内，可用作漂洗水，再生洗脱液可直接返回镀镍槽。

（2）工业上电镀含铬

工业上电镀含铬废水中的主要杂质是铬酸，也含有一些其他的离子和不溶性杂质。除去铬酸根的整个处理流程分为工作流程和再生流程。

3. 膜分离

利用透膜使溶剂（水）同溶质或微粒（污水中的污染物）分离的方法称为膜分离

法。其中，使溶质通过透膜的方法称为渗析；使溶剂通过透膜的方法称渗透。

膜分离法依溶质或溶剂透过膜的推力不同，可分为三类：第一，以电动势为推动力的方法，称电渗析或电渗透。第二，以浓度差为推动力的方法，称扩散渗析或自然渗透。第三，以压力差（超过渗透压）为推动力的方法有反渗透、超滤、微孔过滤等。在污水处理中，应用较多的是电渗析、反渗透和超滤。

（1）反渗透

反渗透分离原理，当盐水和纯水被一张半透膜隔开时，纯水透过半透膜向盐水侧扩散渗透，渗透的推动力是渗透压。扩散渗透使盐水侧溶液液面升高直至达到平衡为止，此时半透膜两侧溶液的液位差被称为渗透压（π），这种现象称为正渗透。在盐水侧施加一个外部压力 p，当 p>π 时，盐水侧的水分子将渗透到纯水侧，这种现象被称为反渗透。任何溶液都有相应的渗透压，渗透压的大小与溶液的种类、浓度及温度有关。

反渗透膜是实现反渗透过程的关键。要求反渗透膜具有良好的分离透过性和物化稳定性。分离透过性主要通过溶质分离率、溶剂透过流速以及流量衰减系数来表示；物化稳定性主要是指膜的允许最高温度、压力、适用 pH 范围，膜的耐氯、耐氧化及耐有机溶剂性。反渗透膜按化学组成可分为纤维素酯类膜和非纤维素酯类膜两大类。

（2）电渗析

电渗析过程的基本原理，在阳极和阴极之间交替放置着若干张阳膜和阴膜，膜和膜之间形成隔室，其中充满盐水。当接通直流电后，各隔室中的离子进行定向迁移，由于离子交换膜的选择透过作用，隔室中的阴、阳离子分别迁出，进入相邻隔室，而相邻隔室中的离子不能迁出，还接受相邻隔室中的离子。阴、阳电极与膜之间形成的隔室，分别为阳极室和阴极室。阳极发生氧化反应，产生 O_2 和 Cl_2，极水呈酸性。因此，选择阳极材料时，应考虑其耐氧化和耐腐蚀性；阴极发生还原反应，产生 H_2，极水呈碱性。值得注意的是，每个室内离子的正负电荷仍是平衡的。电渗析离子交换膜在使用期内无所谓失效，也不需要再生。

（3）超滤

超滤与反渗透类似，也是依靠压力和膜进行工作，超滤膜的制膜原料也是醋酸纤维素或聚砜酰胺等，但删去热处理工序，使制成的超滤膜的孔比较大，能够在较小的压力下（几百千帕）工作，而且有较大的通水量。超滤的机理除了有小孔的筛分作用、不受渗透压力的阻碍之外，对于高分子溶质，还与溶质-水-膜之间的相互作用有关。膜对物质的拒斥性，取决于溶质分子的大小、形状与性质。超滤一般用来分离分子量大于 500 的物质，如细菌、蛋白质、颜料、油类等。

四、生物处理法

在自然水体中，存在着大量依靠有机物生活的微生物。它们不但能分解氧化一般的有机物并将其转化为稳定的化合物，而且还能转化有毒物质。生物处理就是利用微生物分解氧化有机物的这一功能，并采取一定的人工措施，创造有利于微生物的生长、繁殖的环境，使微生物大量增殖，以提高其分解氧化有机物效率的一种污水处理方法。

（一）活性污泥法

活性污泥是以废水中有机污染物为培养基，在充氧曝气条件下，对各种微生物群体进行混合连续培养而成的，细菌、真菌、原生动物、后生动物等微生物及金属氢氧化物占主体的，具有凝聚、吸附、氧化、分解废水中有机污物性能的污泥状褐色絮凝物。

活性污泥法的运行方式有多种，但是具有共同的特征。活性污泥法主要构筑物是曝气池和二次沉淀池。由于有机物去除的同时，不断产生一定数量的活性污泥，为维持处理系统中一定的生物量，必须不断把多余的活性污泥废弃，通常从二沉池排除多余的污泥（称剩余污泥）。活性污泥法经过长期生产实践的不断总结，其运行方式有了很大的发展，主要运行方式如下。

1. 普通活性污泥法

活性污泥几乎经历了一个生长周期，处理效果很高，特别适用于处理要求高而水质较稳定的污水。其缺点如下：排入的剩余污泥在曝气中已完成了恢复活性的再生过程，造成动力浪费；曝气池的容积负荷率低，曝气池容积大，占地面积也大，基建费用高等。因此限制了对某些工业废水的应用。

2. 阶段曝气法

又称逐步负荷法，是除传统法以外使用较为广泛的一种活性污泥法。阶段曝气法可以提高空气利用率和曝气池的工作能力，并且能够根据需要改变进水点的流量，运行上有较大的灵活性。阶段曝气法适用于大型曝气池及浓度较高的污水。传统法易于改造成阶段曝气法，以解决超负荷的问题。

3. 生物吸附法

吸附池和再生池在结构上可分建，也可合建。合建时，有机物的吸附和污泥的再生是在同一个池内的两部分进行的，即前部为再生段，后部为吸附段，污水由吸附段进入池内。

生物吸附法由于污水与污泥接触的曝气时间比传统法短得多，故处理效果不如传统法，BOD_5 去除率一般在 90% 左右，特别是对溶解性较多的有机工业废水，处理效果更差。水质不稳定，如悬浮胶体性有机物与溶解性有机物的成分经常变化也会影响处理效果。

4. 完全混合法

完全混合法是目前采用较多的新型活性污泥法，混合液在池内充分混合循环流动，进行吸附和代谢活动，并代替等量的混合液至二次沉淀池。可以认为池内的混合液是已经处理而未经泥水分离的处理水。完全混合法的特点如下：进入曝气池的污水能得到稀释，使波动的进水水质最终得到净化；能够处理高浓度有机污水而不需要稀释；推流式曝气池从池首到池尾的 F／M 值和微生物都是不断变化的；可以通过改变 F／M 值，得到所期望的某种出水水质。

完全混合法有曝气池和沉淀池两者合在一起的合建式和两者分开的分建式两种。表面加速曝气池和曝气沉淀池是合建式完全混合法的一种池型。

完全混合法的主要缺点是由于连续进出水，可能会产生短流，出水水质不及传统法理想，易发生污泥膨胀等。

5. 延时曝气法

延时曝气法，此法剩余污泥量理论上接近于零，但仍有一部分细胞物质不能被氧化，它们或随出水排走，或需另行处理。

延时曝气法的细胞物质氧化时释放出的氮、磷，有利于缺少氮、磷的工业废水的处理。另外，由于池容积大，此法比较能够适应进水量和水质的变化，低温的影响也小。但池容积大，污泥龄长，基建费和动力费都较高，占地面积也较大。所以只适用于要求较高而又不便于污泥处理的小型城镇污水和工业废水的处理。延时曝气法一般采用完全混合式的流型。氧化渠也属此类。

6. 渐减曝气法

渐减曝气法是为改进传统法中前部供氧不足及后部供氧过剩问题而提出来的。它的工艺流程与传统法一样，只是供气量沿池长方向递减，使供气量与需氧量基本一致。具体措施是从池首端到末端所安装的空气扩散设备逐渐减少。这种供气形式使通入池内的空气得到了有效利用。

（二）　生物膜法

生物膜处理法的实质是使细菌和真菌一类的微生物和原生动物、后生动物一类的微型动物于生物滤料或者其他载体上吸附，并在其上形成膜状生物污泥将废水中的有机污染物作为营养物质，从而实现净化废水。生物膜法具有以下特点：对水量、水质、水温变动适应性强；处理效果好并具良好硝化功能；污泥量小（约为活性污泥法的 3／4）且易于固液分离；动力费用省。

1. 生物滤池的一般构造

生物滤池的主要组成部分，其中，滤料作为生物膜的载体，滤料表面积越大，生物膜数量越多。生物滤池的池壁只起围挡滤料的作用，一些滤池的池壁上带有许多孔洞，用以促进滤层的内部通风。排水及通风系统用以排除处理水，支承滤料及保证通风。布水装置设在填料层的上方，用以均匀喷洒污水。目前广泛采用的连续式水装置是旋转布水器。

2. 生物接触氧化工艺流程

生物接触氧化工艺是一种于 20 世纪 70 年代初开创的污水处理技术，其技术实质是在反应器内设置填料，经过充氧的污水浸没全部填料，并以一定的流速流经填料，从而使污水得到净化。

（1）一段（级）处理流程

原污水经初次沉淀池处理后进入接触氧化池，经接触氧化池处理后进入二次沉淀池，在二次沉淀池进行泥水分离，从填料上脱落的生物膜在这里形成污泥排出系统，澄清水则作为处理水排放。

（2）二段（级）处理流程

二段（级）处理流程的每座接触氧化池的流态都属于完全混合型，而结合在一起考虑又属于推流式。

废水通过调节池进入一级接触氧化池，后经沉淀池进行泥水分离，上清液先后进入二级接触氧化池，最后由二次沉淀池进行泥水分离，上清液排出，污泥排放。此工艺延长了反应时间，提高了处理效率。

（3）多段（级）处理流程

多段（级）处理流程，是由连续串联的3座或3座以上的接触氧化池组成的系统。本系统从总体上来看，其流态应按推流式考虑，但每一座接触氧化池的流态又属完全混合型。

3. 生物滤池工艺流程

生物滤池是19世纪末发展起来的，是以土壤自净原理为依据，在污水灌溉的实践基础上建立起来的人工生物处理技术。它是利用需氧微生物对污水或有机性污水进行生物氧化处理的方法。

（1）生物滤池的基本工艺流程

生物滤池法的基本流程是由初沉池、生物滤池、过滤器（或沉淀池）组成。进入生物滤池的污水，须通过预处理，去除悬浮物、油脂等会堵塞滤料的物质，并使水质均化稳定。一般在生物滤池前设置初沉池，也可以根据污水水质采取其他方式进行预处理。污水进入生物滤池后，水中的有机物与生物膜上的微生物接触，经微生物氧化分解得以去除，脱落的生物膜与处理后的污水一道进入过滤器，去除脱落的生物膜等悬浮物，以保证出水水质。

（2）高负荷生物滤池的工艺流程

在普通生物滤池的基础上人们通过采用新材料，革新流程，提出了各种形式的高负荷生物滤池，使负荷比普通生物滤池提高数倍，池子体积大大缩小。回流式生物滤池、塔式生物滤池属于该类型滤池。它们的运行比较灵活，可以通过调整负荷和流程，得到不同的处理效率。

单池系统的几种具有代表性的流程。流程中将生物滤池出水部分回流至生物滤池进行再次处理，不仅有助于提高出水水质，而且有利于生物滤池的接种，促进生物膜的更新；流程将处理后的出水回流至生物滤池，可对滤池进水进行稀释，保证处理效果，适用于小流量有机负荷较高的污水处理。

由于生物固着生长，不需要回流接种，因此，在一般生物过滤中无二次沉淀池污泥回流。但是，为了稀释原废水和保证对滤料层的冲刷。一般生物滤池（尤其是高负荷滤池及塔式生物滤池）常采用出水回流。

（三）厌氧生物处理法

厌氧生物法是在无分子氧条件下，通过厌氧微生物（包括兼氧微生物）的作用，将污水中的各种复杂有机物分解转化甲烷和二氧化碳等物质的过程，也称为厌氧消化。

利用厌氧生物法处理污泥、高浓度有机污水等产生的沼气可获得生物能，如生产1t酒精要排出约14m^3槽液，每立方米槽液可产生沼气18m^3则每生产1t酒精其排出的槽液可产生约250m^3沼气，其发热量约相当于约250kg标准煤，并提高了污泥的脱水性，有利于污泥的运输、利用和处置。

升流式厌氧污泥床（UASB）是第二代废水厌氧生物处理反应器中典型的一种。由于在 UASB 反应器中能形成产甲烷活性高、沉降性能良好的颗粒污泥，因而 UASB 反应器具有很高的有机负荷。

UASB 反应器的结构，其主体可分为两个区域，即反应区和气、液、固三相分离区。在反应区下部是厌氧颗粒污泥所形成的污泥床，在污泥床上部是浓度较低的悬浮污泥层。当反应器运行时，待处理的废水以 0.5～1.5m／h 的流速从污泥床底部进入后与污泥接触，产生的沼气以气泡的形式由污泥床区上升，并带动周围混合液产生一定的搅拌作用。污泥床区的松散污泥被带入污泥悬浮层区，一部分污泥比重加大，沉入污泥床区。悬浮层混合液的污泥松散，颗粒比重小，污泥浓度较低。积累在三相分离器上的污泥絮体滑回反应区，这部分污泥又可与进水有机物发生反应，在重力作用下泥、水分离，污泥沿斜壁返回反应区，上清液从沉淀区上部排走。

五、生态处理法

（一）生物塘净化

生物塘法，又称氧化塘法，也叫稳定塘法，是一种利用水塘中的微生物和藻类对污水和有机废水进行生物处理的方法。由于稳定塘构造简单、基建费用低，运行维护管理容易、运行费低、对污染物的去除效率高等特点而被越来越多地采用。稳定塘能够有效地用于生活污水、城市污水和各种有机工业废水的净化。

稳定塘处理过程与自然水体的自净过程相似。通常是将土地进行适当的人工修整，建成池塘，并设置围堤和防渗层，依靠塘内生长的微生物来处理污水。

对净化有机物浓度较高的城镇污水或工业废水的塘系统，可由预处理厌氧塘、兼性塘、好氧塘或曝气塘生物塘串联而成。

1.稳定塘的优缺点

（1）稳定塘的优点：

第一，基建投资低。当有旧河道、沼泽地、谷地可利用作物作为稳定塘时，稳定塘系统的基建投资低。

第二，运行管理简单、经济。稳定塘运行管理简单，动力消耗低，运行费用较低，约为传统二级处理厂的 1／3～1／5。

第三，可进行综合利用实现污水资源化。如可将稳定塘出水用于农业灌溉，充分利用污水的水肥资源；也可用于养殖水生动物和植物，组成多级食物链的复合生态系统等。

（2）稳定塘的缺点：

第一，占地面积大。没有空闲余地时不宜采用。

第二，净化效果受气候影响。如季节、气温、光照、降雨等自然因素都影响稳定塘的净化效果。

第三，当设计不当时，可能形成二次污染。如污染地下水、产生臭氧和滋生蚊蝇等。

2.稳定塘的设计要点

在稳定塘净化系统中，每一个单塘设计的最优，不能代表塘系统整体的最优，如何使稳定塘系统整体上达到净化效果最佳，经济上最合理，是稳定塘系统设计的关键。

（1）好氧塘

好氧塘（Aerobic Pond）的水深较浅，一般在0.3～0.5m，完全依靠藻类光合作用和塘表面风力搅动自然复氧供氧。阳光能直接射透到池底，藻类生长旺盛，加上塘面风力搅动进行大气复氧，全部塘水都呈现好氧状态。好氧塘工艺设计的主要内容是计算好氧塘的尺寸和个数。好氧塘的主要尺寸的经验值如下：

好氧塘多采用矩形，表面的长宽比为3：1～4：1，一般以塘深的1／2处的面积作为计算塘面。塘堤的超高为0.6～1.0m。塘堤的内坡坡度为1：2～1：3（垂直：水平），外坡坡度为1：2～1：5（垂直：水平）。好氧塘可由数座串联构成塘系统，也可采用单塘。作为深度净化塘的好氧塘总水力停留时间应大于15d。好氧塘可采取设置充氧机械设备、种植水生植物和养殖水产品等强化措施。

（2）厌氧塘

厌氧塘的水深一般在2.5m以上，最深可达4～5m，是一类高有机负荷的以厌氧分解为主的生物塘。当塘中耗氧超过藻类和大气复氧时，厌氧塘就使全塘处于厌氧分解状态。厌氧塘的设计通常是用经验数据，采用有机负荷进行设计的。设计的主要经验数据如下。

有机负荷一般采用BOD，表面负荷。净化城市污水的建议负荷值为200～400kg／（100m^2•d）。对于工业废水，设计负荷应通过试验确定。厌氧塘一般为矩形，长宽比为2：1、2.5：1。单塘面积不大于4×10^{4}m^{2}塘水有效深度一般为2.0～4.5m，储泥深度大于0.5m，超高为0.6～1.0m。

厌氧塘通常采用单级，为清淤方便且不影响运行，厌氧塘宜采用并联形式，并联数目不少于2个。厌氧塘并联数目不宜少于2座。净化高浓度有机废水时宜采用二级厌氧塘串联运行。在人口密集区不用厌氧塘。厌氧塘可采取加设生物膜载屡填料、塘面覆盖和在塘底设置污泥消化坑等强化措施。厌氧塘深度较大，一般需进行防渗处理，以防止污染地下水。

厌氧塘应从底部进水和淹没式出水。当采用溢流出水时在堰和孔口之间应设置挡板。上向流有利于提高厌氧净化效率，因此，厌氧塘的结构应有利于上向流的形成。为此，厌氧塘进水口应在接近塘底0.6～1.0m处设置，出水口则应接近水面，在淹没深度大于0.6m且不小于冰冻层或浮渣层厚度处设置。

（3）兼性塘

各种类型的氧化塘中，兼性塘是应用最广泛的一种。兼性塘的水深一般在1.5～2m，塘内好氧和厌氧生化反应兼而有之。兼性塘一般采用负荷法进行计算，我国建立了较完善的设计规范。兼性塘的主要尺寸的经验值如下。

兼性塘一般采用矩形，长宽比3：1、4：1，塘的有效水深为1.2～2.5m，超高为0.6～1.0m，储泥区高度应大于0.3m。兼性塘的堤坝的内坡坡度为1：2～1：3（垂直：水平），外坡坡度为1：2～1：5，兼性塘可与厌氧塘、曝气塘、好氧塘、水生植物塘等组合成多级系统，也可由数座兼性塘串联构成塘系统。兼性塘系统可采用单塘，在塘内应设置导流墙。兼性塘内可采取加设生物膜载体填料、种植水生植物和机械曝气等强化措施。

（4）曝气塘

曝气塘就是经过人工强化的稳定塘。采用人工曝气装置向塘内污水充氧，并使塘水搅动。曝气塘可分为好氧曝气塘和兼性曝气塘两类。

曝气塘设计目标是使塘出水水质至少达到常规二级净化处理水平。曝气塘出水的悬浮固体浓度较高，排放前需进行沉淀，沉淀的方法可以用沉淀池，或在塘中分割出静水区用于沉淀。若曝气塘后设置兼性塘，则兼性塘要在进一步净化其出水的同时起沉淀作用。曝气塘的水力停留时间为3～10d，有效水深2～6m。

曝气塘系统宜采用由一个完全曝气塘和2～3个部分曝气塘组成的塘系统。完全曝气塘的比曝气功率应为5～6W／m³（塘容积）。部分曝气塘的曝气供氧量应按生物氧化降解有机负荷计算，其比曝气功率应为1～2W／m³（塘容积）。

（二）土地净化

水污染的土地净化技术是在人工控制下，利用土壤—微生物—植物组成的生态系统使污水中的污染物净化的方法。土地净化技术由污水预处理设施，污水调节和贮存设施，污水输送、布水及控制系统，土地净化，净化出水的收集和利用系统等五部分组成。

1.土地处理系统

土地处理系统根据处理目标、处理对象的不同，分快速渗滤（RI）、慢速渗滤（SR）、地表漫流（OF）、地下渗滤（SWIS）、湿地系统（WL）等5种工艺类型。

（1）地表漫流（OF系统）

地表漫流是将污水有控制地投配到多年生牧草、坡度缓（最佳坡度为2%～8%）和土壤透水性差（黏土或亚黏土）的坡面上，污水以薄层方式沿坡面缓慢流动，在流动过程中得到净化，其净化机理类似于固定膜生物处理法。地表漫流系统是以处理污水为主，同时可收获作物。这种工艺对预处理的要求较低，地表径流收集处理水（尾水收集在坡脚的集水渠后可回用或排放水体），对地下水的污染较轻。废水要求预处理（如格栅、滤筛）后进入系统，出水水质相当于传统生物处理后的出水，对BOD、SS、N的去除率较高。

（2）快速渗滤（RI系统）

快速渗滤是采用处理场土壤渗透性强的粗粒结构的砂壤土或沙土渗滤得名的。废水以间歇方式投配于地面，在沿坡面流动的过程中，大部分通过土壤渗入地下，并在渗滤过程中得到净化。快速渗滤水主要是补给地下水和污水再生回用。用于补给地下水时不设集水系统，若用于污水再生回用，则需设地下集水管或井群以收集再生水。

（3）慢速渗滤（SR系统）

慢速渗滤是将废水投配到种有作物的土壤表面，废水在径流地表土壤与植物系统中得到充分净化的方法。在慢速渗滤中，处理场的种植作物根系可以阻碍废水缓慢向下渗滤，借土壤微生物分解和作物吸收进行净化。慢渗生态处理系统适用于渗水性能良好的土壤和蒸发量小、气候湿润的地区。由于污水投配负荷一般较低，渗滤速度慢，故污水净化效率高，出水水质好。

（4）地下渗滤（SWIS系统）

地下渗滤是将废水有效控制在距地表一定深度、具有一定构造和良好扩散性能的土层中，废水在土壤的毛细管浸润和渗滤作用下，向周围运动且达到处理要求的土地处理工艺。

地下渗滤系统负荷低，停留时间长，水质净化效果非常好，而且稳定；运行管理简单；氮磷去除能力强，处理出水水质好，处理出水可回用。地下渗滤土地处理系统以其特有的优越性，越来越多地受到人们的关注。在国外，地下渗滤系统的研究和应用日益受到重视。在国内，居住小区、旅游点、度假村、疗养院等未与城市排水系统接通的分散建筑物排出的污水的处理与回用领域中有较多的应用研究。

2. 净化系统工艺和工艺参数选择

上述四种土地渗滤系统的选择应依据土壤性质、地形、作物种类、气候条件以及对废水的处理要求和处理水的出路而因地制宜，必要时建立由几个系统组成的复合系统，以提高处理水水质，使之符合回用或排放要求。

（三）人工湿地净化

人工湿地处理技术（Constructed Wetlands）是一种生物-生态治污技术，它是利用土壤和填料（如卵石等）混合组成填料床，污水可以在床体的填料缝隙中曲折地流动，或在床体表面流动的洼地中，利用自然生态系统中物理、化学和生物的共同作用来实现对污水的净化。可处理多种工业废水，后又推广应用为雨水处理，形成一个独特的动植物生态环境。

1. 人工湿地法的特点

人工湿地法与传统的污水处理法相比，其优点与特点如下：第一，处理污水高效性；第二，系统组合具有多样性、针对性，能够灵活地进行选择；第三，资少、建设与运营成本低；第四，行操作简便，不需复杂的自控系统；机械、电气、自控设备少，减少人力投入；第五，适合于小流量及间歇排放的废水处理，耐污及水力负荷强，抗冲击负荷性能好；第六，不仅适合于生活污水的处理，对某些工业废水、农业废水、矿山酸性废水及液态污泥也具有较好的净化能力；第七，净化污水的同时美化景观，形成良好生态环境，为野生动植物提供良好的生境。

但也存在明显的不足，如下所列：第一，占地面积相对较大。第二，受气候条件限制大，对恶劣气候条件抵御能力弱。第三，净化能力受作物生长成熟程度的影响大。第四，容易产生淤积、饱和现象，也可能需要控制蚊蝇孳生等。第六，缺乏长期运行系统的详细资料。

2. 人工湿地的类型

人工湿地有两种基本类型，即表层流人工湿地和潜流人工湿地。

（1）表层流人工湿地

也称水面湿地系统（Water Surface Wetland），向湿地表面布水，维持一定的水层厚度，一般为10～30cm，这时水力负荷可达200m³／（hm²·d）；污水中的绝大部分有机物的去除由长在植物水下茎秆上的生物膜来完成。表面流湿地类似于沼泽，不需要沙砾等物质作填料，因而造价较低。但占地大，水力负荷小，净化能力有限。湿地中的氧来源于水面扩散与植物根系传输，系统受气候影响大，夏季易滋生蚊蝇。

（2）水平潜流人工湿地系统

污水从布水沟（管）进入进水区，以水平方式在基质层（填料层）中流动，然后从另一端出水沟流出。污染物在微生物、基质和植物的共同作用下，通过一系列的物理、化学和生物作用得以去除。

（3）垂直潜流人工湿地系统

垂直潜流人工湿地系统采取湿地表面布水，污水经过向下垂直的渗滤，在基质层（填料层）得到净化，净化后的水由湿地底部设置的多孔集水管收集并排出。在垂直潜流人工湿地中污水从湿地表面纵向流向填料床的底部，床体处于不饱和状态，氧可通过大气扩散和植物传输进入人工湿地系统，该系统的硝化能力高于水平潜流湿地，可用于处理氨氮含量较高的污水。其缺点是对有机物的去除能力不如水平潜流人工湿地系统。

（4）复合式潜流湿地

为了达到更好的处理效果或者对脱氮有较高的要求，也可以采用水平流和垂直流组合的人工湿地。

3. 人工湿地系统净化废水的作用机理

人工湿地系统去除水中污染物的作用机理，湿地系统通过物理、化学、生物和植物的综合反应过程将水中可沉降固体、胶体物质、BOD_5、N、P、重金属、难降解有机物、细菌和病毒等去除，显示了强大的多功能净化能力。

（1）物理方面

第一，沉降。可沉降固体在湿地及预处理的酸化（水解）池中沉降去除；可絮凝固体也能通过絮凝沉降去除可同时去除BOD、N、P、重金属、难降解有机物、细菌和病毒。

第二，过滤。通过颗粒间相互引力作用及植物根系的阻截作用使可沉降及可絮凝固体被阻截而去除。

（2）化学方面

第一，沉淀。磷及重金属通过化学反应形成难溶化合物或与难溶解化合物一起沉淀去除。

第二，吸附。磷及重金属被吸附在土壤和植物表面而被去除，某些难降解有机物能通过吸附去除。

第三，分解。通过紫外辐射、氧化还原等反应过程使难降解有机物分解或变成稳定性较差的化合物。

（3）生物方面

微生物代谢，通过悬浮的、底泥的和寄生于植物上的细菌的代谢作用将凝聚性固体、可溶性固体进行分解；通过生物硝化反硝化作用去除氮微生物也将部分重金属氧化并经阻截或结合而被去除。

（4）植物方面

第一，植物代谢。通过植物对有机物的吸收而去除，植物根系分泌物对大肠杆菌和病原体有灭活作用。

第二，植物吸收。相当数量的 N、P、重金属及难降解有机物能被植物吸收而去除。

（5）其他

自然死亡，相当数量的 N、P、重金属及难降解有机物能被植物吸收而去除。

第三节 污水处理工艺

现代污水治理技术，按处理程度划分，可分为一级处理、二级处理和三级处理。一级处理：主要去除污水中呈悬浮状态的固体污染物质，BOD 一般可去除 30% 左右；污水经一级处理后，达不到排放标准；一级处理属于二级处理的预处理。二级处理：主要去除污水中呈胶体和溶解状态的有机污染物质（BOD、COD 物质），去除率超过 90%。污水经二级处理后，通常可使有机污染物达到排放标准。三级处理：进一步处理难降解的有机物、磷和氮等能够导致水体富营养化的可溶性无机物等。

三级处理常用于二级处理后，主要方法有生物脱氮除磷法、混凝沉淀法、砂滤法、活性炭吸附法、离子交换法和电渗析法等。三级处理是深度处理的同义语，但两者又不完全相同。深度处理以污水回收、再用为目的，在一级或二级处理后增加的处理工艺。污水再用的范围很广，从工业上的重复利用、水体的补给水源到成为生活用水等。

工业废水的处理流程，随工业性质、原料、成品及生产工艺的不同而不同，具体处理方法与流程应根据水质与水量及处理的对象，经调查研究或试验后决定。

一、除磷工艺

污水中的磷一般有三种存在形态，即正磷酸盐、聚合磷酸盐和有机磷。经过二级生化处理后，有机磷和聚合磷酸盐已转化为正磷酸盐。它在污水中呈溶解状态，在接近中性的 pH 值条件下，主要以 HPO_4^{2-} 的形式存在。

（一）除磷的方法

去磷的方法主要有石灰凝聚沉淀法、投加凝聚剂法和生物除磷法三类。

1. 石灰凝聚沉淀法

在 OH 存在的条件下，使二级处理水中的溶解性磷酸根以难溶性钙盐沉淀析出。

2. 投加凝聚剂法

向二级处理水中加铝盐、铁盐等，并不增加设施便可除去磷，提高二级处理水质。

3. 生物除磷法

在适宜条件下，微生物能过量地在体内贮磷，称为过量摄取；溶解氧高的时候，微生物对磷的摄取速度增大；硝化过程比较弱时，磷去除速度提高；污泥平均停留时间短，磷去除率高。

（二）生物除磷

废水中磷的存在形态取决于废水的类型，最常见的是磷酸盐（$H_2PO_4^-$、HPO_4^{2-}、PO_4^{3-}）聚磷酸盐和有机磷。常规二级生物处理的出水中，90%左右的磷以磷酸盐的形式存在。

生物除磷主要由一类统称为聚磷菌的微生物完成，其基本原理包括厌氧放磷和好氧吸磷过程。一般认为，在厌氧条件下，兼性细菌将溶解性BOD_5转化为低分子挥发性有机酸（VFA）。聚磷菌吸收这些VFA或来自原污水的VFA，并将其运送到细胞内，同化成胞内碳源存储物（PHB / PHV），所需能量来源于聚磷水解以及糖的酵解，维持其在厌氧环境生存，并导致磷酸盐的释放；在好氧条件下，聚磷菌进行有氧呼吸，从污水中大量地吸收磷，其数量大大超出其生理需求，通过PHB的氧化代谢产生能量，用于磷的吸收和聚磷的合成，能量以聚合磷酸盐的形式存储在细胞内，磷酸盐从污水中得到去除；同时合成新的聚磷菌细胞，产生富磷污泥，将产生的富磷污泥通过剩余污泥的形式排放，从而将磷从系统中除去。聚磷菌（PAO）的作用机理，NADH和PHB分别表示糖原酵解的还原性产物和聚-β-羟基丁酸。聚磷菌以聚-β-羟基丁酸作为其含碳有机物的贮藏物质。反应方程式如下。

聚磷菌摄取磷：

$$C_2H_4O_2 + NH_4^+ + O_2 + PO_4^{3-} \rightarrow C_5H_7NO_2 + CO_2 +$$
$$\left(HPO_3\right)（聚磷）+ OH^- + H_2O$$

聚磷菌释放磷：

$$C_2H_4O_2 + \left(HPO_3\right)（聚磷）+ H_2O \rightarrow \left(C_2H_4O_2\right)_2$$
$$（贮存的有机物）+ PO_4^{3-} + 3H^+$$

（三）A^2/O除磷工艺

1. A^2/O生物除磷工艺特点

工艺流程简单，无混合液回流，其基建费用和运行费用较低，同时厌氧池能保持良好的厌氧状态。在反应池内水力停留时间较短，一般为3～6h，其中厌氧池1～2h，好氧池2～4h。沉淀污泥含磷率高，一般（2.5～4）%左右，去污泥效果好。

2. A^2/O同步脱氮除磷的改进工艺

对于A^2/O同步脱氮除磷工艺，很难同时取得较好的脱氮除磷效果。为此人们在其基础上进行了改良，以提高出水水质。A^2/O同步脱氮除磷的改良工艺包括UCT工艺、MUCT工艺和OWASA工艺等。

（1）UCT工艺

UCT（University of Cape Town，简称UCT）工艺（图4-88）将回流污泥首先回流至缺氧段，回流污泥带回的NO_3^--N在缺氧段被反硝化脱氮，然后将缺氧段出流混合液一部分再回流至厌氧段，这样就避免了NO_3^--N对厌氧段聚磷菌释磷的干扰，提高了磷的去除率，也对脱氮没有影响，该工艺对氮和磷的去除率都大于70%。

（2）MUCT工艺

MUCT工艺是UCT工艺的改良工艺，MUCT工艺将UCT工艺的缺氧段一分为二，使之形成二套独立的混合液内回流系统，从而有效地克服了 UCT 工艺二套混合液内回流交叉的缺点。

（四）Phostrip 工艺

Phostrip 工艺流程，废水经曝气气池去除 BOD_5 和 COD，同时在好氧状态下过量地摄取磷。在二沉池中，含磷污泥与水分离，回流污泥一部分回流至曝气池，而另一部分分流至厌氧除磷池。由除磷池流出的富磷上清液进入化学沉淀池，投加石灰形成 $Ca_3(PO_4)_2$ 不溶沉淀物，通过排放含磷污泥去除磷。

Phostrip 工艺把生物除磷和化学除磷结合到一起，与 A／O 工艺系统相比具有以下优点：第一，出水总磷浓度低，小于 1mg／L。第二，回流污泥中磷含量较低，对进水 P／BOD 无特殊限制，即对进水水质波动的适应性较强。第三，大部分磷以石灰污泥的形式沉淀去除，因而污泥的处置不像高磷剩余污泥那样复杂。第四，Phostrip 工艺还比较适合于对现有工艺的改造。

（五）Phoredox 工艺

在 Phoredox 工艺中，厌氧池可以保证磷的释放，从而保证在好氧条件下有更强的吸磷能力，提高除磷效果。由于由两级 A／O［（AP／AN／O）和（AN／O）］工艺串联组合，脱氮效果好，则回流污泥中挟带的硝酸盐很少，对除磷效果影响较小，但该工艺流程较复杂。

二、除氮工艺

（一）除氮原理

污水中的氮常以含氮有机物、氨、硝酸盐及亚硝酸盐等形式存在，目前采用的除氮原理有生物硝化脱氮、脱氨除氮、氯化除氮等，它们的原理及特点如下：

1. 生物硝化脱氮

（1）原理

污水中的氨态氮和由有机氮分解而产生的氨态氮，在好氧条件下被亚硝酸和硝酸菌作用，氧化成硝酸氮。

（2）特点

可去除多种含氮化合物，总氮去除率可达 70%～95%，处理效果稳定，不产生二次污染且比较经济；但占地面积大，低温时效率低，易受有毒物质的影响，且运行管理较麻烦。

2. 脱氨除氮

（1）原理

以石灰为碱剂，使污水的 pH 值提高到 10 以上，使污水中的氮主要是呈游离氨的形态，逸出散到空气中。

（2）特点

去除率可达 65%～95%，流程简单，处理效果稳定，基建费和运行费较低，可处理高浓度含氨污水；但气温低时效率随之降低，且逸出的氨对环境产生二次污染。

3. 氯化除氮

（1）原理

先把原水 pH 值调到 6～7，加氯或次氯酸钠，则原水中的氨变成氮。

（2）特点

氨氮去除率可达 90%～100%，处理效果稳定，不受水温影响，基建费用不高，不产生污泥，并兼有消毒作用，使氮气又回到大气中；但运行费用高，产生的氯代有机物须进行后处理。

（二）活性污泥法脱氮传统工艺

1. 三级生物脱氮工艺

第一级曝气池为一般的二级处理曝气池，其主要功能是去除 BOD、COD，使有机氮转化，形成 NH_3、NH_4^+，完成氨化过程。经沉淀后，BOD_5 降至 15～20mg／L 的水平。

第二级硝化曝气池，在这里进行硝化反应，因硝化反应消耗碱度，因此需要投碱。

第三级为反硝化反应器，在这里还原硝酸根产生氮气，这一级应采取厌氧缺氧交替的运行方式。投加甲醇（CH3OH）为外加碳源，也可引入原污水作为碳源。

甲醇的用量按下式计算：

$$C_m = 2.47\left[NO_3^- - N\right] + 1.53\left[NO_2^- - N\right] + 0.87DO$$

公式中，C_m 为甲醇的投加量，mg／L；$\left[NO_3^- - N\right]$、$\left[NO_2^- - N\right]$ 分别为硝酸氮、亚硝酸氮的浓度，mg／L；DO 为水中溶解氧的浓度，mg／L。

这种系统的优点是有机物降解菌、硝化菌、反硝化菌，分别在各自的反应器内生长，环境条件适宜，而且各自回流在沉淀池分离的污泥，反应速度快而且比较彻底。但处理设备多，造价高，管理不方便。

2. 两级生物脱氮工艺

将 BOD 去除和消化两道反应过程放在同一的反应器内进行便形成了两级生物脱氮工艺。

（三）A／O 工艺

A／O 工艺为缺氧-好氧工艺，又称前置反硝化生物脱氮工艺，是目前采用比较广泛的工艺。

当 A／O 脱氮系统中缺氧和好氧在两座不同的反应器内进行时为分建式 A／O 脱氮系统。当 A／O 脱氮系统中缺氧和好氧在同一构筑物内，用隔板隔开两池时为合建式 A／O 脱氮系统。

A／O 工艺的特点有：第一，流程简单，构筑物少，运行费用低，占地少；第二，好氧池在缺氧池之后，可进一步去除残余有机物，确保出水水质达标；第三，硝化液回流，为缺氧池带去一定量的易生物降解有机物，保证了脱氮的生化条件；第四，无须加入甲醇和平衡碱度。

（四）厌氧氨氧化（Anammox）工艺

厌氧氨氧化工艺就是在厌氧条件下，微生物直接以 NH_4^+ 做电子供体，以 NO_2^- 为电

子受体，将 NH_4^+ 或 NO_2^- 转变成 N_2 的生物氧化过程，其反应式为

$$NH_4^+ + NO_2^- \rightarrow N_2 \uparrow + 2H_2O$$

由于 NO_2^- 是一个关键的电子受体，所以 Anammox 工艺也划归为亚硝酸型生物脱氮技术。Sharon-Anammox（亚硝化-厌氧氨氧化）工艺被用于处理厌氧硝化污泥分离液并首次应用于荷兰鹿特丹的 Dokhaven 污水处理厂。厌氧氨氧化反应通常对外界条件（pH 值、温度、溶解氧等）的要求比较苛刻，但这种反应节省了传统生物反硝化的碳源和氨氮氧化对氧气的消耗，因此对其研究和工艺的开发具有可持续发展的意义。

（五）Sharon-Anammox 组合工艺

以 Sharon 工艺为硝化反应，Anammox 工艺为反硝化反应的组合工艺可以克服 Sharon 工艺反硝化需要消耗有机碳源、出水浓度相对较高等缺点。就是控制 Sharon 工艺为部分硝化，使出水中的 NH_4^+ 与 NO_2^- 的比例为 $1:1$，从而可以作为 Anammox 工艺的进水，组成一个新型的生物脱氮工艺，反应式如下：

$$\frac{1}{2}NH_4^+ + \frac{3}{4}O_2 \rightarrow \frac{1}{2}NO_2^- + H^+ + \frac{1}{2}H_2O$$

$$\frac{1}{2}NH_4^+ + \frac{1}{2}NO_2^- \rightarrow \frac{1}{2}N_2 + 2H_2O$$

$$NH_4^+ + \frac{3}{4}O_2 \rightarrow \frac{1}{2}N_2 + H^+ + \frac{3}{2}H_2O$$

Sharon-Anammox 组合工艺，与传统的硝化／反硝化相比，更具明显的优势：减少需氧量 $50\% \sim 60\%$；无须另加碳源；污泥产量很低；高氮转化率 $[6kg / (m^3 \cdot d)]$（Anammox 工艺的氨氮去除率达 98.2%）。

（六）OLAND 工艺

OLAND 工艺（Oxygen Limited Autotrophic Nitrification Denitrification），是由比利时 Gent 微生物生态实验室开发的氧限制自养硝化反硝化工艺。该工艺经过两个过程，以达到氮去除的目的。第一，在限氧条件下，将废水中的 NH_4^+ 氧化为 NO_2^-。第二，在厌氧条件下，将上一过程中生成的 NO_2^- 与剩余的部分 NH_4^+ 发生 ANAMMOX 反应。

该工艺的关键是控制溶解氧，低溶解氧条件下氨氧化菌增殖速度加快，补偿了由于低氧造成的代谢活动下降，使得整个硝化阶段中氨氧化未受到明显影响。低氧下亚硝酸大量积累是由于氨氧化菌对溶解氧的亲和力较亚硝酸盐氧化菌强。氨氧化菌氧饱和常数一般为 $0.2 \sim 0.4mg / L$，亚硝酸盐氧化菌则为 $1.2 \sim 1.5mg / L$。

此技术核心是通过严格控制 DO，使限氧亚硝化阶段进水 NH_4^+-N 转化率控制在 50%，进而保持出水中 NH_4^+-N 与 NO_2^--N 的比值在 $1:(1.2 \pm 0.2)$。反应式如下：

$$\frac{1}{2}NH_4^+ + \frac{3}{4}O_2 \rightarrow \frac{1}{2}NO_2^- + \frac{1}{2}H_2O + H^+$$

$$\frac{1}{2}NH_4^+ + \frac{1}{2}NO_2^- \rightarrow \frac{1}{2}N_2 + H_2O$$

总反应即

$$NH_4^+ + \frac{3}{4}O_2 \rightarrow \frac{1}{2}N_2 + \frac{3}{2}H_2O + H^+$$

OLAND工艺与传统生物脱氮相比可以节省62.5%的氧量和100%的电子供体，但它的处理能力还很低。

三、脱氮除磷工艺

（一）巴颠甫（Bardenpho）工艺

本工艺是以高效率同步脱氮、除磷为目的而开发的一项技术，可称其为 A^2 / O^2 工艺。

从此工艺可以看出：各种反应在系统中都进行了两次或两次以上；各反应单元都有其主要功能，并兼有其他功能，因此本工艺脱氮、除磷效果好，脱氮率达90%～95%，除磷率97%以上。本工艺的缺点是：工艺复杂，反应器单元多，运行烦琐，成本高。

（二）生物转盘同步脱氮除磷工艺

在生物转盘系统中补建某些补助设备后，也可以有脱氮除磷功能，经预处理后的污水，在经两级生物转盘处理后，BOD已得到部分降解，在后二级的转盘中，硝化反应逐渐强化，并形成亚硝酸氮和硝酸氮。其后增设淹没式转盘，使其形成厌氧状态，在这里产生反硝化反应，使氮以气体形式逸出，以达到脱氮的目的。

（三）厌氧-氧化沟

厌氧池和氧化沟结合为一体的工艺，在空间顺序上创造厌氧、缺氧、好氧的过程，以达到在单池中同时生物脱氮除磷的目的。

氧化沟工艺的设计运行参数为SRT为20～30d，MLSS为2000～4000mg／L；总HRT为18～30h；回流污泥占进水平均流量的50%～100%。

（四）A_2N-SBR双污泥脱氮除磷系统

基于缺氧吸磷的理论而开发的 A_2N（Anaerobic Anoxic Nitrification）-SBR连续流反硝化除磷脱氮工艺，是采用生物膜法和活性污泥法相结合的双污泥系统。

与传统的生物除磷脱氮工艺相比较，A_2N 工艺具有"一碳两用"、节省曝气和回流所耗费的能量少、污泥产量低以及各种不同菌群各自分开培养的优点。A_2N 工艺最适合碳氮比较低的情形，颇受污水处理行业的重视。

第四节　污水再生利用

人口的增长增加了对水的需求，也加大了污水的产生量。考虑到水资源是有限的，在这种情况下，水的再生利用无疑成为贮存和扩充水源的有效方法。此外，污水再生利用工程的实施，不再将处理出水排放到脆弱的地表水系，这也为社会提供了新的污水处理方法和污染减量方法。因此，正确实施非饮用性污水再生利用工程，可以满足社会对水的需求而不产生任何已知的显著健康风险，已经被越来越多的城市和农业地区的公众所接收和认可。

一、回用水源

回用水源应以生活污水为主，尽量减少工业废水所占的比重。因为生活污水水质稳定，有可预见性，而工业废水排放时污染集中，会冲击再生处理过程。

城市污水水量大，水质相对稳定。就近可得，易于收集，处理技术成熟，基建投资比远距离引水经济，处理成本比海水淡化低廉。因此当今世界各国解决缺水问题时，城市污水首先被选为可靠的供水水源进行再生处理与回用。

在保证其水质对后续回用不产生危害的前提下，进入城市排水系统的城市污水可作为回水水源。当排污单位排水口污水的氯化物含量＞500mg／L，色度＞100（稀释倍数），铵态氮含量＞100mg／L，总溶解固体含量＞1500mg／L时，不宜作为回用水源。其中氯离子是影响回用的重要指标，因为氯离子对金属产生腐蚀，所以应严格控制。

二、再生水利用方式

再生水利用有直接利用和间接利用两种方式。直接利用是指由再生水厂通过输水管道直接将再生水送给用户使用；间接利用就是将再生水排入天然水体或回灌到地下含水层，从进入水体到被取出利用的时间内，在自然系统中经过稀释、过滤、挥发、氧化等过程获得进一步净化，然后再取出供不同地区用户不同时期使用。直接利用通常有三种方式：第一，敷设再生水供水管路，与城市供水管网形成双供水系统，一部分供给工业作为低质用水使用，另一部分供给城市绿化和景观水体使用。第二，大型公共建筑和住宅楼群的污水，就地处理，循环再用。第三，由再生水厂敷设专用管道供大工厂使用。

三、水资源再生利用途径

水资源再生利用到目前为止已开展60多年，再生的污水主要为城市污水。参照国内外水资源再生利用的实践经验，再生水的利用途径可以分为城市杂用、工业回用、农业回用、景观与环境回用、地下水回灌以及其他回用等几个方面。

（一）城市杂用

再生水可作为生活杂用水和部分市政用水，包括居民住宅楼、公用建筑和宾馆饭店等冲洗厕所、洗车、城市绿化、浇洒道路、建筑用水、消防用水等。

在城市杂用中，绿化用水通常是再生水利用的重点。在美国的一些城市，资料表明普通家庭的室内用水量：室外用水量=1：3.6，其中室外用水主要是用于花园的绿化。如果能普及自来水和杂用水分别供水的"双管道供水系统"，则住宅区自来水用量可减少78%。我国的住宅区绿化用水比例虽然没有这么高，但也呈现逐年增长的趋势。在一些新开发的生态小区，绿化率可高达40%～50%，这就需要大量的绿化用水，约占小区总用水量的1／3或更高。

城市污水回用于生活杂用水可以减少城市污水排放量，节约资源，利于环境保护。城市杂用水的水质要求较低，因此处理工艺也相对简单，投资和运行成本低。因此，再生水城市杂用将是未来城市发展的重要依托。

（二）工业回用

工业用水一般占城市供水量的80%左右。自20世纪90年代以来，世界的水资源短缺和人口增长，以及关于水源保持和环境友好的一系列环境法规的颁布，使得再生水在工业方面的利用不断增加。再生水回用于工业，主要是指为以下用水提供再生水。此外，厂区绿化、浇洒道路、消防与除尘等对再生水的品质要求不是很高，也可以使用回用水。但也要注意降低再生水内的腐蚀性因素。

（三）农业回用

农业灌溉是再生水回用的主要途径之一。再生水回用于农业灌溉，已有悠久历史，到目前，是各个国家最为重视的污水回用方式。

农业用水包括食用作物和非食用作物灌溉、林地灌溉、牧业和渔业用水，是用水大户。城市污水处理后用于农业灌溉，一方面可以供给作物需要的水分，减少农业对新鲜水的消耗；另一方面，再生水中含有氮、磷和有机质，有利于农作物的生长。此外，还可利用土壤—植物系统的自然净化功能减轻污染。

农业灌溉用水水质要求一般不高。一般城市污水要求的二级处理或城市生活污水的一级处理即可满足农灌要求。除生食蔬菜和瓜果的成熟期灌溉外，对于粮食作物、饲料、林业、纤维和种子作物的灌溉，一般不必消毒。就回用水应用的安全可靠性而言，再生水回用于农业灌溉的安全性是最高的，对其水质的基本要求也相对容易达到。再生水回用于农业灌溉的水质要求指标主要包括含盐量、选择性离子毒性、氮、重碳酸盐、pH值等。

再生水用于农业应按照农灌的要求安排好再生水的使用，避免对污灌区作物、土壤和地下水带来不良影响，取得多方面的经济效益。

（四）景观和环境回用

这里所说的景观与环境回用是指有目的地将再生水回用到景观水体、水上娱乐设施等，从而满足缺水地区对娱乐性水环境的需要。用于景观娱乐和生态环境用水主要包括以下几个方面：第一，供游泳和滑水的娱乐湖，供钓鱼和划船的娱乐湖。第二，天然河道中增加流量和流动的用水。第三，公园或街心公园中公众不能接近的湖。第四，改善和修复现有湿地，建立作为野生动物栖息地和庇护所的湿地等。由再生水组成的两类景观水体中的水生动物、植物仅可观赏，不得食用；含有再生水的景观水体不应用于游泳、洗浴、饮用和生活洗涤。

（五）地下水回灌

地下回灌是扩大再生水用途的最有益的一种方式。地下水回灌包括天然回灌和人工回灌，回灌方式有三种。

1. 直接地表回灌

包括漫灌、塘灌、沟灌等，即在透水性较好的土层上修建沟渠、塘等蓄水建筑物，利用水的自重进行回灌，是应用最广泛的回用方式。

2. 直接地下回灌

即注射井回灌，它适合于地表土层透水性较差或地价昂贵，没有大片的土地用于蓄水，或要回灌承压含水层，或要解决寒冷地区冬季回灌越冬问题等情况。

3. 间接回灌

通过河床利用水压实现污水的渗滤回灌，多用于被严重污染的河流。

4. 城市污水处理后回用于地下水回灌的目的

（1）减轻地下水开采与补给的不平衡

减少或防止地下水位下降、水力拦截海水及苦咸水入渗，控制或防止地面沉降及预防地震，还可以大大加快被污染地下水的稀释和净化过程。将地下含水层作为储水池（贮存雨水、洪水和再生水），扩大地下水资源的储存量。

（2）利用地下流场可以实现再生水的异地取用

利用地下水层达到污水进一步深度处理的目的。可见，地下回灌溉是一种再生水间接回用方法，又是一种处理污水方法。再生水回用于地下水回灌，其水质一般应满足以下一些条件：首先，要求再生水的水质不会造成地下水的水质恶化；其次，再生水不会引起注水井和含水层堵塞；最后，要求再生水的水质不腐蚀注水系统的机械和设备。

（六）其他回用

再生水除了上述几种主要的回用方式外，还有其他一些回用方式。

1. 回用于饮用

污水回用作为饮用水，有直接回用和间接回用两种类型。

（1）直接回用于饮用

必须是有计划的回用，处理厂最后出水直接注入生活用水配水系统。此时必须严格控制回用水质，绝对满足饮用水的水质要求。

（2）间接回用

是在河道上游地区，污水经净化处理后排入水体或渗入地下含水层，然后成为下游或当地的饮用水源。

2. 建筑中水

建筑中水是指单体建筑、局部建筑楼群或小规模区域性的建筑小区各种排水，经适当处理后循环回用于原建筑物作为杂用的供水系统。

在使用建筑中水时，为了确保用户的身体健康、用水方面和供水的稳定性，适应不同的用途，通常要求中水的水质条件应满足以下几点：不产生卫生上的问题；在利用时不产生故障；利用时没有嗅觉和视觉上的不快感；对管道、卫生设备等不产生腐蚀和堵塞等影响。

第八章 土壤污染及其防治

第一节 土壤污染概述

一、土壤的基本结构及特性

土壤是指位于地球陆地表面和浅水域底部的具有一定肥力且能生长植物的疏松层位。它是由岩石风化和成土过程等因素长期作用的产物。作为一种重要的自然环境要素，土壤不仅为植物提供必需的水分和营养物质，而且也为地球上的动物和人类提供赖以生存的栖息场所。土壤位于大气圈、水圈、生物圈、岩石圈和智慧圈之间的交叉地带，是联系有机界和无机界的中心环节，也是联系各环境要素的纽带，因而土壤系统成为自然要素中物质和能量迁移转化最复杂而又频繁的场所。

（一）土壤的结构与组成

1. 土壤的剖面构型

自然界的土壤是一个在时间上处于动态、在空间上具有垂直和水平方向变异的三维连续体。土壤环境自地面垂直向下，是由一些不同形态特征的层次（土壤发生层）构成的，该土壤垂直断面称为土壤剖面构型。它是土壤最重要的形态特征，不同的土壤类型有着不同的剖面构型。依据土壤剖面中物质迁移转化和累积的特点，一个发育完整的典型土壤剖面自上而下由A、B、C等层位构成，其中，A层（表土层，又称腐殖质表层）是有机质的积聚层和物质淋溶层；B层（心土层或称淀积层）是由A层向下淋溶物质所形成的淀积层或聚积层，其淀积物质随气候和地形条件的不同而异，如在热带、亚热带湿润条件下堆积物以氧化铁和氧化铝为主，在温带湿润区以黏粒为主，在温带半干旱区则以碳酸钙、石膏为主，在地下水较浅的区域则以铁锰氧化物为主。A层、B层合称为土体层。土体层的下部则逐渐过渡到轻微风化的地质沉积层或基岩层，土壤学上称之为母质层（即C层）或母岩层（D层）。上述各土层的物质组成及性质均存在很大差异，在垂向上构成了一个复杂的非均匀物质体系。

2. 土壤的组成

土壤是一个复杂的多相物质体系，包括固、液、气三相，且疏松多孔。土壤的固相部分包括土壤矿物质和土壤有机质。其中，矿物质占土壤固体总重的90%以上，一般可耕性土壤中有机质占土壤固体总重的5%左右，且绝大部分集中土壤表层（即A层）。土壤液相指土壤中的水分及水溶物。土壤气相是指土壤孔隙中存在的多种气体的混合物。

按容积计，较理想的土壤中矿物质成分占38%～45%，有机质占2%～5%，土壤孔隙约占50%左右，土壤溶液和空气存在于土壤孔隙内，三相之间经常变动而相互消长。此外，土壤中还有数量众多的微生物和土壤动物等。

（1）土壤矿物质

土壤矿物质又称土壤无机物，主要来自成土母质，是土壤的主要组成物质。土壤矿物质构成了土壤的"骨骼"，它对土壤的矿质元素含量、土壤的结构、性质和功能影响甚大。按照成因可将土壤矿物质分为原生矿物质和次生矿物质两大类。原生矿物质是由各种岩石受到不同程度的物理风化而未经化学风化的碎屑物，是土壤中各种化学元素的最初来源，原生矿物质可向土壤中的水分供给可溶性成分，并为植物生长发育提供矿质营养元素，如磷、钾、硫、钙、镁和其他微量元素。原生矿物质主要包括硅酸盐和铝硅酸盐类、氧化物类、硫化物磷酸盐类等；次生矿物质则指岩石化学风化和成土过程中新形成的矿物。次生矿物质颗粒细小，具有胶体特性，是土壤颗粒中性质最为活跃的部分，土壤的黏结性、膨胀性、吸收性、保蓄性等性质都与其关系密切。土壤中次生矿物质主要包括各种矿物盐类、铁铝氧化物类以及次生黏土矿物类。次生黏土矿物如伊利石类、蒙脱石类、高岭石类等都是土壤环境矿物质组成中重要的矿物成分。

（2）土壤有机质

土壤有机质是土壤中有机化合物的总称，它是土壤重要的组成成分和土壤肥力的物质基础，也是土壤形成发育的主要标志。土壤有机质主要包括腐殖质、糖类、木质素、有机氮、脂肪、有机磷等，其中腐殖质是土壤有机质的主要成分，约占有机质总量的50%～65%（质量分数），是土壤微生物利用动植物残体及其分解产物重新合成的一类高分子有机化合物，也是土壤特有的有机物。

（3）土壤液相

土壤中的液相（溶液）主要来自大气降水和灌溉。在地下水位较浅的情况下，地下水也是上层土壤水分的重要来源。此外，空气中水蒸气冷凝也会成为土壤水分。土壤水分并非纯水，而是土壤中各种成分溶解形成的复杂溶液，含有 K^+、Ca^{2+}、Mg^{2+}、Na^+、HCO_3^- 等离子以及有机物，同时各种有机、无机污染物也可能存在于土壤液相中，土壤液相既是植物养分的主要媒介，也是进入土壤中的污染物向其他环境要素（大气、水、生物）迁移的媒介。

（4）土壤气相

土壤液相和气相均存在于土壤孔隙中，土壤气相（空气）只有不足10%的充气毛细孔隙是与大气隔绝的，其余的均与大气相连通。因此，土壤气相成分主要来自大气，组成与大气基本相似，但又存在着明显的差异土壤气相中 CO_2 含量远比大气中的含量高。大气中 CO_2 含量为0.02%～0.03%（体积分数），而土壤中一般为0.15%～0.65%

（体积分数），甚至高达 5%（体积分数），这主要是来自生物呼吸及各种有机质分解。土壤中 O 含量则低于大气，这是由于土壤中耗氧细菌的代谢、植物根系的呼吸及种子发芽等因素所致。另外，土壤气相中的水蒸气含量一般比大气高得多，并含有少量的还原性气体，如 H_2S、H_2、NH_3、CH_4 等，这是由于土壤中生物化学作用的结果。一些醇类、酸类以及其他挥发性物质也通过挥发进入土壤。如果是被污染的土壤，土壤空气中还可能存在某些污染物。最后，土壤气相是不连续的，存在于相互隔离的孔隙中，这导致土壤气相的成分在土壤各处均不相同。

3. 土壤的机械组成与结构

自然界的土壤都是由大小不同的矿物颗粒按照不同的比例组合而成。土壤中各矿物颗粉粒和黏粒所占的相对比例或质量分数叫作土壤矿物质的机械不同土壤的机械组成各不相同，根据土壤中各粒级的比例组成可将黏壤土和黏土等四种不同的质地。但实际上，土壤中矿物颗粒并不除砂粒和部分粗颗粒以外，大都是互相聚合在一起，形成较大的复粒或团聚体颗粒。土壤内部空间也并没有完全被土壤颗粒所填满，而是存在很多形状、大小各不相同的孔隙。自然状态下，土壤的总孔隙度在 50% 左右。一般把土壤颗粒（包括单独颗粒、复粒合团聚体）的空间排列方式、稳定程度、孔隙的分布和结合的状况称为土壤结构。良好的土壤结构往往具有通气、保水、保肥等特点，有利于植物根系的活动，土壤结构和机械组成，决定了土壤的孔隙状况，从而成为影响土壤水分、温度状况的主要因素。

总之，土壤环境是一个复杂多变的环境要素，土壤环境不仅是由多相物质、多土层组成的非均匀疏松多孔体系，而且在土壤环境内部及其与其他环境要素之间都存在着复杂的物质和能量的迁移和转化。

（二）土壤的特性

土壤作为人类社会赖以生存和发展的重要自然资源，其最大特性之一就是具有肥力所谓土壤肥力就是指土壤具有连续不断地供应植物生长所需要的水分和营养元素，以及协调土壤空气和温度等环境条件的能力。按照土壤肥力产生的原因可将其分为自然肥力和人工肥力（或经济肥力）。土壤的自然肥力是在自然成土因素（如生物、气候、母岩或母质、地形地貌、水文和时间）的共同作用下，由自然成土过程形成的；而人工肥力则是在人为活动（如种植、耕作、施肥、灌溉和改良土壤措施等）影响下产生的。对于农业土壤而言，土壤所表现出的肥力水平，实际是自然肥力和人工肥力的综合体现土壤肥力在合理利用的情况下，是可以维护、更新和不断提高的。因此，土壤属于可更新（或再生性）自然资源。

此外，土壤还具有同化和代谢外界输入物质的能力，亦即土壤具有净化能力。它能够消纳一部分污染物质，减少其对土壤环境的污染。

二、土壤环境元素背景值和土壤环境容量

（一）土壤环境元素背景值

土壤环境元素背景值或简称土壤环境背景值，是指在未受或少受人类活动（特别

是人为污染）影响时的土壤环境本身的化学元素组成及元素的自然含量。土壤环境背景值是在自然成土因素综合作用下成土过程的产物。因此，它不仅是自然成土因素，也是土壤形成过程的函数。因而无论是空间上的区域差异，或是在时间上处于不同形成发育阶段的不同土壤类型的土壤环境背景值的变异都很大，故土壤环境背景值是统计性的范围值、平均值或中位值，而不是简单的一个确定值。通常以一个国家或地区的土壤中某化学元素的平均含量为背景，与污染区土壤中同一元素的平均含量进行对比。需要指出的是，目前在全球已难于找到绝对不受人类活动影响的地区和土壤，因而，现在所获得的土壤环境背景值，仅代表远离污染源的、尽可能少受人类活动污染影响的具有相对意义的一个数值。尽管如此，土壤环境背景值仍然是我们研究土壤环境污染和土壤生态，进行土壤环境质量评价和管理，确定土壤环境容量、制定土壤环境标准，以及研究污染元素和化合物在土壤中化学行为的重要参考标准（或本底值）和依据。

（二）土壤环境容量

土壤环境容量是指土壤环境单元所容纳的污染物质的最大数量或负荷量。土壤环境容量是以土壤容纳污染物后不致使生态环境遭到破坏，特别是其生产的农产品不被污染为依据而确定的。土壤环境容量具有以下特点：

（1）具有限制性，即土壤接纳污染物的数量或负荷量不能超过自身的自净能力，超过就会造成土壤污染且失去自调控能力。

（2）与土壤理化性密切相关，即土壤环境容量大小主要由土壤理化性质决定。

（3）种类相关性，即土壤环境容量大小与污染物种类有关。

（4）动态变化性，即一般的自然土壤环境容量具有动态变化性，不是一成不变的。

综上所述，土壤环境元素背景值和土壤环境容量都是评价土壤环境质量和治理土壤污染的重要参数，对评价土壤污染及其防治具有重要指导意义。

第二节　土壤环境污染及其防治

一、土壤环境污染及其影响因素

（一）土壤污染的特点

土壤环境污染又称土壤污染，是指人类活动或自然因素产生的污染物，通过多种不同的途径进入土壤环境中，其数量和速度超过了土壤的容纳、净化能力，导致土壤性状发生改变，土壤环境质量下降，影响作物的正常生长发育和产品质量，并进而对人畜健康造成危害的现象。

从上述定义不难看出，土壤环境污染不仅指污染物含量的增加，还要造成一定的不良后果，才能称之为污染。因此，评价土壤污染时，既要考虑土壤的环境背景值，还要考虑作物中有害物质的含量、生物反应和对人畜健康的影响。有时污染物含量虽然超过背景值，但并未影响作物正常生长，也未在作物体内积累；有时土壤污染物含量虽然较低，但由于某种作物对某些污染物的富集能力特别强，反而会使作物体内的污染物达到了污染程度。

土壤污染与水污染不同，其污染往往是无声无息的，无法通过气味和颜色由感官来加以识别，因而在很多情况下人们已深受其害却浑然不觉。土壤污染具有以下特点：

1. 隐蔽性和滞后性

土壤污染是污染物在土壤中长期积累的过程，一般要通过对土壤样品和农作物进行分析化验和质量监测，并对摄食的人或动物进行健康检查才能揭示出来，土壤从产生污染到其危害被发现具有一定的隐蔽性和滞后性，不像大气和水污染那样易为人们所察觉。

2. 累积性和地域性

污染物在土壤中的扩散与稀释并不像在水体及大气中那样便捷，因而容易不断积累而达到很高的浓度，并且是土壤污染具有很强的地域性特点。

3. 不可逆性

污染物进入土壤环境后，便与复杂的土壤组成物质发生一系列的迁移转化作用，很多污染作用为不可逆的过程，污染物最终大多形成难溶化合物沉积在土壤中，很难通过自然过程从土壤环境中稀释或消除，对生物体的危害和对土壤生态系统的影响不易恢复。

4. 治理难且周期长

土壤一旦被污染，即使切断污染源也很难自我修复，必须采取各种有效的治理技术才能消除污染。从现有的各种土壤污染治理方法来看，普遍存在着治理成本较高或治理周期过长等不足。

（二）土壤污染物的种类

根据土壤污染物的化学性质，可将其划分为以下几个类别：

1. 化学型

化学型污染物包括有机污染物和无机污染物。有机污染物主要是指农药（如有机氯类、有机磷类、苯氧羟酸和苯酰胺类）、化肥、酚、氰化物、3，4苯并芘、石油、有机洗涤剂、塑料薄膜等；无机污染物包括重金属（Pb、Cd、Hg、Cu、Zn、Ni、As、Se）、酸、碱和盐类物质。

2. 生物型

生物型污染物指外源性有害生物种群侵入土壤环境，并大量繁殖，使土壤生态平衡遭到破坏，对土壤生态系统和人体健康造成不良影响。如，由于使用未经消毒处理的粪便、垃圾、城市污水和污泥等都有可能造成土壤生物污染。有些病原体还可以长期存活于土壤中危害植物，并最终影响植物产品的产量和质量。

3. 放射性污染型

系指人类活动排放出的放射性污染物，使土壤放射性水平高于自然本地值。如核试验产生的放射性物质的沉降、放射性废水的排放、放射性固体废物的土地处理、核电站或其他核设施的核泄漏（如切尔诺贝利核电站泄漏事故）等都有可能造成土壤的放射性污染。

（三）土壤污染的类型

根据土壤环境中主要污染物的来源和污染传播途径的不同，可将土壤污染划分为下列几种类型：

1. 水质污染型

主要是工业废水、城市生活污水和受污染的地表水体，经由污灌而造成的土壤污染。其特点是污染物集中于土壤表层，但随着污灌时间的延长，某些可溶性污染物可由表层逐渐向心土层、底土层扩展，甚至通过渗透到达地下潜水层。这是土壤环境污染的最重要类型，它的特点是污染土壤一般沿河流、灌溉干、支渠呈树枝状或片状分布。

2. 大气污染型

大气污染物通过干、湿沉降过程污染土壤。如大气气溶胶中的重金属、放射性元素、酸性物质等土壤的污染作用。其特点是污染土壤以大气污染源为中心呈扇形、椭圆形或条带状分布，长轴沿主导风向伸长，其污染面积和扩散距离，取决于污染物的性质、排放量和排放形式。

3. 固体废物污染型

固体废物主要包括工矿业废弃物（如废渣、煤矸石、粉煤灰等）、城市生活垃圾和污泥等。固体废物的堆积、掩埋、处理不仅直接占用大量耕地，而且通过大气迁移、扩散、沉降或降水淋溶、地表径流等污染周边土壤。其污染特点属点源型，其污染物的种类和性质都比较复杂，主要造成土壤环境的重金属污染及油类和某些有毒有害有机物的污染。随着工业化和城市化的发展，该型污染有日渐扩大之势。

4. 农业污染型

是指由于农业生产的需要而不断地施用化肥、农药、城市垃圾堆肥、污泥等所引起的土壤环境污染。主要污染物为化学农药、重金属以及N、P富营养化污染物等。污染物主要集中于耕作表层，其分布较为广泛，属于面源污染。

5. 生物污染型

是指由于向农田施用垃圾、污泥、粪便或引入医院、屠宰场废水及生活污水未经过消毒灭菌，从而使土壤环境遭受病原菌等微生物的污染。

6. 综合污染型

土壤污染往往是由多个污染源和多条污染途径同时造成的，对于同一区域受污染的土壤，其污染源可能同时来自受污染的地表水体、大气，甚至同时还要遭受固体废弃物、农药、化肥的污染。因此，土壤污染往往是综合污染型的。但对于一个地区或区域的土壤来说，可能是以一种或两种污染类型为主。

（四）土壤环境污染的影响因素

（1）土壤环境污染的发生与发展，决定于人类从事生产活动过程中所排放的"三废"及在日常生活活动中排放出的废弃物总量。随着全球人口数量的增长和工业的发展，人类向自然界索取的物质越来越多，同时排放出的废弃物，尤其是工业领域产生的废水、废气、废渣日益增多，对土壤环境污染的影响更为突出。

（2）土壤环境污染的发生与发展还与当地的灌溉、施肥制度、农药施用方式及城市生活垃圾、污泥施用过程中是否按规定的标准和方法进行有关。不恰当的灌溉与施药、施肥制度，不正确地施用农药、污泥、垃圾等是造成土壤环境污染的又一重要因素。

（3）由于不同污染物在土壤环境中的迁移、转化、降解、残留的规律不同，因此，对土壤环境造成的威胁与危害程度也会不同。所以，土壤环境污染的发生与发展，还取决于污染物的种类及性质。在诸多土壤环境污染物中，直接或潜在威胁最大的是重金属元素和某些化学农药。

（4）土壤环境污染的发生与发展，还受到土壤类型和性质以及土壤生物、栽培作物种类等因素的影响。不同的土壤类型，由于其组成、结构、性质的差异，对同一污染物的缓冲与净化能力就会有所差别。此外，不同的土壤生物种群和栽培作物，对污染物的降解、吸收、残留、积累等均有差异。因此，即使污染物的输入量相同，土壤环境污染的发生与发展速度也有差异。

二、土壤污染的修复与综合防治

污染土壤修复的目的在于降低土壤中污染物的浓度，固定土壤污染物并将土壤污染物转化成毒性较低或无毒的物质，阻断土壤污染物在生态系统中的转移途径，从而减小土壤污染物对环境、人体或其他生物体的危害。欧美等发达国家已经对污染土壤的修复技术做了大量的研究，建立了适用于各种常见有机和无机污染物污染土壤的修复方法，并不同程度地应用于污染土壤修复的实践中。

污染土壤修复技术根据其位置变化与否可分为原位修复技术和异位修复技术（又称易位或非原位修复技术）。原位修复技术指对未挖掘的土壤进行治理的过程，对土壤没有扰动，这是目前欧洲最广泛采用的技术。异位修复技术指对挖掘后的土壤进行处理的过程。按照操作原理，污染土壤修复技术可分为物理修复技术、化学修复技术、生物修复技术和植物修复技术等四大类。其中，生物修复技术具有成本低、处理效果好、环境影响小、无二次污染等优点，发展前景良好。

（一）物理修复技术

物理修复技术作为一大类污染土壤修复技术，近年来在国内外（尤其是欧美发达国家）受到了前所未有的重视，也得到了全方位的发展。物理修复技术包括土壤蒸气提取技术、固化/稳定化修复技术、玻璃化技术、热处理技术、电动力学修复技术、稀释和覆土等。

1. 土壤蒸气提取技术（SVE）

土壤蒸气提取技术是一种通过布置在不饱和土壤层中的提取井，利用真空向土壤导入空气，空气流经土壤时，挥发性和半挥发性有机物随空气进入真空井而排出土壤，土壤中的污染物浓度因而降低的技术。

该技术有时也被称为真空提取技术，属于一种原位处理技术，但在必要时，也可以用于异位修复。适用于去除不饱和土壤中挥发性有机组分（VOCs）污染的土壤，如汽油、苯和四氯乙烯等污染的土壤，也可以用于促进原位生物修复过程。土壤蒸气提取技术的特点是：可操作性强，设备简单，容易安装；对处理地点的破坏很小；处理时间较短，理想的条件下，通常6～24个月即可；可以与其他技术结合使用；可以处理固定建筑物下的污染土壤。该技术的缺点是：很难达到90%以上的去除率；在低渗透土壤和有层理的土壤上有效性不确定；只能处理不饱和带的土壤，要处理饱和带土壤和地下水还需要其他技术。

土壤蒸气提取技术的适用条件及其修复效果，取决于土壤的渗透性和有机污染物的挥发性等因素。土壤的渗透性与质地、裂隙、层理、地下水位和含水量都有关系。质地较细的土壤（黏土和粉砂土）的渗透性较低，而质地较粗的土壤渗透性较高。土壤蒸气提取技术用在砾质土和砂质土上效果较好，用在黏土和壤质黏土上的效果不好，用在粉砂土和

壤土上的效果中等。裂隙多的土壤渗透性较高。有水平层理的土壤会使蒸气侧向流动，从而降低了蒸气提取效率。土壤蒸气提取技术不适于处理地下水位高于0.9m的受污染土壤。

2. 固化/稳定化技术

固化/稳定化技术是指通过物理的或化学的作用以固定土壤污染物的一组技术。固化技术指向土壤添加黏结剂而引起石块状固体形成的过程。固化过程中污染物与黏结剂之间不一定发生化学作用，但有可能伴生土壤与黏结剂之间的化学作用。稳定化技术指通过化学物质与污染物之间的化学反应，使污染物转化成为不溶态的过程。稳定化技术不一定会改善土壤的物理性质。在实践上，商用的固化技术包括了某种程度的稳定化作用，而稳定化技术也包括了某种程度的固化作用，两者往往不易区分。固化/稳定化技术采用的黏结剂主要是水泥、石灰、热塑性塑料等，水泥可以和其他黏结剂共同使用。有的学者又基于黏结剂的不同，将固化/稳定化技术分为水泥和混合水泥固化/稳定化技术、石灰固化/稳定化技术和玻璃化固化/稳定化技术三类。

固化/稳定化技术可以被用于处理大量的无机污染物，也适用于部分有机污染物。固化/稳定化技术的优点是：可以同时处理被多种污染物污染的土壤，设备简单，费用较低。其最主要的问题在于这种技术既不破坏也未减少土壤中的污染物，而仅仅是限制污染物对环境的有效性。随着时间的推移，被固定的污染物有可能重新释放出来，对环境造成危害，因此它的长期有效性受到质疑。

固化/稳定化技术既可以原位处理也可以异位处理土壤。进行原位处理时，可以用钻孔装置和注射装置，将修复物质注入土壤，而后用大型搅拌装置进行混合。处理后的土壤留在原地，其上可以用清洁土壤覆盖。有机污染物不易固定化和稳定化，所以原位固化/稳定化技术不适合处理有机污染的土壤。

异位固化/稳定化技术指将污染土壤挖掘出来与黏结剂混合，使污染物固化的过程。处理后的土壤可以回填或运往别处进行填埋处理。许多物质都可以作为异位固化/稳定化技术的黏结剂，如水泥、火山灰、沥青和各种多聚物等。其中，水泥及相关的硅酸盐产品最为常用。异位固化/稳定化技术主要用于无机污染的土壤。

3. 玻璃化技术

玻璃化技术是指使高温熔融的污染土壤形成玻璃体或固结成团的技术。从广义上说，玻璃化技术属于固化技术范畴，土壤熔融后，土壤中污染物被固结于稳定的玻璃体中，不再对环境产生污染，但土壤也完全丧失生产力。玻璃化作用对砷、铅、硒和氯化物的固定效率比其他无机污染物低。该技术处理费用较高，同时还会使土壤彻底丧失生产力，一般用于处理污染特别严重的土壤。玻璃化技术既适用于原位处理，也适用于异位处理。原位玻璃化技术（ISV）指将电流经电极直接通入污染土壤，使土壤产生 1 600～2 000℃的高温而熔融。经过原位玻璃化处理后，无机金属被结合在玻璃体中，有机污染物可以通过挥发而被去除。处理过程产生的水蒸气、挥发性有机物和挥发性金属，必须设排气管道进行收集并加以处理。原位玻璃化技术修复污染土壤大约需要 6～24 个月。影响原位修复效果及修复过程的因素有：导体的埋设方式、砾石含量、易燃易爆物质的累积、可燃有机质的含量、地下水位和含水量等。异位玻璃化技术是指将污染土壤挖出，采用传统的玻璃制造技术以热解和氧化或融化污染物以形成不能被淋溶的熔融态物质。加热温度大约 1 600～2 000℃。有机污染物在加热过程中被热解或蒸发，有害无机离子被固定。融化的污染土壤冷却后形成惰性的坚硬玻璃体。

4. 热处理技术

热处理技术就是利用高温所产生的挥发、燃烧、热解等物理或化学作用，将土壤中的有毒物质去除或破坏的过程。热处理技术常用于处理有机污染的土壤和部分重金属污染的土壤。挥发性金属（如汞）尽管不能被破坏，但可以通过热处理技术被去除。最早的热处理技术是一种异位处理技术，原位热处理技术目前正在发展中。

热处理技术可以使用热空气、明火以及可以直接或间接与土壤接触的热传导液体等多种热源。在美国，处理有机污染物的热处理系统非常普遍，有些是固定的，有些是可移动的。其中，移动式热处理工厂选址时须满足以下要求：要有 1～2hm² 的土地安置处理厂和相关设备，存放待处理土壤、处理残余物及其他支持设施（如分析实验室），交通方便，水电和燃油有保证。热处理技术的主要缺点是难以处理黏粒含量高的土壤，处理含水量高的土壤电耗较高。

（1）热解吸技术

热解吸技术包括两个过程：污染物通过挥发作用从土壤转移到蒸气中；以浓缩污染物或高温破坏污染物的方式处理第一阶段产生的废气中的污染物。使土壤污染物转移到蒸气相所需的温度取决于土壤类型和污染物存在的物理状态，通常在 150～540℃之间。热解吸技术适用的污染物有挥发及半挥发有机污染物、卤化或非卤化有机污染物、多环芳烃、重金属、氰化物、炸药等，不适用于处理多氯联苯、二噁英、呋喃、除草剂和农药、石棉、非金属及腐蚀性物质等。热解吸技术不适用于处理泥炭土、紧密团聚的土壤和有机质含量高的土壤类型。

（2）焚烧

焚烧是指在高温条件下（800～2500℃），通过热氧化作用破坏污染物的异位热处理技术典型的焚烧系统包括预处理系统、燃烧室、后处理系统等。可以处理土壤的焚烧器有直接或间接点火的Kelin燃烧器、液体化床式燃烧器和远红外燃烧器。其中Kelin燃烧器是最常见的。焚烧效率取决于燃烧室内的温度、废物在燃烧室中的滞留时间和废物的紊流混合程度。大多数有机污染物的热破坏温度在1100～1200℃之间。大多数燃烧器的燃烧区温度在1200～3000℃之间。固体废物滞留时间在30～90min之间，液体废物的滞留时间在0.2～2s之间，紊流混合十分重要，因为它能使废物、燃料和燃气充分混合。焚烧后的土壤要按照废物处置要求进行处置。

焚烧技术适用的污染物包括挥发及半挥发性有机污染物、卤化或非卤化有机污染物、多环芳烃、多氯联苯、二噁英、呋喃、除草剂和农药、氰化物、炸药、石棉、腐蚀性物质等，不适于处理非金属和重金属污染土壤。焚烧技术对土壤类型无选择性。

5. 电动力学修复技术

电动力学修复技术是指向土壤两侧施加直流电压形成电场梯度，土壤中的污染物在电解、电迁移、扩散、电渗透、电泳等作用的共同影响下，以离子形式向电极附近富集从而被去除的技术。

电迁移是指离子和离子型络合物在外加直流电场的作用下向相反电极的移动。电渗透是指土壤中的孔隙水在电场中从一极向另一极的定向移动。

电泳是指带电粒子或胶体在电场的作用下发生迁移的过程，牢固结合在可移动粒子上的污染物可利用该方法进行去除。

电极是电动力学修复中最重要的设备。适合于实验室研究的电极材料包括石墨、白金、黄金和银。但在田间试验中，可以使用一些由较便宜材料制成的电极，如钛电极、不锈钢电极或塑料电极。可以直接将电极插入湿润的土体中，也可以将电极插入一个电解质溶液体系中，由电解质溶液直接与污染土壤或其他膜接触。较高的电流强度和较大的电压梯度会促进污染物的迁移，一般采用的电流密度是10～100mA/cm²，电压梯度是0.5V/cm。

电动力学技术可以处理的污染物包括重金属、放射性核素、有毒阴离子（硝酸盐、硫酸盐）、氰化物、石油烃（柴油、汽油、煤油、润滑油）、炸药、有机/离子混合污染物、卤代烃、非卤化污染物、多环芳烃等，但最适合电动力学技术处理的污染物是金属污染物。

由于对于砂质污染土壤而言，已经有几种有效的修复技术，所以电动力学修复技术主要是针对低渗透性的黏质土壤。适合电动力学修复技术的土壤应具有如下特征：水力传导率较低、污染物水溶性较高、水中的离子化物质浓度相对较低。正常条件下，离子在黏质土中的迁移能力很弱，但在电场的作用下能得到增强。电动力学技术对低透性土壤（如高岭土等）中的砷、镉、铬、钴、汞、镍、锰、铝、锌、铅的去除效率可以达到85%～95%，但并非对所有黏质土的去除效率都很高。对阳离子交换量及缓冲容量高的黏质土而言，去除效率就会下降。要在这些土壤上达到较好的去除效率，必须使用较高的电流密度、较长的修复时间、较大的能耗和较高的费用。

6. 稀释和覆土

将污染物含量低的清洁土壤混合于污染土壤中，以降低土壤中污染物的含量，称为稀释作用。稀释作用可以降低土壤污染物浓度，因而可能降低作物对土壤污染物的吸收，减小土壤污染物通过农作物进入食物链的风险。在田间，可以通过将深层土壤犁翻上来与表层土壤混合，也可通过客土清洁土壤而实现稀释。

覆土也是客土的一种方式，即在污染土壤上覆盖一层清洁土壤，以避免污染土层中的污染物进入食物链。清洁土层的厚度要足够，以使植物根系不会延伸到污染土层，否则有可能因为促进了植物的生长、增强了植物根系的吸收能力反而增加植物对土壤污染物的吸收。另一种与覆土相似的改良方法就是换土，即去除污染表土，换上清洁土壤。

稀释和覆土措施的优点是技术性比较简单，操作容易。但缺点是不能去除土壤污染物，没有彻底排除土壤污染物的潜在危害；它们只能抑制土壤污染物对食物链的影响，并不能减少土壤污染物对地下水等其他环境部分的危害。这些措施的费用取决于当地的交通状况、清洁土壤的来源、劳动力成本等因素。

（二）化学修复技术

污染土壤的化学修复技术就是利用加入土壤中的化学修复剂与污染物发生一定的化学反应，从而使土壤中的污染物被降解、毒性被去除或降低。根据被污染土壤的特征和土壤中污染物的差异，采用的化学修复手段可以是将液体、气体或活性胶体注入土壤下表层或含水土层。注入的化学修复剂可以是氧化剂、还原剂/沉淀剂或解吸剂/增溶剂。实践中无论是传统的井注射技术，还是现代新创的土壤深度混合和液压破裂技术，目的都是为了将化学物质渗透到土壤表层以下。一般来说，当生物修复法在速度和广度上不能满足污染土壤修复的需要时才考虑选用化学修复技术。相对于其他污染土壤修复技术而言，化学修复技术的发展较早，也相对成熟。目前，化学修复技术主要有土壤淋洗技术、溶剂提取技术、化学氧化修复技术和土壤改良修复技术等。

1. 土壤淋洗技术

土壤淋洗技术是指借助能促进土壤中污染物溶解或迁移作用的淋洗剂（水或酸或碱溶液、螯合剂、还原剂、络合剂以及表面活化剂溶液），通过水压将其注入被污染土壤中，然后再将包含污染物的液体从土层中抽提出来进行分离和污水处理的技术。土壤淋洗技术适用范围较广，可用来处理有机、无机污染物。目前，土壤淋洗技术主要围绕着用表面活性剂处理有机污染物，用螯合剂或酸处理重金属来修复被污染的土壤。土壤淋洗技术包括原位淋洗技术和异位淋洗技术两种。

原位淋洗技术是指在田间直接将淋洗剂加入污染土壤，经过必要的混合，使土壤污染物溶解进入淋洗溶液，而后使淋洗溶液往下渗透或水平排出，最后将含有污染物的淋洗溶液收集、再处理的过程。原位淋洗技术是为数不多的可以从土壤中去除重金属的技术之一。影响原位淋洗技术有效性的重要因素是土壤的性质，其中最重要的是土壤质地和阳离子交换量。原位淋洗技术适合于粗质地的、渗透性较强的土壤，在这些土壤上容易达到预期目标，淋洗速度快、成本低、质地黏重的、阳离子交换量高的土壤对多数污染物的吸附较强，该技术的去除效果较差且成本较高，难以达到预期目标。原位淋洗技术处理污染土壤有很多优点，如长效性、易操作性、高渗透性、费用合理性，并且适合治理的污染物范围很广，既适合于无机污染物，也适合于有机污染物。其中，用来修复被有机物和重金属污染的土壤是最为实用的。原位淋洗技术的缺点是在去除土壤污染物的同时，也去除了部分土壤养分离子，还可能破坏土壤的结构，影响土壤微生物的活性，从而影响土壤整体的质量。如果操作不慎，还可能对地下水造成二次污染。

异位淋洗技术又称土壤清洗技术，是指将污染土壤挖掘出来，用水或其他化学试剂进行清洗，从而使污染物从土壤中分离出来的一种化学处理技术土壤性质严重影响该技术的应用。质地较轻的土壤适合于本技术，黏重的土壤处理起来比较困难，一般认为，黏粒含量超过30%～50%的土壤就不适合本技术。有机质含量高的土壤处理起来也很困难，因为很难将污染物分离出来。土壤清洗技术适用于各种污染物，如重金属、放射性核素、有机污染物等。土壤淋洗已经成为一个广泛采用的、修复效率较高的重金属和有机污染物污染土壤的修复技术。

2. 溶剂提取技术

溶剂提取技术，通常也称为化学浸提技术，是一种利用溶剂将有害化学物质从污染土壤中提取出来使其进入有机溶剂中，然后分离溶剂和污染物的技术。溶剂提取技术属异位处理技术。

溶剂提取技术使用非水溶剂，因此不同于一般的化学提取和土壤淋洗。处理之前首先准备土壤，包括挖掘和过筛；过筛的土壤可能要在提取之前与溶剂混合，制成浆状。是否预先混合取决于具体处理过程溶剂提取技术不取决于溶剂和土壤之间的化学平衡，而取决于污染物从土壤表面转移进入溶剂的速率被溶剂提取出的有机物连同溶剂一起从提取器中被分离出来，进入分离器作进一步的分离。在分离器中由于温度或压力的改变，使有机污染物从溶剂中分离出来。溶剂进入提取器中循环使用，浓缩的污染物被收集起来进一步处理或被弃置。干净的土壤被过滤、干化，可以进三步使用或弃置。干燥阶段产生的蒸气应该收集、冷凝，进一步处理溶剂提取技术适用于挥发和半挥发有机污染物、卤化或非卤化有机污染物、多环芳烃、多氯联苯、二噁英、呋喃、除草剂和农药、炸药等，不适合于割化物、非金属和重金属、腐蚀性物质、石棉等。受污染的黏质土和泥炭土不宜采用该技术

在含水量高的污染土壤上使用非水溶剂，可能会导致部分土壤与溶剂的不充分接触。此时需要对土壤进行干燥，因此会提高成本。使用二氧化碳超临界液体要求干燥的土壤，此法对小分子量的有机污染物最为有效研究表明，PCBs的去除取决于土壤中的有机质含量和含水量。高有机质含量会降低DDT的提取效率，因为DDT能强烈地被有机物吸附。处理后会有少量的溶剂残留在土壤中，因此溶剂的选择是十分重要的环节。最适合于处理的土壤条件是黏粒含量低于15%，水分含量低于20%。

3. 原位化学氧化修复技术

原位化学氧化技术主要是通过混入土壤的氧化剂与污染物发生氧化反应，使污染物降解成为低浓度、低移动性产物的技术。化学氧化修复技术不需要将受污染土壤全部挖出来，只需在污染区的不同深度钻井，然后通过井中的泵将氧化剂注入土壤，使氧化剂与土壤中的污染物充分接触，发生氧化反应而被分解为无害成分。进入土壤的氧化剂可以从另外一个井内抽提出来。含有氧化剂的废液可以重复使用原位化学氧化修复技术适用于被油类、有机溶剂、多环芳烃、农药以及非水溶性氯化物所污染的土

壤。常用的氧化剂是 K_2MnO_4、H_2O_2 和臭氧（O_3），溶解氧有时也可以作为氧化剂。在田间最常用的是 Fenton 试剂，这是一种加入铁催化剂的氧化剂。加入催化剂可以提高氧化能力，加快氧化反应速率。进入土壤的氧化剂的分散是氧化技术的关键环节。传统的分散方法包括竖直井、水平井、过滤装置和处理栅栏等土壤深层混合和液压破裂等方法也能够对氧化剂进行分散。

原位化学氧化修复技术的优点是可以对污染土壤进行原位治理土壤的修复工作完成后，一般只在污染区留下了水、二氧化碳等无害的化学反应产物。通常，化学氧化技术用来修复处理其他方法无效的污染土壤。

原位化学氧化技术可以用于处理水、沉积物和土壤。从粉砂质到黏质的土壤都可以采用原位化学氧化技术。该技术已经被用于处理挥发性和半挥发性有机污染物污染的土壤。对于遭受高浓度有机污染物污染的土壤，这是一种很有前景的修复技术。

4. 土壤改良修复技术

土壤改良修复技术主要是针对重金属污染土壤而言，部分措施也适用于有机污染的土壤修复。该方法属于原位处理技术，不需要搭建复杂的工程设备，因此，是经济有效的污染土壤修复技术之一。

土壤改良措施包括施用改良剂和调节土壤氧化还原状况等方面。施用改良剂是指直接向污染土壤中施用改良物质以改变土壤污染物的形态，降低其水溶性、扩散性和生物有效性，从而降低它们进入植物体、微生物和水体的能力，减轻对生态环境的危害。这些技术包括向受污染土壤中添加石灰等无机材料、有机物和还原物质（如硫酸亚铁）。尽管向土壤施用改良剂并不能去除其中的污染物，但却能在一定时期内不同程度地固定土壤污染物，抑制其危害性。该技术方法简便，取材容易，费用低廉，是现阶段农村地区控制土壤污染物向食物链及周围环境扩散的一种实用技术。

（1）中性化技术

中性化技术指利用中性化材料（如石灰、钙镁磷肥等）提高酸性土壤的 pH 值以降低重金属的移动性和有效性的技术。中性化技术在酸性土壤改良方面应用历史悠久，在重金属污染的酸性土壤治理方面也有十分广泛的应用。该法属于原位处理方法，其主要优点是费用低、取材方便、见效快，可接受性和可操作性都比较好。最大缺点是不能从污染土壤中清除污染物，而且其效果可能有一定时间性。需要注意的是，并非所有酸性土壤中的污染物的有效性都会随 pH 值的升高而降低。以金属污染物为例，铜、铅、锌、镍、镉等元素的有效性随 pH 值的升高而降低，而部分元素的可溶性和生物有效性随 pH 值的升高而升高，如砷。由于中性化技术通常要求将土壤 pH 值提高到中性附近，所以有可能对土壤质量带来负面影响，如土壤结构劣化、板结，降低部分土壤养分的有效性，加速有机质的分解，影响部分作物的正常生长及其品质等。另外，中性化技术在酸性土壤条件下的长期效应也有待进一步验证。

中性化作用的本质在于通过提高酸性土壤的 pH 值，促使一些金属污染物产生沉淀、降低有效性。因此，中性化作用属于沉淀作用的一种，但沉淀作用还包括中性化作用以外的作用。土壤中的重金属除因 pH 值的升高而产生沉淀以外，还可能与其他物质形成沉淀，如与钙、镁产生共沉淀，与磷酸根、碳酸根等形成沉淀，与土壤中的硫离子（S^{2-}）形成硫化物沉淀等。在实践上也可以利用这些沉淀作用来抑制土壤中重金属的有效性。

（2）有机改良物料

有机改良剂包括各种有机物料，如植物秸秆、有机肥、泥炭（或腐殖酸）、活性炭等。进入土壤的有机物分解后，大部分以固相有机物的形式存在，少部分以溶解态有机物形式存在、土壤有机质的这两种形态对重金属的有效性有着截然不同的影响，前者主要以吸附形式固定重金属、降低其有效性为主，而后者则以促进重金属溶解、提高有效性为主。有机物料的作用主要包括直接作用和间接作用两方面。直接作用指通过与重金属的配合作用而改变土壤重金属的形态，从而改变其生物有效性；间接作用指通过改变土壤的其他化学条件（如 pH 值、Eh、微生物活性等）来改变土壤重金属的形态和生物有效性。必须指出的是，有机物料绝对不是在任何情况下都能抑制土壤重金属的有效性。有机物料对土壤重金属形态及有效性的影响十分复杂，其最终效果不仅取决于有机物本身的性质，还取决于金属离子的状况（如重金属元素本身的性质、土壤中的离子浓度、赋存形态等）、土壤理化性状（质地、酸度、氧化还原状况等）、作物的种类及生长状况。有机物料可能抑制土壤重金属的有效性，也可能促进土壤重金属的有效性。有机物料对土壤重金属形态及有效性的影响还可能随时间而变，对比较容易分解的有机物料而言尤其如此。因此，有机物料作为土壤重金属污染的改良剂具有较大的不确定性和可变性，应用时必须根据具体条件灵活处理。有机物料的某些分解产物还可能对植物具有营养作用和生物刺激作用，从而间接影响土壤重金属的生物有效性。有机物料由于被普遍认为是改良土壤肥力、提高作物品质的材料，同时其费用低廉、来源方便，因此具有很好的可接受性和可操作性。

将有机改良方法与中性化技术结合在一起形成的有机-中性化技术，可以克服有机改良和中性化技术单独使用时所具有的不足，取长补短，既能迅速抑制土壤重金属的有效性，又可以减少中性化技术对土壤肥力可能的负面影响，取材方便，费用低廉，可望达到抑污、培肥双重效果，适用于大面积的、污染程度不很严重的酸性重金属污染土壤的治理。该技术如果与植物修复技术相结合，将会有更好的效果。

（3）无机改良物料

除石灰和钙镁磷肥等中性化材料以外，还可以使用其他无机改良剂来降低土壤重金属的有效性，抑制作物对土壤重金属的吸收。常用的无机改良剂包括石灰、钙镁磷肥、沸石、磷肥、膨润土、褐藻土、钢渣、粉煤灰、风化煤等。不同的无机改良剂的作用机理也不同。石灰和钙镁磷肥主要通过提高酸性土壤的 pH 值而降低酸性土壤重金属的活性与生物有效性。钢渣和粉煤灰对土壤重金属形态和有效性的影响，在很大程度上也是通过提高土壤 pH 值而实现的；沸石、膨润土、褐藻土等主要通过对重金属的吸附固定而降低土壤重金属的活性和生物有效性。铁锰氧化物直接作为重金属污染土壤的改良剂的报道较少，但也有一些研究表明铁猛氧化物在改良重金属污染土壤方面可能具有一定的潜力，无机改良剂的作用机理往往是多重的，可能同时包括中性化机制和吸附固定机制。无机改良剂与有机改良剂一样，也具有费用低廉、取材方便、可接受性和可操作性较好的优点。但这些无机材料中的大部分改良效果比较有限，要求的用量比较高。另一个问题是其本身可能含有较高的污染物，如钢渣、粉煤灰和风化煤等本身重金属的含量常常较高，如果大量施用，势必导致新的土壤污染。因此，当考虑采用上述材料时，除了应该针对目的地的污染状况检验其可行性以外，还应严格按照有关废物农用的污染物限量规定，不使用超标的废物，要在确保不对土壤造成新污染的前提下才能使用。

（4）氧化还原技术

有些重金属元素本身会发生氧化态和还原态的转变（如As、Cr、Hg等），不同的氧化态有不同的溶解性及不同的生物有效性和毒性有些重金属虽然本身不具有氧化还原状态的变化，但在不同的氧化还原环境中，其溶解性和生物有效性不同。因此在农业上可以利用这种性质，调控土壤重金属的有效性。土壤氧化还原状态的控制，一般可以通过水分管理而实现。一般认为，镉污染的土壤可以采用淹水种稻的方法抑制其有效性，而且在种稻期间应尽可能避免落干和烤田。铜污染的土壤也可以采用淹水种稻的方式抑制铜的有效性。但对于土壤有机质含量高的土壤，如果淹水期间土壤pH值升得过高，可能会使有效铜含量反而升高，因此要十分注意，不可笼统对待。使用有机物料也可以在一定程度上影响土壤的氧化还原状况，但效果有限。

（三）生物修复技术

生物修复是指利用天然存在的或特别培养的微生物，在可调控的环境条件下将污染土壤中的有毒污染物转化为无毒物质的处理技术生物修复技术取决于生物过程或因生物而发生的过程，如降解、转化、吸附、富集或溶解等其中生物降解是最主要的修复技术。污染物的分解程度取决于它的化学成分、所涉及的微生物和土壤介质的物理化学条件等因素。

生物修复有时又被称为生物处理。其新颖之处在于它精心选择、合理设计操作的环境条件，促进或强化在天然条件下本来发生很慢或不能发生的降解或转化过程。生物修复技术对污染土壤的修复能力主要取决于污染物种类和土壤类型。现有的生物修复技术只限于处理易分解的污染物：单核芳香烃（如苯、甲苯、乙苯、二甲苯）、简单脂肪烃（如矿物油、柴油）和比较简单的多环芳烃，随着技术的发展可处理的有机污染物也将更复杂。生物修复最初用于有机污染物的治理，近年来逐渐向无机污染物的治理领域扩展。

1. 生物修复技术的分类

根据修复过程中人工干预的程度，污染土壤的生物修复技术可分为自然生物修复和人工生物修复两大类。

自然生物修复技术指完全在自然条件下进行的生物修复过程，在修复过程中不进行任何工程辅助措施，也不对生态系统进行调控，靠土壤中原有的微生物发挥作用。自然生物修复要求被修复土壤具有适合微生物活动的条件（如微生物必要的营养物、电子受体、一定的缓冲能力等），否则将影响修复速度和修复效果。

人工生物修复技术则是指当在自然条件下，生物降解速度很低或不能发生时，可以通过补充营养盐、电子受体、改善其他限制因子或微生物菌体等方式，促进生物修复，即人工生物修复。人工生物修复技术依其修复位置情况，又可以分为原位生物修复和异位生物修复两类。

（1）原位生物修复技术

不人为挖掘、移动污染土壤，直接在原污染位向污染部位提供氧气、营养物或接种，以达到降解污染物的目的。原位生物修复可以辅以工程措施。原位生物修复技术形式包括生物通气法、生物注气法、土地耕作法等。

（2）异位生物修复技术

人为挖掘污染土壤，并将污染土壤转移到其他地点或反应器内进行修复。异位生物修复更容易控制，技术难度较低，但成本较高。异位生物修复包括生物反应器型和处理床型两类。处理床技术又可分为异位土地耕作、生物土堆处理和翻动条垛法等。反应器技术主要指泥浆相生物降解技术等。

2. 生物修复技术的特点

与物理的或化学的修复技术相比较，生物修复技术具有如下优点：

（1）可使有机污染物分解为二氧化碳和水，永久清除污染物，二次污染风险小。

（2）处理形式多样，可以就地处理

（3）原位生物修复对土壤性质的破坏小，甚至不破坏或提高土壤肥力。

（4）降解过程迅速，费用较低。据估计，生物修复技术所需要的费用只是物理、化学修复技术的30%～50%。

生物修复技术的缺点包括：

第一，只能对可以发生生物降解的污染物进行修复，但有些污染物根本不会发生生物降解，因此生物修复技术有其局限性

第二，有些生物降解产物的毒性和移动性比母体化合物更强，因此可能导致新的环境风险。

第三，其他污染物（如重金属）可能对生物修复过程产生抑制作用。

第四，修复过程的技术含量较高，修复之前的可处理性研究和方案的可行性评价费用较高。

第五，修复过程的监测要求较高，除了化学监测还要进行微生物监测。

3. 生物修复主要技术简介

（1）泥浆相生物反应器

溶解在水相中的有机污染物容易被微生物利用，而吸附在固体颗粒表面的则不易被利用，因此将污染土壤制成浆状更有利于污染物的生物降解。泥浆相处理在泥浆反应器中进行，泥浆反应器可以是专用的泥浆反应器，也可以是一般的经过防渗处理的池塘将挖出的土壤加水制成泥浆，然后与降解微生物和营养物质在反应器中混合添加适当的表面活性剂或分散剂可以促进吸附的有机污染物的解离，从而促进降解速度。降解微生物可以是原本存在于土壤的微生物，也可以是接种的微生物。要严格控制条件以利于泥浆中有机污染物的降解。处理后的泥浆被脱水，脱出的水要进一步处理以除去其中的污染物，然后可以被循环使用。

与固相修复系统相比，泥浆反应器的主要优点在于促进有机污染物的溶解，增加微生物与污染物的接触，加快生物降解速度°泥浆相处理的缺点是能耗较大，过程较

复杂，因而成本较高；处理过程彻底破坏土壤结构，对土壤肥力有显著影响。泥浆相处理技术适用于挥发和半挥发有机污染物、卤化或非卤化有机污染物、多环芳烃、二噁英、呋喃、除草剂和农药、炸药等。泥炭土不适用于该技术。

（2）生物堆制法

生物堆制法又称静态堆制法。这是一种基于处理床技术的异位生物处理过程，通过使土堆内的条件最优化而促进污染物的生物降解。挖出的污染土壤被堆成一个长条形的静态堆（没有机械的翻动），添加必要的养分和水分于污染土堆中，必要时加入适量表面活性剂或在土堆中布设通气管网以导入水分、养分和空气。管网可以安放在土堆底部、中部或上部。最大堆高可以达到4m，但随着堆高的增加，通气和温度的控制会越加困难。土堆上还可以安装喷淋营养物的管道。处理床底部应铺设防渗垫层以防止处理过程中从床中流出的渗滤液往地下渗漏，可以将渗滤液回灌于预制床的土层上。如果会产生有害的挥发性气体，在土堆上还应该有废气收集和处理设施。温度对生物降解速率有影响，因此季节性的气候变化可能阻碍或提高降解速率，将土堆封闭在温室状的结构中或对进入土堆的空气或水进行加热，可以控制堆温。通气土堆技术适用于挥发性和半挥发性的、非卤化的有机污染物和多环芳烃污染土壤的修复。通气土堆法的优点在于对土壤的结构和肥力有利，可以限制污染物的扩散，减少污染范围。缺点是费用高，处理过程中的挥发性气体可能对环境有不利影响、

（3）土地耕作法

土地耕作法又称为土地施用法，包括原位和异位两种类型。原位土地耕作法指通过耕翻污染土壤（但不挖掘和搬运土壤），补充氧和营养物质以提高土壤微生物的活性，促进污染物的生物降解。在耕翻土壤时，可以施入石灰、肥料等物质，质地太黏重的土壤可以适当加入一些沙子以增加孔隙度，尽量为微生物降解提供良好的环境。采用土地耕作法时氧的补充靠空气扩散作用。该方法简单易行，成本也不高，主要问题是污染物可能发生迁移，原位土地耕作法适用于污染深度不大的表层土壤的处理。

异位土地耕作法是将污染土壤挖掘搬运到另一个地点，将污染土壤均匀撒到土地表面，通过耕作方式使污染土壤与表层土壤混合，从而促进污染物发生生物降解。必要时可以加入营养物质，异位土地耕作法需要根据土壤的通气状况反复进行耕翻作业。用于异位土地耕作的土地要求土质均匀、土面平整、有排水沟或其他控制渗漏和地表径流的方式。可以根据需要对土壤pH值、湿度、养分含量等进行调节并进行监测。异位土地耕作法适用于污染深度较大的污染土壤的处理。

土地耕作法的有效性取决于土壤特征、有机物组分特征和气候条件三类因素。要使土壤氧气的进入、养分的分布和水分含量维持在合适的范围内，就必须考虑土壤质地。黏质土和泥炭土不适用于土地耕作法。土地耕作法可用于挥发性、半挥发性、卤化和非卤化有机污染物、多环芳烃、农药和杀虫剂等污染土壤的处理。典型的土地耕作场地都是不覆盖、对气候因素开放的，降雨使土壤的水分超过必需的水分含量，而干旱又使土壤水分低于所需的最小含水量寒冷的季节不适于土地耕作法的进行，如要进行可以对场地进行覆盖。温暖的地区一年四季都可以进行土地耕作法修复。

土地耕作法的优点是设计和设施相对简单、处理时间较短（在合适的条件下，通

常需要6～24个月）、费用不高（每吨污染土壤30～60美元）、对生物降解速度小的有机组分有效。该方法的缺点是：很难达到95%以上的降解率，很难降解到0.1mL/L。以下，当污染物含量过高时效果不佳（如石油烃含量超过50000时），当重金属含量超过2500mg/kg时会抑制微生物生长，挥发性组分会直接挥发出来而不是被降解，需要较大的土地面积进行处理，处理过程产生的尘埃和蒸气可能会引发大气污染问题，如果淋溶比较强烈的话需要进行下垫面处理。

（4）生物通气法

生物通气法是一种利用微生物以降解吸附在不饱和土层的土壤上的有机污染物的原位修复技术。生物通气法通过将氧气流导入不饱和土层中，增强土壤中细菌的活性，来促进土壤中有机污染物的自然降解。在生物通气过程中，氧气通过垂直的空气注入井进入不饱和层。具体措施是向不饱和层打通气井，用真空泵使井内形成负压，让空气进入预定区域，促进空气的流通。与此同时，还可以通过渗透作用或通过水分通道向不饱和层补充营养物质。处理过程中最好在处理地面上加一层不透气覆盖物，以避免空气从地面进入，影响内部的气体流动。生物通气如发生在土壤内部的不饱和层中，可以通过人为降低地下水位的方法扩大处理范围。据报道，生物通气法最大的处理深度已经达到了30mo生物通气主要促进燃油污染物的降解，也可以促使挥发性有机物以蒸气的形式缓慢挥发。

生物通气的目的在于促进好氧降解过程最大化。操作过程中空气的流速比较低，目的在于限制污染物的挥发作用。生物降解和挥发作用之间的最佳平衡取决于污染物的种类、地点条件和处理时间。但无论如何，收集从土壤挥发出来的空气依然是必要的。生物通气法的效果对于土壤含水量的依赖性很强，饱和带土壤的处理首先必须降低地下水位。

生物通气系统通常用于那些挥发速度低于蒸气提取系统要求的污染物匚生物通气法最适合于那些中等分子质量的石油污染物（如柴油和喷气燃料）的微生物降解。相对分子质量较小的化合物如汽油等，趋向于迅速挥发并可以通过更快的蒸气提取法而去除。生物通气法不太适用于分子质量更大的化合物（如润滑油），因为这些化合物的降解时间很长，生物通气不是一种有效的选择。

（四）植物修复技术

植物修复技术指利用植物及其根际微生物对土壤污染物的吸收、挥发、转化、降解、固定作用而去除土壤中污染物的修复技术。

1. 植物修复技术的类别及作用机理

一般来说，植物对土壤中的无机污染物和有机污染物都有不同程度的吸收、挥发和降解等修复作用，有的植物甚至同时具有上述几种作用。但修复植物不同于普通植物的地方在于其在某一方面能表现出超强的修复功能，如超积累植物等。根据修复植物在某一方面的修复功能和特点，可将污染土壤修复技术分为植物提取作用、根际降解作用、植物降解作用、植物稳定化作用、植物挥发作用等。

（1）植物提取作用

植物提取就是指通过植物根系吸收污染物并将污染物富集于植物体内，而后将植物整体（包括部分根部）收获、集中处置，然后再继续种植以使土壤中重金属含量降低到可接受水平的过程。适于植物提取技术的污染物包括多种金属元素、放射性核素及非金属等。虽然各种植物都可能或多或少地吸收土壤中的重金属，但作为植物提取修复用的植物必须对土壤中的一种或几种重金属具有特别强的吸收能力，即所谓超富集植物。

植物提取土壤重金属的效率取决于植物本身的富集能力、植物可收获部分的生物量以及土壤条件（如土壤质地、土壤酸度、土壤肥力、金属种类及形态等）。超富集植物通常生长缓慢，生物量低，根系浅。因此尽管植物体内金属浓度可以很高，但从土壤中吸收走的金属总量却未必很多，这影响了植物提取修复的效率。为达到预期的净化目标，实际需要种植超富集植物的次数必定很多一所以寻找超富集植物品种资源，通过常规育种和转基因育种筛选优良的超富集植物，就成为植物提取修复的关键环节。优良的超富集植物不仅体内重金属含量要高，生物量也要高，抗逆、抗病虫害能力要强-通过转基因技术培育新的超富集植物也许是今后植物提取修复技术的重要突破点。植物提取修复是目前研究最多且最具发展前景的一种植物修复技术。

（2）根际降解作用

根际降解就是指土壤中的有机污染物通过根际微生物的活动而被降解的过程。根际降解作用是一个植物辅助并促进的降解过程，也是一种就地的生物降解作用。植物根际是由植物根系和土壤微生物之间相互作用而形成的距植物根系仅几毫米到几厘米的独特圈带。根际中聚集了大量的细菌、真菌等微生物和土壤动物，在数量上远远高于非根际土壤，根际土壤中微生物的生命活动也明显强于非根际土壤根际中既有好氧环境，也有厌氧环境。植物在其生长过程中会产生根系分泌物，这些分泌物可以增加根际微生物群落并促进微生物的活性，从而促进有机污染物的降解根系分泌物的降解会导致根际有机污染物的共同代谢。植物根系会通过增加土壤通气性和调节土壤水分条件而影响土壤条件，从而创造更有利于本地微生物的生物降解作用的环境。

根际降解作用的优点主要包括：污染物在原地即被分解；与其他植物修复技术相比，植物降解过程中污染物进入大气的可能性较小，二次污染的可能性较低；有可能将污染物完全分解；建立和维护费用比其他措施低。根际降解作用的缺点是：根系的发育需要较长的时间；土壤物理的或水分的障碍可能限制根系的深度；在污染物降解的初期，根际的降解速度高于非根际土壤，但根际和非根际土壤中的最后降解速度或程度可能是相似的；植物可能会吸收许多尚未被研究的污染物；为了避免微生物与植物争夺养分，植物需要额外施肥；根际分泌物可能会刺激那些不降解污染物的微生物的活性，从而影响降解微生物的活性，植物来源的有机质，而不是污染物，也可以作为微生物的碳源，这样可能会降低污染物的生物降解量。

根际降解作用的机理主要包括好氧代谢、厌氧代谢和腐殖质化作用等过程。

（3）植物降解作用

植物降解作用（又称植物转化作用）指被吸收的污染物通过植物体内代谢而降解的过程，或污染物在植物产生的化合物（如酶）的作用下在植物体外降解的过程。其主要机理是植物吸收和代谢要使植物降解发生在植物体内，化合物首先要被吸收到植物体内。化合物的吸收取决于其憎水性、溶解性和极性。中等疏水的化合物最易被吸收并在植物体内运转，溶解度很高的化合物不易被根系吸收并在体内运转，疏水性很强的化合物可以被根表面结合，但难以在体内运转。植物对有机化合物的吸收还取决于植物的种类、污染物本身的特点及土壤的物化特征。很难对某一种化合物下确切的结论。

植物降解作用的优点是其有可能出现在生物降解无法进行的土壤条件中。其缺点是可能形成有毒的中间产物或降解产物；很难测定植物体内产生的代谢产物，因此污染物的植物降解也难以被确认。

（4）植物稳定化作用

植物稳定化作用指通过根系的吸收和富集、根系表面的吸附或植物根圈的沉淀作用而产生的稳定化作用或利用植物或植物根系保护污染物，使其不因风、侵蚀、淋溶以及土壤分散而迁移的稳定化作用。

植物稳定化作用主要通过根际微生物活动、根际化学反应、污染物的化学变化而起作用。根系分泌物或根系活动产生的 CO_2 会改变土壤 pH 值，植物固定作用可以改变金属的溶解度和移动性或影响金属与有机化合物的结合，受植物影响的土壤环境可以将金属从溶解状态变为不溶解状态。植物稳定化作用可以通过吸附、沉淀、络合或金属价态的变化而实现。结合于植物木质素之上的有机污染物可以通过植物木质化作用而被植物固定。在严重污染的土壤上种植抗性强的植物以减少土壤的侵蚀，防止污染物向下淋溶或往四周扩散。这种固定作用常被用于废弃矿山的植被重建和复垦。

植物稳定化作用的优点是不需要移动土壤，费用低，对土壤的破坏小，植被恢复还可以促进生态系统的重建，不要求对有害物质或生物体进行处置。其缺点是污染物依然留在原处，可能要长期保护植被和土壤以防止污染物的再释放和淋洗。

（5）植物挥发作用

植物挥发作用是指污染物被植物吸收后，在植物体内代谢和运转，然后以污染物或改变了的污染物形态向大气释放的过程。在植物体内，植物挥发过程可能与植物提取和植物降解过程同时进行并互相关联。植物挥发作用对某些金属污染的土壤有潜在修复效果。

在土壤中，Hg^{2+} 在厌氧细菌的作用下可以转化为毒性很强的甲基汞。一些细菌可以将甲基汞和离子态汞转化成毒性小得多的可挥发的元素汞，这是降低汞毒性的生物途径之一。研究证明，将细菌体内对汞的抗性基因导入拟南芥属植物之中，植物就可能将吸收的汞还原为元素汞以利于其挥发。许多植物可从土壤中吸收硒并将其转化成可挥发状态。根际细菌不仅能促进植物对硒的吸收，还能提高硒的挥发率。

目前已经发现的可以产生挥发作用的植物有杨树、紫云英、黑刺槐、印度芥、芥属杂草等。

植物挥发作用的优点是污染物可以被转化成为毒性较低的形态；向大气释放的污染物或代谢物可能会遇到更有效的降解过程而进一步降解，如光降解作用。植物挥发作用的缺点是污染物或有害代谢物可能累积在植物体内，随后可能被转移到果实等其他器官中；污染物或有害代谢物可能被释放到大气中。

这一方法的适用范围很小，并且有一定的二次污染风险，因此它的应用有一定限制。

2. 植物修复技术的优点和局限

污染土壤植物修复技术的优点很多，主要包括：可以将污染物从土壤中去除，永久解决土壤污染问题；修复植物的稳定作用可以固土，防止污染土壤因风蚀或水土流失而产生污染扩散问题；修复植物的蒸腾作用可以防止污染物对地下水的二次污染；植物修复不仅对修复场地的破坏小，对环境的扰动小，而且还具有绿化环境的作用，可减少来自公众的关注与担心；植物修复一般还会提高土壤的肥力；植物修复依靠植物的新陈代谢活动来治理污染土壤，技术操作比较简单，是可靠的、环境相对安全的技术；植物修复能耗和成本较低，可以在大面积污染土壤上使用。

植物修复技术的局限性主要体现在：一种植物往往只是吸收一种或两种重金属元素，对土壤中其他含量较高的重金属则表现出某些中毒症状，从而限制了该技术在多种重金属污染土壤治理方面的应用前景；修复植物对土壤肥力、气候、水分、盐度、酸碱度、排水与灌溉系统等自然和人为条件有一定的要求；用于清洁重金属的超累积植物通常矮小、生物量低、生长缓慢、生长周期长，因而修复效率低，不易机械化作业；植物修复的周期相对较长，因此，不利气候或不良的土壤环境都会间接影响修复效果。

三、污染土壤修复技术的选择原则

在选择污染土壤修复技术时，必须综合考虑修复目的、社会经济状况、修复技术的可行性等方面。就修复目的而言，有的修复是为了使污染土壤能够安全地再利用，而有的修复则只是为了限制土壤污染物对其他环境组分（如水体和大气等）的污染，并不考虑修复后能否再被农业利用。不同的修复目的可以选用的修复技术不同，就社会经济状况而言，有的修复工作可以在充足的经费支持下进行，此时可供选择的修复技术就比较多；有的修复工作只能在有限经费支持下进行，这时候可供选择的修复技术就很有限。土壤是一个高度复杂的体系，任何修复方案都必须根据当地的实际情况而定，不可完全照搬其他国家、地区或其他土壤类型的修复方案。因此在选择修复技术和制定修复方案时应考虑如下原则：

（一）耕地保护原则

我国地少人多，耕地资源短缺，保护有限的耕地资源是头等大事。在进行修复技术选择时，应尽可能选用对土壤肥力负面影响小的技术，如植物修复技术、生物修复技术、电动力学技术、稀释、客土、冲洗技术等。有些技术处理后使土壤完全丧失生产力，如加玻璃化技术、热处理技术、固化技术等，只能在污染十分严重、迫不得已的情况下采用。

（二）可行性原则

修复技术的可行性主要体现在两个方面：一是经济方面的可行性，二是效应方面的可行性。所谓经济方面的可行性，即指成本不能太高，在我国农村现阶段能够承受、可以推广。部分发达国家目前实施的成本较高的技术，在我国现阶段恐难以实施。所谓效应方面的可行性，即指修复后能达到预期目标，见效快。一些需要很长周期的修复技术，必须在土地能够长期闲置的情况下才能实施。

（三）因地制宜原则

土壤污染物的去除或钝化是一个复杂的过程。要达到预期的目标，又要避免对土壤本身和周边环境的不利影响，对实施过程的准确性要求就比较高。不能简单搬用国外的或国内不同条件下同类污染处理的方式。在确定修复方案之前，必须对污染土壤做详细的调查研究，明确污染物种类、污染程度、污染范围、土壤性质、地下水位、气候条件等，在此基础上制定初步方案。一般应对初步方案进行小区预备研究，根据预备研究的结果，调整修复方案，再实施面上修复。

第三节　土壤生态保护与土壤退化的防治

一、土壤生态系统

土壤生态系统是指地球陆地地表一定地段的土壤生物与土壤及其他环境要素之间的相互作用、相互制约，并趋向于生态平衡的相对稳定的系统整体。它是具有一定组成、结构和功能的基本单位。

土壤生态系统中的生物组成部分，根据其在系统内物质与能量迁移转化中的作用，可分为第一性生产者、消费者及分解者。第一性生产者主要是指含有叶绿素能利用太阳辐射能和光能合成有机质的高等绿色植物；消费者是以生物有机体为食的异养性生物，包括土壤动物在内的所有食草动物和食肉动物；分解者则是土壤中依靠分解有机质维持生命的土壤微生物群。土壤生态系统的结构可依据地表和土壤环境条件的差异，以及与此相关联的生物群体及其作用划分为垂直与水平结构。如，土壤生态系统的垂直结构可分为以下三个主要层次：第一，地上生物群体层及地表绿色植物（包括乔木、灌木、草本植物等）组成的生物群体，是进行光合作用的主要场所；第二，土被生物群落层，它是土壤生物群体（土壤动物、微生物、藻类等）的主要聚积层，是土壤有机质分解转化最活跃的层次；第三，土被底层与风化壳生物群体层，该层中生物群体剧减，生物有机体少，是生态系统矿质元素补给基地。而土壤生态系统的功能则主要表现在运行于系统中的能量流、物质流和信息流等以维持土壤生态系统的生存、平衡和发展。

土壤生态系统平衡系指当系统的能量和物质输入、输出较均衡的情况下，系统中第一性生产者、消费者和分解者以及诸生物体与无机环境间都保持着相对稳定的平衡状态。但这只是一种动态平衡，若从外界环境不断输入土壤生态系统的能量流和物质流发生变化，必然引起土壤生态系统的成分、性质、结构与功能发生相应的改变；反之，当土壤生态系统向外界环境输出能量和物质流的变化，也会使陆地生态系统整体组成、结构和功能发生改变。两者相互促进，因此从生态角度，对土壤生态系统加以保护，防止土壤生态退化，对于农业生态系统以至全球陆地生态系统均具有非常重要的意义。

二、土壤退化及其成因

土壤退化即土壤衰退，又称土壤贫瘠化，是指土壤肥力衰退导致生产力下降的过程，也是土壤环境和土壤理化性状恶化、土壤生态遭受破坏的综合表征。土壤退化包括土壤有机质含量下降、营养元素减少，土壤结构遭到破坏，土壤侵蚀、荒漠化、盐渍化、酸化、沙化等。其中有机质下降是土壤退化的主要标志。在干旱、半干旱地区，由于原来稀疏的植被受到破坏，致使土壤沙化是严重的土壤退化现象。土壤退化既有着复杂的自然背景和原因（如全球环境变化，特别是全球气候变化），也有着人为活动影响的诸多直接和间接的原因（如土壤的不合理利用）。而社会经济的发展，人口的持续增长，又增加了土壤的压力。如过度放牧和耕种、大量砍伐森林、破坏植被而导致的水土流失以及大量排放污染物等都是造成土壤退化的原因。

三、土壤退化的类型及其防治

（一）荒漠化和沙化

荒漠化是指因气候干旱或人为的不合理利用，如过度放牧、滥垦、灌溉不当及其他社会经济建设和开发活动，而使地表植被遭到破坏或覆盖度下降。风力侵蚀、土表或土体盐渍化加重等均属荒漠化表征。沙漠化和沙化是荒漠化最具代表性的表征之一。荒漠化和沙化主要发生在干旱、半干旱以至半湿润和滨海地区。荒漠化是人类面临的最严重的威胁之一，防治荒漠化主要措施有控制农垦、防止过度放牧、因地制宜营造防风固沙林、建立生态复合经营模式等。

（二）土壤侵蚀（或水土流失）

土壤侵蚀系指主要在水、风等营力作用下，土壤及其疏松母质（特别是表土层）被剥蚀、搬运、堆积（或沉积）的过程。根据其营力作用，又将土壤侵蚀分为水蚀和风蚀两大类型。数十年来，世界可耕地由此而损失近1/3。我国每年土壤流失量占世界总量的1/5，相当于全国耕地削去10mm厚的肥土层，损失氮、磷、钾养分约相当于4000×10^4t化肥。土壤侵蚀不仅使肥沃表土层减薄，养分流失，蓄水保水能力减弱，最终将使表土层直至全部土层被侵蚀，成为贫瘠的母质层，甚至成为岩石裸露的不毛之地土壤侵蚀还使区域生态恶化，影响河流水质和水库的寿命。因而，土壤侵蚀也是一个全球规模的危害严重的土壤退化问题。防治土壤侵蚀的措施有：因地制宜开展植树造林，植灌和植草与自然植被保护和封山育林相结合；生物措施与工程措施相结合；水土保持与合理的经济开发相结合，并以小流域为治理单元逐步进行综合治理。根据我国《水土保持法》，凡坡度不小于25°的山地丘陵坡地严禁开垦，对已开垦的要逐步退耕还林还牧。对其他坡地要实行坡地梯田及等高种植等行之有效的防治土壤侵蚀的措施。

（三）土壤盐渍化或盐碱化

土壤盐渍化或盐碱化作为一种土壤退化现象，系指由于自然的或人为的原因，使地下潜水水位升高、矿化度增加、气候干旱、蒸发增强而导致的土壤表层盐化或碱化过程增强，表层盐渍度或碱化度加重的现象。它主要发生在干旱、半干旱、半湿润和滨海平原的洼地区。实际上包括盐化土与盐土、碱化土与碱土两种盐碱土类型。盐化土与盐土指可溶性盐类（氯化物、硫酸盐、重碳酸盐和碳酸盐类）在土壤表层的积聚过程，当易溶盐类在土壤表层（0～20cm）累积量达到影响或危害作物生长发育时（0.2%），便称其为盐化土。当表土层含盐量达到1%时，严重危害作物，使其严重减产，甚至绝收，称之为盐土。而另一类碱化土和碱土的表土层含盐量并不高，但土壤胶体上的吸附性钠离子超过一定量（不小于5%吸附性阳离子总量），称为碱化土；吸附性钠离子与吸附性阳离子的总量比值不小于20%，称为碱土。吸附性钠离子含量较高的土层称碱化层，碱化层的pH值可达9或9以上。碱化层湿时黏重，干时坚硬，物理性状极差。

次生盐渍化是指在人为活动影响下，如灌溉、水库和渠道渗漏使灌区和邻近地区地下潜水水位升高到临界深度以上，使非盐碱土变为盐碱土，或使原生盐碱土盐渍化加重。次生盐渍化在全球范围内也是相当重要的土壤退化现象°据估算全球约有50%的耕地，因灌溉不当而受次生盐渍化和沼泽化危害。我国盐碱土总面积约为$1 \times 10^8 \text{hm}^2$。可见，防治次生盐渍化已是当务之急。

盐碱土和次生盐渍化的防治措施有：实施合理的灌溉排水制度；调控地下水位，精耕细作；多施有机肥；改善土壤结构；减少地表蒸发；选择耐盐碱作物品种。此外，对碱土增施石膏等，不但可防治次生盐渍化，而且开发盐碱土资源的潜力，扩大农用土地面积，改善盐碱地区的生态环境。

（四）土壤沼泽化或潜育化

土壤沼泽化或潜育化是指土壤上部土层 lm 内，因地表或地下长期处于浸润状态下，土壤通气状况变差，有机质因不能彻底分解而形成一灰色或蓝灰色潜育土层，称为沼泽化或潜育化，它是常发生于我国南方水稻种植地区的土壤退化现象。据估算，在$400 \times 10^4 \text{hm}^2$的沼泽化稻田中，由于人为活动造成的次生潜育化约占50%。特别是在排水不良、水稻种植指数较高（三季稻）、土壤质地黏重地区，更易发生次生潜育化。此外，当森林植被被砍伐或火灾之后，森林植被的蒸腾作用消失，因而破坏了地表的水分平衡，同时使地表温度增高，加速了冻土层的融化，导致次生沼泽化。土壤沼泽化降低了有机质的转化速度，使土壤中还原性有害物质增加，土壤湿度降低、通气性差，土壤微生物活性减弱等。

防治土壤沼泽化的途径，应首先从生态环境治理入手，如开沟排水、消除渍害；其次，多种经营，综合利用，因地制宜。其治理模式有稻田—水产养殖系统；水旱轮作；合理施用化肥，多施磷、钾、硅肥

（五）土壤酸化

土壤酸化系指由于人为活动使土壤酸度增强的现象，叫作土壤酸化。土壤中酸性物质可来源于：第一，长期施用酸性化肥；第二，酸性矿物的开采，如黄铜矿（CuS）废弃物的污染；第三，化石燃料（如煤、石油）燃烧排放的酸性物质（SO_2、NO_x），通

过干、湿沉降进入土壤环境而产生的土壤酸化，其影响范围正在我国和全球逐步扩大，成为全球性环境问题。

土壤酸化的结果，首先是导致土壤溶液中 H^+ 浓度增加，土壤 pH 值下降，继而增强了钙、镁、磷等营养元素的淋溶作用；其次，随着溶液中 H^+ 数量增加，H^+ 开始交换吸附性 Al^{3+} 等，而使 Al^{3+} 等重金属离子的活性和毒性增加，导致土壤生态环境恶化。

对土壤酸化要针对原因进行防治，对施酸性肥料引起的酸化，要合理施肥，不偏施酸性化肥；对因矿山废弃物而引起的土壤酸化，要采取妥善处理尾矿，消灭污染源，以及施石灰中和等措施；对因酸沉降而引起的土壤酸化，要从根本上控制酸性物质的排放量，即控制污染源。对酸化土壤的重要改良措施是施加石灰、中和其酸性和提高土壤对酸性物质的缓冲性；水旱轮作、农牧轮作也是较好的生态恢复措施。

土壤退化类型除上述外，还有因固体废弃物堆积、非农业占用耕地、植被退化等而导致的土壤退化等。防治土壤退化的最重要的途径，是因地制宜地建立不同类型、不同规模的生态农业，形成农林牧副渔全面发展的格局。

第九章　固体废物的处理与处置

第一节　固体废物概述

一、固体废物的含义、来源及分类

固体废物是指在生产、生活和其他活动中产生的丧失原有利用价值或者虽未丧失利用价值但被抛去或者放弃的固态、半固态和置于容器中的气态物品、物质以及法律、行政法规规定纳入固态废物管理的物品、物质。如果从资源再生利用角度来看，固体废物其实是一种"放错地方的原料"；由于生产原料的复杂性、生产工艺的多样性，被抛弃的物质，在一个生产环节是暂时废物，在另外一个生产环节有可能作为原料，是可以加以利用的物质。

由于固体废物影响因素很多，几乎涉及所有行业，来源十分广泛，其来源大体上可分为两大类：一类是生产过程中所产生的废物（不包括废气和废水），称为生产废物。一般产品仅利用了原料的20%～30%，其余部分都变成了废物。另一类是产品进入市场后在流动过程中或使用消费过程中产生的固体废物称生活废物，俗称垃圾。工业固体废物的来源多样，数量和性质均差别较大，与经济发展水平和工业结构有密切的关系。按组成可以分为有机废物和无机废物；按形态分为固体块状、粒状和粉状固体废物；按危害程度可以分为危险废物和一般废物，欧美许多国家按来源将其分为工业固体废物、矿山固体废物、城市固体废物、农业固体废物和放射性固体废物，我国从废物管理的需要出发，把固体废物分为城市生活垃圾、工业固体废物、农业固体废物和危险废物四大类。

（一）工业固体废物

是指在工业、交通等生产活动中产生的固体废物。工业固体废物主要来自冶金工业、矿业、石油与化学工业、轻工业、机械电子工业、建筑业和其他工业行业等。典型的工业固体废物有煤矸石、粉煤灰、炉渣、矿渣、尾矿、金属、塑料、橡胶、化学药剂、陶瓷、沥青等。

（二）城市生活垃圾

城市生活垃圾又称为城市固体废物，它是指在城市居民日常生活中或者为城市日常生活提供服务的活动中产生的固体废物。城市生活垃圾主要包括厨余物、废纸、废塑料、废织物、废金属、废玻璃、陶瓷碎片、砖瓦渣土、粪便以及废家用什具、废旧电器、庭院废物等。城市生活垃圾主要产自城市居民家庭、城市商业、餐饮业、旅馆业、旅游业、服务业、市政环卫业、交通运输业、文教卫生业和行政事业单位、工业企业以及污水处理厂等。

（三）农业固体废物

指在农业生产及其产品加工过程中产生的固体废物。农业固体废物主要来自植物种植业、动物养殖业和农副产品加工业。常见的农业固体废物有稻草、麦秸、玉米秸、稻壳、稻糠、根茎、落叶、果皮、果核、畜禽粪便、死禽死畜、羽毛、皮毛等。

（四）危险废物

是指列入国家危险废物名录或者根据国家规定的危险废物鉴别标准和鉴别方法认定具有危险特性的废物。危险废物主要来自核工业、化学工业、医疗单位、科研单位等。

二、固体废物的危害及污染途径

固体废物的堆积，不仅占用大片土地，造成环境污染，而且严重影响生态环境，甚至对人类的生存和发展造成威胁。

总体而言，表现在以下几个方面：

（一）对自然环境的影响

包括土地资源的破坏，对水、大气、土壤的影响。露天堆场不仅占据土地、影响景观，其渗滤液有可能含有有毒有害成分，渗入土地，进入地下水，造成土壤污染，使土壤的成分、结构、性质和功能遭到破坏，甚至荒漠化；固体废物倾倒于江河湖泊及海洋，地表水受到直接污染，严重危害水生生物的生存条件，经过雨水的浸滤和固体废物本身的分解，有害物质发生转移，对河流及地下水系造成污染，释放出来的氮、磷，极易造成水体富营养化；对于细小颗粒物、粉尘等，可以随风飘扬，从而构成大气污染，固体废物中有害物质通过有氧、厌氧过程，散发出大量有害气体，例如长期堆存的煤矸石如含硫1.5%就会自燃，达到3%以上时，易着火，散发大量的二氧化硫，从而造成酸雾、酸雨，严重影响大气环境。

（二）对人体健康的影响

在固体废物尤其是有害固体废物的堆存、处理、处置和利用过程中，一些有害成分会通过水、大气、食物等途径进入人体内，进而危害人体健康，比如，工业废物中有些可溶性物质，污染饮用水，对人体形成化学污染，生活垃圾携带病原微生物，极易传播疾病，焚烧垃圾时，产生的粉尘会影响人的分析神经系统，诸如二噁英等剧毒物质，如果处理不当，严重时导致死亡。

（三）影响环境卫生

矿区及城郊大量堆放矸石山和垃圾山，常常改变了当地的地表景观，破坏了优美的自然环境，垃圾遍地，随风飘扬，造成了视觉污染。

（四）其他危害

有些固体废弃物由于处置不当，还可能造成燃烧、爆炸、严重腐蚀和接触中毒等伤害事件。随着城市垃圾中有机质含量的提高和由露天分散堆放变为集中堆存，只采用简单覆盖易造成产生甲烷气体的厌氧环境，使垃圾产生沼气的危害日益突出，不断发生事故并造成重大损失。

固体废弃物的污染途径：固体废物的污染有别于水和大气污染，固体废物往往是各种污染物的最终形态，浓缩了许多有害成分，在自然界中有些物质会转入大气、水和土壤中，参与生态系统的物质循环，因而具有潜在的、长期的危害性。但人们却往往对固体废物产生一种稳定、污染慢的错觉。通常，矿业固体废物所含化学成分能形成化学型污染物。

在自然条件影响下，固体废物中的部分有害成分可以通过土壤、大气、水等途径进入环境，给人类造成长期的、潜在的危害，与废气、废水污染相比具有更显著的特点，固体废物处理处置不当时，会通过不同的途径危害人体健康。

三、固体废物处理、处置及利用的原则

我国已经把资源回收与再利用作为最大发展战略，在《中国 21 世纪议程》中明确指出：中国认识到固体废物问题的严重性，认识到解决该问题是改变传统发展模式和消费模式的重要组成部分，总目标是完善固体废物法规体系和管理制度，实施废物最少量化，为废物最少量化、资源化和无害化提供技术支持。

（一）无害化

是对目前已产生但无法综合利用的固体废弃物，经过物理的、化学的或生物的方法，进行无害化或低危害的安全处置、处理，达到对废弃物的消毒、解毒或稳定化、固化，防止并减少固体废弃物的污染危害，固体废物无害化处理处置技术是工业固体废物最终处置的技术，是解决固体废物污染问题较彻底的技术方法。无害化处理处置方法主要包括填埋法、焚烧法、稳定化、物理法、化学法、生物法和弃海法等。目前，国内外普遍采用的方法是土地层埋法和焚烧法。土地填埋法的主要特点是比较经济实用，处置废物数量大。

（二）减量化

固体废物处理和处置的减量化是两个完全不同的概念。前者也包括废弃物的减容和减量，但这是在废弃物产生之后，再通过物理的、化学的无害化处理、处置，使其体积、重量的减小，它是一种废弃物治理途径，属于末端控制污染的范畴；而后者是指在工业生产过程中，通过产品变换、生产工艺改革、产业结构调整以及循环利用等途径，使其在贮存、处理、处置之前的排出废弃物的产生量最小，以达到节约资源，减少污染和便于处理、处置的目的。故废弃物的减量化是一种限制废弃物产量的途

径，属于首端预防范畴，它是指废物排行前的生产工艺过程的各个阶段，根据物质守恒定律，生产者利用和消费者使用的过程中物质（包括所有的需要的原燃材料、能源等）总量应该是不变的，其废物是在生产、消费的各个不同阶段中产生的，因此，从整个生产、消费的全过程来看，物质的总量是不变的。

废物减量化实际上是如何设法满足在生产特定条件下，使其物料消耗最少而产品产出率最高；人们可以通过改革生产中的工艺技术，控制物质最初投入方法、比例以及各个生产环节的产量来进行管理和控制末端废物产生量。废物减量化主要包括资源的减量化和现场循环回收再利用两个方面。资源的减量化包括产品更新换代和工艺制度的改革等；而现场回收利用是指废物在生产工艺过程中的闭路循环或半封闭回收利用。事实上，在生产过程中还有很大一部分废物已经流入环境中，因此废物最小量化还应包括非现场回收和其他副产品的资源化。

和末端控制相比较，首段控制明显具有超前性，是未来发展的一个大的方向。

（三）资源化

固体废物具有两重性，一方面，它既占用大量土地，污染环境；另一方面，本身又含有多种有用物质，是一种资源。20世纪70年代以前，世界各国对固体废物的认识还只是停留在处理和防止污染的问题上。自70年代以后，由于能源和资源的短缺，以及对环境问题认识的逐渐加深，人们已由消极的处理转向再资源化。资源化就是采取管理或工艺等措施，从固体废物中回收有利用价值的物资和能源。

固体废物再资源化的途径很多，但归纳起来有如下几方面：

1. 提取各种金属

把最有价值的各种金属，首先提取出来，这是固体废物再资源化的重要途径，有色金属、化工渣中往往含有其他金属。

2. 生产建筑材料

利用工业废渣生产建筑材料，是一条广阔的途径，用工业废渣生产建筑材料，一般不会产生二次污染问题，因而是消除污染，使大量工业废渣资源化的主要方法之一。

3. 生产农肥

利用固体废物生产或代替农肥，许多工业废渣含有较高的硅、钙以及各种微量元素，有些废渣还含有磷，因此可以作为农业肥料使用，城市垃圾、粪便、农业有机废物等可经过堆肥处理制成有机肥料，工业废渣在农业上的利用主要有两种方式，即直接拖用于农田和制成化学肥料，但必须引起注意的是，在使用工业废渣作为农肥时，必须严格检验这些废渣是不是有毒的，如果是有毒的废渣，一般不能用于农业生产上，但若有可靠的去毒方法，又有较大的利用价值，也只有经过严格去毒以后，才谈得上综合利用。

4. 回收能源

固体废物再资源化是节约能源的主要渠道。很多工业固体废物热值高，具有潜在的能量，可以充分利用，回收固体废物中能源的方法可用焚烧法、热解法等热处理法以及甲烷发酵法和水解法等低温方法来回收能量；一般认为热解法较好，固体废物作为能源利用的形式可以为：产生蒸汽、沼气、回收油、发电和直接利用作为燃料。

固体废物资源化具有突出优点：生产成本低，能耗少，生产效率高，环境效益好，面对我国人均资源不足，资源利用率低下等不足，推行固体废物资源化是保障国民经济可持续发展的一项有效措施。

四、固体废物的污染控制与管理

固体废物主要是通过水、气以及土壤进行的，进行控制主要采取的措施有三个方面：①改进生产工艺，采用清洁生产，利用无废、少废或无毒、低毒的生产技术，从源头消除、减少污染物的产生；采用品位高，优质的原料代替品位低、劣质原料；提高产品质量和使用寿命，使产品具有一定的前瞻性。②大力发展物质循环工艺，使得物质工艺在不同企业、不同工艺流程中得以充分利用，以便取得经济的、环境的和社会的综合效益。③进行综合治理，有些固体废物仍然含有很大部分没有起变化的原料或副产品，利用不同的工艺加以利用，若有害固体废物，可以采用不同的方式，改变固体废物中有害物质的性质，使之转变成为无害物质，最终排放物质达到国家规定的排放标准。

对于固体废物的管理，首先应该建立相关的管理体系，我国已经专门划分了有害物质与非有害物质的种类与范围，并进行实名制法和鉴别法，加大了固体废物处理处置的管理制度；完善固体废物法和执法力度，各地环保机关均制定了相关法律的实施细则，设立了环保执法大队；设立专业固体废物管理机构，逐步设立危险废物专职管理人员。

其次，制定固体废物管理的技术标准：我国初步建立了固体废物排放标准、固体废物监测标准、固体废物污染物控制标准和固体废物综合利用标准。

最后，出台固体废物管理的相关政策：主要包括排污收费政策、生产责任政策、押金返还政策、税收、信贷优惠政策、垃圾填埋费政策等。

第二节　固体废物的处理

固体废物的处理，首先要从废物的收运开始，这是一项困难而复杂的工作，对于城市垃圾来说，尤为突出，正是由于产生垃圾的地点分布广，在街道、住宅楼、小区，直至家庭住户，而且其分布也有运动源和固定源，给相关工作带来极大不便；固体废物的组成复杂多变，其形态、大小、结构和性质也变化多端，为了使其更加便于运输、储存及资源化利用和最终处置，往往需要对其进行预处理工作，包括压实、破碎、分选等，之后，进一步进行资源化处理，其包括固化与脱水、焚烧与热解、浮选、浸出等工艺过程。

一、固体废物的收运与压实

（一）固体废物的收运

按照国家法律及城市有关规定，固体废物的收集原则是：危险固体废物与一般固体废物分开,工业固体废物应与生活垃圾分开,泥态与固态分开;污泥应进行脱水处理。对需要预处理的固体废物,可根据处理、处置或利用的要求采取相应的措施,对需要包装或盛装的固体废物,可根据运输要求和固体废物的特性,选择合适的容器与包装装备,同时以确切明显的标记。固体废物的收集方法,按固体废物产生源分布情况可分为集中收集和分散收集两种;按收集时间可分为定期收集和随时收集两种。

在我国,工业固体废物处理的原则是"谁污染、谁治理"。我国对大型工厂回收公司到厂内回收,中型工厂则定人定期回收,小型工厂划片包干巡回回收,工业固体废物通常采用分类收集的方法进行收集;分类收集的优点是有利于固体废物的资源化,可以减少固体废物处理与处置费用及对环境的潜在危害,而国外工业固体废物的收集已普遍采用分类收集的方法进行,而我国这方面还有许多工作要做。

生活垃圾的收集,常常包括五个阶段:①从垃圾的发生源到垃圾桶;②垃圾的清除;③把垃圾桶中垃圾进行收集;④运输到垃圾场或垃圾站;⑤由垃圾场运输到填埋场。

收集容器可以根据经济条件和生活习惯进行选择,使用的垃圾储存容器种类繁多、形态各异,其制作材料也不同,按用途分为垃圾桶、箱、袋和废物箱,按材质分,有金属材料和塑料制品,要求容积合适,满足日常需要,又不能超过1～3天的存留期,防止垃圾发酵、腐败、滋生蚊蝇,发出异味。

运输方式受固体废物的特征和收集点到处理处置点之间的自然状况所限制,有公路、铁路、船运和航空运输等种类,最常见者为公路运输。我国和发达国家普遍使用各种类型的垃圾运输车来清运垃圾。车辆分为密闭型和非密闭型两种。

收集线路通常由"收集路线"和"运输路线"组成。前者指收集车在指定街区收集垃圾时所遵循的路线;后者指装满垃圾后,收集车为运往转运站(或处理处置场)所走过的路线。收运路线的设计应遵循如下原则:①每个作业日每条路线限制在一个地区,尽可能紧凑,没有断续或重复的线路;②工作量平衡,使每

个作业、每条路线的收集和运输时间都大致相等;③收集路线的出发点,要考虑交通繁忙和单行街道的因素;④在交通拥挤时间,应避免在繁华的街道上收集垃圾。

(二)固体废物的压实

压实又称压缩,是利用机械方法将空气从固体废物中挤压出来,减少固体废物的空隙率,增加其聚集程度的一种固体废物处理方法。适合压实处理的固体废物主要是压缩性能大而复原性小的物质,如金属加工产生的废金属丝、金属碎片、废冰箱、洗衣机,以及纸箱、纸袋、纤维等。压实的目的是缩小固体废物的体积,便于装卸和运输,降低运输成本;增加固体废物的容重,制取高密度惰性块料,便于贮存、填埋;此外,固体废物压实处理还有减轻环境污染、节省填埋或贮存场地和快速安全造地的效果。

为了判断和描述压缩效果,比较压缩技术与设备的效率,常常采用压缩比和压缩倍数来表达废物的压缩程度。

压缩比(r)是指固体废物经过压缩处理后,体积减少的程度,可用固体废物压缩前、后的体积比表达:

$$r = V_f/V_i$$

（9-1）

式中：r——固体废物体积压缩比；

V_f——固体废物压缩前的原始体积；

V_i——固体废物压缩后的最终体积。

固体废物压缩比取决于废物的种类、性质以及施加的外力等，一般压缩比为3～5，如果同时采用破碎与压缩技术，可以使压缩比增加到5～10，压缩比r越大，说明压缩效果越好。

常见的压缩设备为压缩机或压实器，有多种类型，其构造主要由容器单元和压实单元两部分组成：容器单元接受废物，压实单元具有液压或气压操作之分，利用高压使废物致密化。压实器有固定及移动两种形式：移动式压实器一般安装在收集垃圾的车上，接受废物后即行压缩，随后送往处理处置场地；固定式压缩器一般设在废物转运站、高层住宅垃圾滑道底部以及需要压实废物的场合。

二、固体废物的破碎与分选

（一）破碎

固体废物的破碎是指利用外力克服固体废物质点间的内力而使得大块固体废物分裂成小块的过程；使小块固体废物颗粒分裂成细粉的过程称为磨碎。固体废物经过破碎和磨碎后，粒度变得小而均匀，其目的如下：

（1）使得固体废物的比表面积增加，可提高焚烧、热解、爆烧、压缩等作业的稳定性和处理效率。

（2）固体废物粉碎后容积减少，便于运输和贮存。

（3）为固体废物的下一步加工和资源化作准备。例如用煤矸石制砖、制水泥等，都要求把原料破碎和磨碎到一定的粒度，才能为下一步工序所利用。

（4）防止粗大、锋利废物损坏分选、焚烧、热解等设备。

（5）固体废物粉碎后，原来联生在一起的矿物或联结在一起的异种材料等单体分离，便于从中分选、拣选回收有用物质和材料。

（6）利用破碎后的生活垃圾进行填埋处置时，压实密度高而均匀，可以加速复土还原。

破碎的方法有很多，根据破碎固体废物时消耗能量的形式不同，破碎方法可分为机械破碎和非机械破碎两类。机械破碎是利用破碎机的齿板、锤子、球磨机的钢球等破碎工具对固体废物施力而将其破碎的方法。非机械破碎是利用电能、热能等对固体废物进行破碎的方法，有低温冷冻破碎、超声波破碎、热力破碎、减压破碎法等。低温冷冻破碎已用于废塑料及其制品、废橡胶及其制品等的破碎。

固体废物破碎的主要设备是破碎机，常用的破碎机类型有颚式破碎机、锤式破碎机、冲击式破碎机、剪切式破碎机、辊式破碎机、球磨机及特殊破碎机等。

（二）分选

固体废物的分选是指利用固体废物中不同物相组分的物理性质和表面特性的差异，采用不同的工艺而将它们分别分离出来的过程。这是固体废物处理工程中重要的处理环节之一。固体废物的物理性质和表面特性主要包括粒度、密度、磁性、电性、光电性、摩擦性、弹性和表面湿润性等物理和物理化学性质不同进行分选，可分为筛选（分）、重力分选、磁力分选、电力分选、光电分选以及浮选等。

1. 筛分

筛分是利用筛子将物料中小于筛孔的细粒物料透过筛面，而大于筛孔的粗粒物料留在筛面上，完成粗、细料分离的过程。该分离过程可看作是物料分层和细粒透筛两个阶段组成的。物料分层是完成分离的条件，细粒透筛是分离的目的。

筛分效率受很多因素的影响，主要因素有：固体废物的性质、筛分设备的性能、筛分操作条件等。

在固体废物处理中最常用的筛分设备主要有以下几种类型：固定筛、滚筒筛、惯性振动筛、共振筛。

2. 重力分选

重力分选是根据固体废物在介质中的比重差（或密度差）进行分选的一种方法。它利用不同物质颗粒间的密度差异，在运动介质中受到重力、介质动力和机械力的作用，使颗粒群产生松散分层和迁移分离从而得到不同密度的产品。

3. 磁力分选

固体废物的磁力分选是借助磁选设备产生的磁场使铁磁物质组分分离的一种方法，简称磁选。在固体废物的处理系统中，磁选主要用作回收或富集黑色金属，或是在某些工艺中用以排除物料中的铁质物质。磁选有两种类型：一种是传统的磁选法；另一种是新发展起来的磁流体分选法。

磁选的工作原理是磁选是利用固体废物磁性的差别来进行分选的，不同磁性的组分通过磁场时，磁性较强的颗粒（通常即为黑色金属）就会被吸附到产生磁场的磁选设备上，而磁性弱和非磁性颗粒就会被输送设备带走或受自身重力或离心力的作用掉落到预定的区域内，从而完成磁选过程。

主要磁选设备是滚筒式磁选机、悬挂带式磁力分选机等。

4. 磁流体分选

磁流体是指某种能够在磁场或磁场和电场联合作用下磁化，呈现似加重现象，对颗粒产生磁浮力作用的稳定分散液，磁流体通常采用强电解质溶液、顺磁性溶液和铁磁性胶体悬浮液。

磁流体分选是利用磁流体作为分选介质，它在磁场或磁场和电场的联合作用下产生"加重"作用，按固体废物各组分的磁性和密度的差异或磁性、导电性和密度的差异，使不同组分分离。当固体废物中各组分间的磁性差异小而密度或导电性差异较大时，采用磁流体可以有效地进行分离。

根据分选原理和介质的不同，可分为磁流体动力分选和静力分选两种。当要求分选精度高时采用静力分选，固体废物中各组分间电导率差异大时，采用动力分选。

　　磁流体分选是一种重力分选和磁力分选联合作用的分选过程。各种物质在似加重介质中按密度差异分离，这与重力分选相似；在磁场中按各种物质间磁性（或电性）差异分离与磁选相似，不仅可以将磁体和非磁体物质分离，而且也可以将非磁性物质之间按密度差异分离。该方法在很多国家已得到了广泛应用，不仅可以分离各种工业固体废物，而且还可以从城市垃圾中回收铝、铜、锌、铅等金属。

　　5.电力分选

　　电力分选简称电选，是利用固体废物中各种组分在高压电场中电性的差异而实现分选的一种方法。

　　电选分离过程是在电选设备中进行的。废物颗粒在电晕-静电复合电场电选设备中的分离过程：废物由给料斗均匀地给入辐筒上，随着辐筒的旋转进入电晕电场区。由于电场区空间带有电荷，导体和非导体颗粒都获得负电荷，导体颗粒一面荷电，一面又把电荷传给辐筒（接地电极），其放电速度快。因此当废物颗粒随辐筒旋转离开电晕电场区而进入静电场区时，导体颗粒的剩余电荷少，而非导体颗粒则因放电较慢，致使剩余电荷多。导体颗粒进入静电场后不再继续获得负电荷，但仍继续放电，直至放完全部负电荷，并从辐筒上得到正电荷而被辐筒排斥，在电力、离心力和重力分力的综合使用下，其运动轨迹偏离辐筒，在辐筒前方落下。非导体颗粒由于有较多的剩余负电荷，将与辐筒相吸，被吸附在辐筒下，带到辐筒后方，被毛刷强制刷下；半导体颗粒的运动轨迹则介于导体与非导体颗粒之间，成为半导体产'品落下，从而完成电选分离过程。

　　常用的电选设备有静电分选机和高压电选机。

　　6.浮选

　　浮选的工作原理是在固体废物与水调制的料浆中加入浮选药剂，并通入空气形成无数细小气泡，使欲选物质颗粒黏附在气泡上，随气泡上浮于料浆表面成为泡沫层，然后刮除回收，不浮的颗粒仍留在料浆内，通过适当处理后废弃。

　　浮选是固体废物资源化的一种重要技术，我国已应用于从粉煤灰中回收炭，从煤矸石中回收硫铁矿，从焚烧炉灰渣中回收金属等。

　　采用浮选方式对固体废物浮选主要是利用欲选物质对气泡黏附的选择性。其中有些物质表面的疏水性较强，容易黏附在气泡上，而另一些物质表面亲水，不易黏附在气泡上，物质表面的亲水、疏水性能，可以通过浮选药剂的作用而加强，因此，在浮选工艺中正确选择使用浮选药剂是调整物质可浮性的主要外因条件。

　　浮选药剂根据在浮选过程中的作用不同，可分为输收剂、起泡剂和调整剂三大类，其作用不同。

　　（1）捕收剂

　　能够选择性地吸附在欲选的物质颗粒表面上，使其疏水性增强，提高可浮性，并牢固地黏附在气泡上而上浮。

　　（2）起泡剂

　　是一种表面活性物质，主要作用在水-气界面上使其界面张力降低，促使空气在料浆中弥散，形成小气泡，防止气泡兼并，增大分选界面，提高气泡与颗粒的黏附和上浮过程中的稳定性，以保证气泡上浮形成泡沫层。常用的起泡剂有松油、松醇油、脂肪醇等。

（3）调整剂

其作用主要是调整其他药剂（主要是捕收剂）与物质颗粒表面之间的作用，还可调整料浆的性质，提高浮选过程的选择性，调整剂的种类较多，包括活化剂、抑制剂、介质调整剂和分散与混凝剂等。

常用的浮选设备类型很多，在我国，使用最多的是机械搅拌式浮选机。

三、污泥的浓缩、脱水与干燥

（一）污泥的浓缩和脱水

在实际生产过程中，如生产工艺本身、城市污水和工业废水处理时，常常产生许多沉淀物和漂浮物，比如在污水处理系统中，直接从污水中分离出来的沉沙池的沉渣，初沉池的沉渣，隔油池和浮选池的油渣，废水通过化学处理和生物化学处理产生的活性污泥和生物膜，高炉冶炼过程排出的洗气灰渣，电解过程排出的电解泥渣等，它们统称为污泥。污泥的重要特征是含水率高，在污泥处理与利用中，核心问题是水和悬浮物的分离问题，即污泥的浓缩和脱水问题。

污泥的种类很多，根据来源分大体有生活污水污泥、工业废水污泥和给水污泥三类。

采用污泥浓缩主要是去除污泥中的间隙水，缩小污泥的体积，为污泥的输送、消化、脱水、利用与处置创造条件。污泥浓缩方法主要有重力浓缩法、气浮浓缩法和离心浓缩法三种。重力浓缩法是最常用的污泥浓缩法。重力浓缩法的构筑物称为浓缩池，按照运行方式可分为间歇式浓缩池和连续式浓缩池两类。气浮浓缩是依靠大量微小气泡附着在污泥颗粒上，形成污泥颗粒-气泡结合体，进而产生浮力把污泥颗粒带到水表面达到浓缩的目的。污泥离心浓缩是利用污泥中固体颗粒和水的密度差异，在高速旋转的离心机中，固体颗粒和水分别受到大小不同的离心力而使其固液分离，从达到污泥浓缩的目的。

按水分在污泥中存在的形式可分为间隙水、毛细管结合水、表面吸附水和内部水四种。存在污泥颗粒间隙中的水称间隙水，占污泥水分的70%左右，一般用浓缩法分离。在污泥颗粒间形成一些小的毛细管，这种毛细管有裂纹形和楔形两种，其中充满水分，分别称为裂纹毛细管结合水和楔形毛细管结合水，约占污泥水分的20%，可采用高速离心机脱水、负压或正压过滤机脱水；吸附在污泥颗粒表面的水称为表面吸附水，约占污泥水分的7%，可以采用加热法脱除；存在污泥颗粒内部或微生物细胞内的水称为内部水，约占污泥水分的3%，可采用生物法破坏细胞膜除去细胞内水或高温加热法、冷冻法去除。

污泥中水分与污泥颗粒结合的强度由小到大的顺序大致为：间隙水＜裂纹毛细管结合水＜楔形毛细管结合水＜表面吸附水＜内部水。这顺序也是污泥脱水的易难顺序。污泥脱水的难易除与水分在污泥中的存在形式有关外，还与污泥颗粒的大小和有机物含量有关，污泥颗粒越细、有机物含量越高，其脱水的难度就越大。为了改善这种污泥脱水性能，常采用污泥消化或化学调理等方法。生产实践表明，污泥脱水用单一方法很难奏效时，这时必须采取几种方法配合使用，才能收到良好的脱水效果。

（二）污泥的干燥

污泥通过浓缩、脱水之后，含水率高达45%～86%，体积较大，不利于分散及装袋，为了便于进一步处理利用，应该进行干燥处理。

在干燥过程中，一般把污泥加热到300～400℃，使得污泥中的水分充分蒸发，处理后的污泥含水率降低到20%左右，并能杀灭污泥中的病原微生物及寄生虫卵，从而使其体积、质量大为减少，便于运输，并可作为肥料使用。

目前，采用的干燥设备是回转筒式干燥器和带式流化床干燥器。

在干燥过程中，应该注意：对于容易产生恶臭的污泥，需要脱臭，如果产生易燃易爆粉尘颗粒物，应注意安全，污泥中的重金属需要处理到相关标准以内，处理费用是否合适等。

四、焚烧与热解

（一）焚烧

固体废物的焚烧是使可燃性废物在高温下与空气中氧发生燃烧反应，将固体废物经济有效地转变成燃烧气体和少量稳定的残灰，简言之，焚烧的目的侧重于废料的减容从而安全稳定化。焚烧必须以良好的燃烧为基础，否则将产生大量的煤烟混入燃烧气中而产生黑烟。

同时，未燃物进入残灰，亦达不到减容与安全稳定化的目的。可见焚烧与燃烧有着密切的关系，良好的燃烧状态是焚烧的基础。

采用焚烧工艺在处理工业废物方面的有着广泛应用，源于其独特的优点：

（1）工业固体废物经焚烧处理后，工业固体废物中的病原体被彻底消灭，燃烧过程中产生的有害气体和烟尘经处理后达到排放要求，无害化程度高；

（2）经过焚烧，工业固体废物中的可燃成分被高温分解后，一般可减重80%和减容90%以上，减量效果好，可节约大量填埋场占地，焚烧筛上物效果更好；

（3）工业固体废物焚烧所产生的高温烟气，其热能被废热锅炉吸收转变为蒸汽，用来供热或发电，工业固体废物被作为能源来利用，还可回收铁磁性金属等资源，可以充分实现工业固体废物处理的资源化；

（4）焚烧处理可全天候操作，不易受天气影响。

但此法也有明显的不足：①投资昂贵、操作运行费用高、对炉内废物的热值有一定要求（一般不能低于3360kJ/kg）；②焚烧过程还将产生导致二次污染的多种有害物质与气体，如有机卤化物、氮氧化物、二噁英等，这将增加后续的尾气处理成本。

对于可采用焚烧技术处理的固体废物，据国外有关机构研究表明，主要有：①具有生物危害性的废物，如医院废物和易腐败的废物；②难于生物降解及在环境中持久性长的废物，如塑料、橡胶和乳胶废物；③易挥发和扩散的废物，如废溶剂、油、油乳化物和油混合物、含酚废物以及油脂、蜡废物和有机釜底物；④熔点低于40℃的废物；⑤不可能安全填埋处置的废物，一般危险废物中的固体含量为35%，有机物含量少于1%，毒性废物在经过解毒和预处理后才允许进行填埋处置；⑥含有卤素、铅、汞、镉、锌等重金属以及氮、磷和硫等的有机废物，如PCBs、农药废物和制药废物等。

焚烧过程中，影响固体废物焚烧的因素很多，其中焚烧温度、停留时间、搅混强度和过剩空气率合称焚烧四大要素。同时，要注意二噁英、恶臭等有机组分的产生与防治，还要注意煤烟及焚烧残渣的治理。

对于焚烧设备有很多类型，典型的焚烧炉有立式多段炉、回转窑焚烧炉、流化床焚烧炉等。

（二）热解

所谓固体废物的热解是利用大多数的有机质的热不稳定性，在缺氧或无氧的条件下，使可燃性固体废物在高温下分解，最终成为可燃气、油、固形炭的过程，城市固体废物、污泥、工业废物如塑料、树脂、橡胶以及农业废料、人畜粪便等各种固体废物都可采用热解方法，从中回收燃料。

热解法与焚烧法相比是完全不同的两个过程，焚烧是放热的，热解是吸热的，焚烧的产物主要是二氧化碳和水，而热解的产物主要是可燃的低分子化合物，如气态的有氢、甲烷、一氧化碳，液态的有甲醇、丙酮、醋酸、乙醛等有机物及焦油、溶剂油等，固态的主要是焦炭或炭黑。焚烧产生的热能量大的可用于发电，量小的只可供加热水或产生蒸汽，就近利用；而热解产物是燃料油及燃料气，便于贮藏及远距离输送。

热分解过程由于供热方式、产品状态、热解炉结构等方面的不同，热解方式各异。按供热方式可分成内部加热和外部加热，外部加热是从外部供给热解所需要的能量，内部加热是供给适量空气使可燃物部分燃烧，提供热解所需的热能；外部供热效率低，不及内部加热好，故采用内部加热的方式较多。按热解与燃烧反应是否在同一设备中进行，热解过程可分成单塔式和双塔式；按热解过程是否生成炉渣可分成造渣型和非造渣型；按热解产物的状态可分成气化方式、液化方式和碳化方式。还有的按热解炉的结构将热解分成固定层式、移动层式或回转式，由于选择方式的不同，构成了诸多不同的热解流程及热解产物。

热解过程的几个关键技术参数是热分解温度、热分解速度、保温时间、空气量等，每个参数都直接影响产物的混合和产量。

热解常用的设备有：槽式（聚合浴、分解槽）、管式（管式蒸馏、螺旋式）、流化床式等。

五、固体废物的生物处理

固体废物的生物降解处理是指依靠自然界广泛分布的生物体（包括动物、植物和微生物）的作用，通过生物转化，将固体废物中易于生物降解的有机组分转化为腐殖质肥料、沼气或其他转化产品（如饲料蛋白、乙醇或糖类）等，从而达到固体废弃物无害化或综合利用的一种处理方法。当然，生物中最主要的是微生物，然后才是动物及植物。

（一）微生物的处理技术

由于微生物具有复杂而丰富的酶系，许多环境污染物往往含有大量的生物组分的大分子有机物及其中间代谢物和碳水化合物、蛋白质、脂肪、氨基酸、脂肪酸等，这些物质一般都较容易为微生物降解，因此，利用微生物分解固体废弃物中的有机物从而实现其无害化和资源化，是处理固体废弃物的有效而经济的技术方法。根据处理过程中起作用的微生物对氧气要求的不同，生物处理可分为好氧生物处理和厌氧生物处理两类。好氧生物处理是一种在提供游离氧的条件下，以好氧微生物为主使有机物降解并稳定化的生物处理方法；厌氧生物处理是在没有游离氧的条件下，以厌氧微生物为主对有机物进行降解并稳定化的一种生物处理方法。目前，对于可生物降解的有机固体废物的处理，世界各国主要采用好氧堆肥处理、高温好氧发酵处理、厌氧堆肥处理、厌氧产沼气处理和生物转化处理等处理技术。

好氧堆肥是在有氧条件下，借好氧微生物（主要是好氧菌）的作用来进行的。在堆肥过程中，有机废物中的可溶性有机物质透过微生物的细胞壁和细胞膜而被微生物所吸收；固体的和胶体的有机物先附着在微生物体外，由生物所分泌的胞外酶分解为溶解性物质，再渗入细胞。微生物通过自身的氧化、还原、合成等生命活动，把一部分被吸收的有机物转化成简单的无机物，并放出生物生长活动所需要的能量，把另一部分有机物转化、合成为新的细胞物质，使微生物生长繁殖，产生更多的生物体。

在堆肥过程中伴随着两次升温，将其分为如下三个过程：起始阶段、高温阶段和熟化阶段。

在开始阶段，堆层呈中温（15～45℃），嗜温性微生物活跃，利用可溶性物质糖类、淀粉不断增殖，在转换和利用化学能的过程中产生的能量超过细胞合成所需的能量，加上物料的保温作用，温度不断上升，以细菌、真菌、放线菌为主的微生物迅速繁殖。

在高温阶段，堆层温度上升到45℃以上，从废物堆积发酵开始，不到一周的时间，堆温一般可达65～70℃，或者更高；此时，嗜温性微生物受到抑制，甚至死亡，而嗜热性微生物逐渐替代嗜温性微生物的活动。除前一阶段残留的和新形成的可溶性有机物继续分解转化外，半纤维素、纤维素、蛋白质等复杂有机物也开始强烈分解；在50℃左右活动的主要是嗜热性真菌和放线菌；60℃时，仅有嗜热性放线菌与细菌活动；70℃以上，微生物大量死亡或进入休眠状态。在高温阶段，嗜热性微生物按其活性，又可分为对数增长期、减速增长期和内源呼吸期；微生物经历这三个时期变化以后，堆层便开始发生与有机物分解相对立的腐殖质形成过程，堆肥物料逐步进入稳定状态。

在熟化阶段，由于在内源呼吸期内，微生物活性下降，发热量减少，温度下降，嗜温性微生物再占优势，使残留难降解的有机物进一步分解，腐殖质不断增多且趋于"稳定"，最终完成堆肥过程。

描述堆肥的主要参数有有机物的含量、供氧量、含水量、碳氮比、碳磷比、pH值和腐熟度等。

　　厌氧发酵也称沼气发酵或甲烷发酵，是指有机物在厌氧细菌作用下转化为甲烷（或称沼气）的过程。自然界中，厌氧发酵广泛存在，但是发酵速度缓慢，采用人工方法，创造厌氧细菌所需的营养条件，使其在一定设备内具有很高的浓度。厌氧发酵过程则可大大加快。

　　有机物厌氧发酵依次分为液化、产酸、产甲烷三个阶段。三个阶段各有其独特的微生物类群起作用。

　　在液化阶段是发酵细菌起作用。包括纤维素分解菌、蛋白质水解菌。这些发酵细菌对有机物进行体外酶解，使固体物质变成可溶于水的物质。然后细菌再吸收可溶于水的物质，并将其酶解成为不同产物，如多糖类水解成单糖，蛋白质转变成氨基酸，脂肪变成甘油和脂肪酸等。

　　在产酸阶段是醋酸分解菌起作用。产氢、产醋酸细菌把前一阶段产生的一些中间产物丙酸、丁酸、乳酸、长链脂肪酸、醇类等进一步分解成醋酸和氢。在液化阶段和产酸阶段起作用的细菌统称为不产甲烷菌，是兼性厌氧微生物。

　　厌氧发酵的影响因素有：温度、营养、pH值、搅拌等。

（二）动植物处理固体废物

　　而采用动物处理固体废物主要是指利用畜禽类和有些水产动物等，通过食物链使得农业秸秆、籽壳、谷糠、教皮、田间杂草、厨余物和食品加工厂下脚料等得到充分利用，动物和其他各界生物不同，一般不能把无机物合成有机物，只能以植物、微生物、人类活动的副产品或其他代谢物作为营养来源，进行消化、吸收等一系列的生命活动，把它们转化成自身的营养物质，从而达到处理固体废物的作用。

　　利用植物来处理固体废物，如园林绿化需要用肥料，那么经过化粪池或沼气池处理的生活垃圾用做城镇绿化园林的有机肥料，通过窝施、沟施或喷洒的方式，可以保证树木常青常绿，净化生活环境，节约园林管理费用。另外，在垃圾填埋场上种植各种植物、花草，不仅绿化环境，同时也可以使得填埋场的垃圾逐步分解、消化吸收，因此，植物对一些固体废物的处理有着不可或缺的作用和功能。

第三节　固体废物的处置

　　固体废物经过减量化、资源化之后，余下的往往是目前工艺技术条件下无法再继续利用的残渣，里面常常含有许多有害物质，由于自身降解能力有限，可能长时间停留在环境中，对环境造成潜在危害。因此，为了防止和减少其对环境的污染和影响，必须对其进行最终安全的处置，使其安全化、稳定化、无害化，最终处置的目的是采取有效措施，使固体废物最大限度地与生物团隔离，从而解决固体废物的最终归宿问题，这对于固体废物的污染防治起着十分关键的作用。

　　所谓固体废物最终处置是指，当前技术条件下无法继续利用的固体污染物终态，因其富集不同种类的污染物质而对生态环境和人体健康具有即时性和长期性影响，必须把它们放置在某些安全可靠的场所，以最小限度地与生物圈隔离，为达到此目的而采取的措施，称之为固废处置（固废的房处理）。它是固废全过程管理中的最重要的环节。

固体废物的最终处置，是将不再回收利用的固体废物最终置于符合环境保护规定要求的场所或者设施中的活动。最终处置的总目标是确保废物中的有毒有害物质，无论是现在还是将来都不能对人类及环境造成不可接受的危害。因此，固体废物最终处置操作应满足如下基本要求：

第一，处置场地应安全可靠、适宜。通过天然屏障或人工屏障使固体废物被有效隔离，使污染物质不会对附近生态环境造成危害，更不能对人类活动造成影响。

第二，在选择处置方法时，既要简便经济又要确保符合要求，保证目前及将来的环境效益。

第三，尽可能减少进行最终处置的固体废物量，以及其有害成分的含量，同时为减少处置投资费用和处置场使用时间，对固体废物体积应尽量进行最大压缩。

第四，必须有完善的环保监测设施，保证固体废物处置工程得到良好的管理和维护。

第五，必须有完善的环保监测设施，保证固体废物处置工程得到良好的管理和维护。

固体废物处置的基本方法是通过多重屏障（如天然屏障或人工屏障）实现有害物质同生物圈的有效隔离。天然屏障指：①处置场地所处的地质构造和周围的地质环境；②沿着从处置场地经过地质环境到达生物圈的各种可能对于有害物质有阻滞作用的途径。人工屏障指：①使废物转化为具有低浸出性和适当机械强度的稳定的物理化学形态；②废物容器；③处置场地内各种辅助性工程屏障。

固体废物的处置按其处置地点的不同，可分为陆地处置和海洋处置两大类。陆地处置是基于土地对固体废物进行处置，根据废物的种类及其处置的地层位置（地上、地表、地下和深地层），陆地处置可分为土地耕作、工程库或贮流池贮存、土地填埋（卫生土地填埋和安全土地填埋）、浅地层埋藏以及深井灌注处置等。海洋处置是基于海洋对固体废物进行处置的一种方法，海洋处置主要分为两类：传统的海洋倾倒（浅滩与深海处置）和近年来发展起来的远洋焚烧。

一、固体废物的陆地处置

（一）土地耕作

土地耕作是指利用现有的耕作土地，把固体废物分散在其中，在耕作过程中，由于生物的降解、植物的吸收以及风化作用，使得固体废物污染指数逐渐达到土地背景程度的方法。

土地耕作的基本原理是基于土壤的离子交换、吸收、吸附、生物降解等综合作用的过程。当土壤中加入可生物降解的有机物后，通过微生物的分解、浸出、沥滤、挥发等生物化学过程，一部分便结合到土壤底质中，一部分碳转化成为二氧化碳，挥发进入大气中；当土壤含有适当的氮和磷酸盐时，碳可被微生物吸收，最后使得有机废物被固定在土壤中，这样，既改善了土壤结构，又增加了土壤的肥力；没有被生物降解的组分，则永远储存在土壤耕作区，因此，土地耕作实际上是对有机物净化，对无机物储存的综合性处置方法。

土地耕作具有明显的优点：工艺简单、操作方便、投资少、对分解影响小，而且确实起到改善某些土壤结构和提高肥效的作用，特别是对于农业秸秆、人畜粪便、沼气泥渣、一般工业污泥等，被环境工作者和农民广为接受。

生产实践中，影响固体废物土地耕作的影响因素主要有：废物成分、耕作深度、废物的破碎程度、气温、土壤的 pH 值等。

（二）土地填埋

土地填埋分卫生土地填埋和安全土地填埋两种。

固体废物的卫生土地填埋要用来处置城市垃圾，通常是每天把运到土地填埋场地的废物在限定的区域内铺散成 0.40～0.75m 的薄层，然后压实以减少废物的体积，并在每天操作之后用一层厚 0.15～0.30m 的土壤覆盖、压实。废物层和土壤层共同构成一个单元，即填筑单元；具有同样高度的一系列相互衔接的填筑单元构成一个升层；完成的卫生土地填埋场是由一个或多个升层组成的；当土地填埋达到最终的设计高度之后，再在填埋层之上覆盖一层 0.90～1.20m 的土壤，压实后就得到一个完整的卫生土地填埋场。

卫生土地填埋主要分厌氧、好氧和准好氧三种。好氧填埋实际上类似高温堆肥，其主要优点是能够减少填埋过程中由于垃圾降解所产生的垃圾渗滤液的数量，同时分解速度快，能够产生高温（可达60℃），有利于消灭大肠杆菌等致病细菌。但由于好氧填埋存在结构设计复杂、施工困难、投资和运行费用高等问题，在大中型卫生填埋场中推广应用很少。准好氧填埋介于厌氧和好氧填埋之间，也同样存在类似问题，但准好氧填埋的造价比好氧填埋低，在实际中应用也很少，厌氧填埋具有结构简单、操作方便、施工相对简单、投资和运行费用低、可回收甲烷气体等优点，目前在世界上得到广泛的采用。

固体废物的安全土地填埋其本质是改进的卫生土地填埋，填埋场的结构和安全措施比卫生土地填埋要求更严格，主要是用于处置危险固体废物，其选址应该是远离城市和居民密集的地区，同时填埋场必须有严格的天然或者人造衬里，下层土壤或土壤同衬里的结合部渗透率应该小于 10～8cm/s，填埋场最底层应该位于地下水之上；要求采取适当的措施控制和引出地表水；要配置严格的渗滤液收集、处理及监测系统；设置完善的气体排放和监测系统；记录所处位置废物的来源、性质及数量，把不相容的废物分开处置；如果危险废物处置前进行稳定化处理，填埋后会更安全。

安全土地填埋的特点是：工艺简单、成本较低、适于处置多种类型的废物而为世界许多国家所采用。虽然，目前对土地安全填埋是否作为固体废物的永久处置的方法尚存有争议，但在目前乃至将来，至少是在新的可行处置方法研制出来之前，安全土地填埋仍是一个较好的危险废物的处置方法。

安全土地填埋的处置对象：从理论上讲，如果处置前对废物进行稳态化预处理，则安全土地填埋可以处置所有的有害废物和无害废物。从环境保护的要求来看，实际上安全土地填埋应尽量避免处置易燃性、反应性、挥发性等废物，除非经过特别的处理，采用严格的防渗措施，认为不会发生爆炸，释出有毒、有害气体或烟气方可进行安全土地填埋处置。

（三）浅地层填埋

固体废物的浅地层填埋是指地表或地下的、具有防护覆盖层的、有工程屏障或没有工程屏障的浅埋处置，主要用于处置容器盛装的中低放固体废物，埋藏深度一般在地面下 0.50m 以内；浅地层填埋场由壕沟之类的处置单元及周围缓冲区构成。通常将废物容器置于处置单元之中，容器间的空隙用沙子或其他适宜的土壤回填，压实后再覆盖多层土壤，形成完整的填埋结构。这种处置方法借助上部土壤覆盖层，既可屏蔽来自填埋废物的射线，又可防止天然降水渗入。如果有放射性核素泄漏释出，可通过缓冲区的土壤吸附加以截留，浅地层填埋处置适于处置中低放固体废物。由于其投资较少，容易实施，是处置中低放废物的较好方法，在国内外解决低放废物处置问题上应用较广。

适用于浅地层填埋处理的固体废物为：适于浅地层处置的废物所属核元素及其物理性质、化学性质和外包装必须满足以下要求：①含半衰期大于 5a，小于或等于 30a 放射性核素的废物，比活度不大于 $3.7×10^{10}$Bq/kg；②含半衰期大于 5a，小于或等于 30a 放射性核素的废物，比活度不限；③在 300~500a 内，比活度能降低到非放射性固体废物水平的其他废物；④废物应是固体形态，其中游离液体不得超过废物体积的 1%；⑤废物应有足够的化学、生物、热和辐射稳定性；⑥比表面积小，弥散性低，且放射性核素的浸出率低；⑦废物不得产生有毒有害气体；⑧废物包装材料必须有足够的机械强度，以满足运输和处置操作的要求；⑨包装体表面的剂量当量率应小于 2msv/h；⑩废物不得含有易燃、易爆、易生物降解及病原菌等物质。

要使所处置的放射性固体废物满足上述要求，必须根据废物的特点在处置前进行预处理，预处理方法主要有：去污、包装、切割、压缩、焚烧、固化等。

浅地层埋藏处置场的设计原则：浅地层埋藏处置场的处置对象是中低放废物，其目的是避免废物对人类造成不可接受的危害，把废物中的放射性核素限制在处置场范围内。

因此，处置场的设计除了要考虑废物处置前的预处理、浸出液的收集、地表径流的控制外，还要考虑辐射屏蔽防护问题。处置场的设计原则为：

（1）处置场的设计必须保证在正常操作和事故情况下，对操作人员和公众的辐射防护符合辐射保护规定的要求；

（2）避免处置场关闭后返修补救；

（3）尽可能减少水的渗入；

（4）保证排出地表径流水；

（5）尽可能减少填埋废物容器之间的空隙；

（6）处置单元的布置做到优化合理；

（7）废物之上要覆盖 2m 以上的土壤。

浅地层埋藏处置设施主要分为简易沟槽式和混凝土结构式两种。其设计规划内容、程序与安全土地填埋基本一致。

（四）深井灌注

固体废物的深井灌注是将固体废物液化，形成真溶液或乳浊液，用强制性措施注入地下与饮用水和矿脉层隔开的可渗透性岩层中，从而达到固体物的最终处置。

深井灌注处置系统要求适宜的地层条件，并要求废物同建筑材料、岩层间的液体以及岩层本身具有相容性；在石灰岩或白云岩层处置，容纳废液的主要条件是岩层具有空穴型孔隙，以及断裂层和裂缝；在砂石岩层处置，废液的容纳主要依靠存在于穿过密实砂床的内部相连的间隙。

适于深井灌注处置的废物可分为有机和无机两大类。它们可以是液体、气体或固体，在进行深井灌注时，将这些气体和固体都溶解在液体里，形成溶液、乳浊液或液-固混合体。深井灌注方法主要是用来处置那些实践证明难以破坏、难以转化、不能采用其他方法处理处置，或者采用其他方法费用昂贵的废物。

目前采用深井灌注得最多的是石油、化学工业和制药工业，其次是炼油厂和天然气厂，然后是金属公司，再是食品加工、造纸业也占有一定的比例。

二、固体废物的海洋处置

固体废物的海洋处置是指利用海洋巨大的分解容量和自净能力处置固体废物的一种方法。按照处置方式，海洋处置分为海洋倾倒和远洋焚烧两类。海洋倾倒实际上是选择距离和深度适宜的处置场，把废物直接倒入海洋；远洋焚烧是用焚烧船在远海对废物进行焚烧破坏。主要用来处置卤化废物，冷凝液及焚烧残渣直接排入海中。

对于海洋处置存在两种看法：一种观点认为，海洋具有无限的容量，是处置多种工业废物的理想场所，处置场的海底越深，处置就越有效；对于远洋焚烧则认为，即便不是一种理想的方法，也是可以接受的；另一种观点认为，如果海洋处置不加以控制，会造成海洋污染、杀死鱼类，破坏海洋生态平衡。由于生态问题是一个长期才显现变化的问题，虽然在短期内对海洋处置所造成的污染及生态问题很难作出确切结论，但也必须充分考虑。

由于海洋是国际资源和重要的食物来源，它还影响气候和建立大气中的氧与二氧化碳的平衡，为地球提供水的循环。不适当地利用海洋作为处置废物的场所，会损害这一资源并严重地破坏生态平衡。基于对环境问题的关注，为了加强对固体废物海洋处置的管理，许多工业发达国家都制定了有关法规，签订了国际公约。国际上，通过了国际合作颁布的用于不同海域的公约，伦敦公约即为"防止由于倾倒废物和其他物质而污染海洋的国际公约"，已有上百个国家和地区加入这个公约，国际海洋组织（IMO）是它的秘书处。

第四节 危险废物的处理与处置

根据联合国环境规划署（UNEP）定义：危险废物是指除放射性以外的具有化学性、毒性、爆炸性、腐蚀性或其他对人、动植物和环境有危害的废物。我国对危险废物是指有毒性、易燃性、腐蚀性、反应性、浸出毒性和传染性的固体废物。

其主要来源于化学工业、炼油工业、金属工业、采矿工业、机械工业、医药行业以及日常生活中。

危险废物的危害大，具有长期性和潜伏性，一旦爆发，影响深远，主要表现在两个方面：一是破坏生态环境，任意倾倒、贮存，不仅占用土地，而且通过各种途径污染大气、土地和水环境。另一方面，影响人的身体健康，其中包含的各种有毒有害物质，对人体健康造成极大的危害。

所谓危险废物的处理与处置是指通过物理的、化学的和生物的等方法使危险废物转化为适于运输、储存、资源化利用，以及最终处置的过程，也就是广义上的稳定性处理，以消除危险废物对人员和环境的直接危害。

危险废物常用的处理方法包括物理法、化学法、生物法等，其中稳定化、焚烧和填埋处理又是最常见的处理方法。

一、危险废物的物理处理

（1）分选法：根据废物的不同粒径，采用筛分将其分离、分类处理。

（2）沉淀法：利用重力作用使悬浮液的浓稠部分分离，常用于污泥浓缩。

（3）蒸发和蒸馏：根据废物中不同有机物的沸点差异进行分离。

（4）吹脱：从液体混合物中赶出易蒸发的物质。

（5）过滤：固液混合物、气固混合物通过过滤介质，固体被截留下来的方法。

（6）膜过滤：利用膜两侧的压力差为动力，以膜为过滤介质，在一定的压力下，当原液通过膜表面时，膜表面密布的许多微小孔只允许水和小分子物质通过而成为穿透液，原液中体积大于膜表面微孔径的物质则被截留在膜的进液一侧，成为浓缩液，实现固液分离。

（7）超滤：以压力为动力，利用不同孔径超滤膜对液体进行分离的过程。

（8）吸附：由于分子间的作用力，气体或者液体物质聚集在固体或液体（吸附剂）表面，两种物质双方接触时，一种物质（气体、蒸汽、液体）被另外一种物质吸收。

二、危险废物的化学及生物处理

化学处理法是指采用化学方法破坏危险废物中的有害成分，从而达到无害化，或将其转变成为适于进一步处理和处置的形态。

由于化学反应条件复杂，影响因素较多，故化学处理通常只有在所含成分单一或所含几种化学成分特性相似的废物的处理。对于混合废物，化学法处理可能到达不了预期的目的。化学处理方法有氧化、还原、中和、化学絮凝沉淀和化学溶出等技术。

有些危险废物经过化学处理，还可能产生含有毒成分的残渣，所以仍然必须对残渣进行深入的解毒处理或安全化处理。

生物处理是通过微生物的分解作用，把危险废物中的可降解有机物转变为其他物质的过程，从而达到无害化或综合利用。危险废物经过生物处理后，在体积、形态和组成方面均发生最大变化，因而便于运输、贮存、利用和处置。常见的生物处理方法有好氧生物处理、兼氧生物处理和厌氧生物处理。

三、危险废物的稳定化处理

危险废物的稳定化是指使危险废物中的所有污染组分呈现化学惰性或被物理包容起来，以便运输、贮存、利用和处置。通过加入不同的添加剂，以化学物理方式减少有害组分的毒性、溶解迁移性。稳定化过程是一种将污染部分或全部束缚固定于支持基质的过程。最常用的稳定化方法是通过降低有害物质的溶解性，减少由于渗滤对环境造成的影响。

在稳定化时常常采用固化处理。固化是指利用惰性材料将危险废物从污泥、流体或者颗粒物形状转化成满足一定工程特性的固态物质，经过固化处理后的物理形态可以不需要容器而仍保持原有的外形，所以，固化过程可以作为一种特定的稳定化过程，也可以理解为稳定化的一部分，固化所用的惰性材料称之为固化剂。

在稳定化过程中，对于固化剂以及固化过程，一般有如下要求：固化处理后所形成的产品应是一种密实的、具有一定几何形状和良好物理性质的、化学性质稳定的固体。最好能作为资源加以利用，如作为建筑材料。固化工艺简单、便于操作且可以采用有效措施减少有毒有害物质的逸出，避免工作场所和环境的污染。最终产品的体积尽可能小于掺入的固体废物的体积。产品用水或其他溶剂浸出时，有毒、有害物质的浸出量不能超过容许水平或浸出毒性指标。固化剂来源丰富、价廉易得、处理费用低廉。

危险废物的稳定化途径有两方面：一方面，是将污染物通过化学转变，引入到某种稳定固化物质的晶格中去；另一方面，是通过物理过程把污染物直接掺到惰性基中去。目前常用的稳定化方法主要包括下列几种。

（一）石灰法

把有害废物与石灰或其他硅酸盐类配比适当的添加剂混合均匀，然后置于模具中，将经过养生后的固化体脱模，经取样浸出测试结果，其有害成分含量低于规定标准，以便达到固化目的。这种方法简单，固化体较为坚固，对固化的有机物，如有机溶剂和油等多数抑制凝固，可能蒸发逸出。对固化的无机物，如氧化物可互容；硫化物可容；卤化物易从水泥中浸出并可能延缓凝固；重金属、放射性废物可互容。

（二）水玻璃固化法

此法又称熔融固化技术，将有毒废物与硅石混合均匀，经高温熔融冷却后形成熔融固化体。该法与其他方法相比，固化体性质极为稳定，可安全地进行处置，但处理费用高昂，只适用处理极有害的化学废物和放射性废物。

（三）热塑性材料固化法

将有害废物同热塑性物质沥青、柏油、石蜡或聚乙烯等一定温度下混合均匀，经过加热熔化、然后冷却，使其凝固而形成塑胶性物质的固化体，其最终产物经受住大多数水溶液的侵蚀，其污染转移率比其他固化法为低。该法固化效果更好，但费用较高。适用于处理有毒无机物，不适于处理有机物和强氧化剂类污染物；只适用于某种处理量少的剧毒废弃物，对固化的有机物，如有机溶剂和油，在加热条件下也能蒸发逸出。对固化的无机物的硝酸盐、次氯化物和高氯化物等氧化性物质以及其他有机溶剂等则不能采用此法。

（四）硅酸盐胶凝固化法

将有害废物与硅酸盐及其他化学添加剂混合均匀，然后置于模具中使其凝固成固化体，经过静养后，脱模，经取样浸出测试结果，其有害成分含量低于规定标准，便达到固化目的，此法主要用于处理有毒无机物废物。该方法比较简单，固化体稳定性好，容积和重量增大，可作建筑材料。对固化的有机物，如有机溶剂和油等多数抑制凝固可能蒸发逸出。对固化的无机物，如氧化物可互容，硫化物可能延缓凝固和引起碎裂，卤化物易从水泥中浸出，并可能延缓凝固，重金属和放射性废物互容。

（五）有机物聚合法

此法将高分子有机物与不稳定的无机化学废物混合均匀，然后加入催化剂，将混合物经过聚合作用而生成聚合物，此法与其他方法相比，只需少量的添加剂，原料费用较昂贵，适用于处理无毒的无机物，不能用来处理酸性物质、有机废物和强氧化剂。

四、危险废物的焚烧处理

将危险废物置于焚烧炉内，在高温和有足够氧气的含量条件下进行氧化反应，从而达到分解或降解危险废物的过程。危险废物的焚烧与城市生活垃圾和一般工业废物的焚烧系统没有本质的差别，在原理上是一样的，均是由进料系统、焚烧炉、废热回收系统、发电系统、供水系统、废水系统、废气处理系统和灰渣收集处理系统组成，不同的是在某些系统的选择和设计上。

和普通废物或者城市生活垃圾焚烧过程不同的是，危险废物焚烧过程最重要的目的是焚毁有毒有害物质，杀灭病毒、病菌，去除有毒重金属和酸性气体，其次是确保不产生二次污染，做到烟气的排放完全清洁。

危险废物的焚烧过程通常需要借助自身可燃物质或辅助材料进行，调节适当的空气输入，可以在适当的温度范围和时间内，实现较高的焚毁率、较低的热灼减率，最大限度地降低、分解其中有害物质、杀死病毒，同时实现较低的排污。

（一）固体危险废物的焚烧

一般是把固体可燃成分焚烧分解，由于其中常常含有水分、灰分、各种金属等无机成分，所以焚烧过程需视其组成特性进行烘干、着火及稳定燃烧等技术控制。此外，在焚烧过程中，对温度范围和时间进行调整和控制，以确保焚烧过程达到预订的要求。

（二）液体危险废物的焚烧

其包括油性、水性和混合性的物质。按照其特性，一般需要在焚烧前进行预热和蒸发，然后进行焚烧，对于大部分液体危险废物，需要加入可燃成分辅助燃烧，在燃烧过程中，燃烧的进行与加热特性、蒸发接触面积、气氛以及催化剂有关。

（三）液体危险废物的焚烧

和前面二者相比，其焚烧相对容易，但是气体危险废物在焚烧过程中极易发生泄漏、爆炸等，容易产生二次污染。

危险废物焚烧处置要求：通过焚烧处理，可以较为有效地氧化、分解和降解危险废物中的有毒有害物质，同时最大限度地减少其体积和质量。焚烧设施必须有前处理系统，尾气净化系统、报警系统和应急处理系统装置。危险物焚烧产生的残渣和烟气处理过程中产生的飞灰，须按危险废物进行安全填埋处置。

五、危险废物的填埋处理

危险废物进行填埋处置是实现危险废物安全处置的方法。安全填埋是危险废物的陆地最终处置方式，适用于填埋处置不能回收利用其有用组分、不能回收利用其能量的危险废物，包括焚烧过程的残渣和飞灰等。

安全填埋场的综合目标是要达到尽可能将危险废物与环境隔离，通常技术要求必须设置防渗层，且其渗滤系数不得大于 $8\sim10cm/s$；一般要求最底层高于地下水位；并应设置渗滤液收集、处理和检测系统；一般由若干个填埋单元构成，单元之间采用工程措施相互隔离，通常隔离层由天然黏土构成，能有效地限制有害组分纵向和水平方向等迁移。

安全填埋场的建设是一个复杂的工程，其规划、选址、设计、筹划和运营管理与其他类型填埋场有相似之处，如卫生填埋场、一般工业废物填埋场等。但其亦有诸多独特性，应严格按照国家有关法律法规和标准要求执行。

危险废物安全填埋场主要包括接受与储存系统、分析与鉴别系统、预处理系统、防渗系统、渗滤液控制系统、检测系统、应急系统等。

（一）危险废物的接受与储存系统

在现场交接时，要认真核对危险废物的名称、来源、数量、种类、标志等，确认与危险废物转移联单是否相符，并对接受的废物及时登记。废物接受区应放置放射性废物快速检测报警系统，避免放射性废物入场。设初检室，并对废物进行物理化学分类。填埋场计量设施宜置于填埋场入口附近，以满足运输废物计量要求。

危险废物储存设施是指按规定设计建造或改建的用于专门存放危险废物的设施。其建造应符合国家要求，并应在储存设施内分区设置，将已经过检测和未经过检测的废物分区存放，其中经过检测的废物应按物理化学性质分区存放，而不相容危险废物应分区并相互远离存放，盛装危险废物的容器应当符合标准，完好无损，其材质和衬里要与危险废物相容，且容器及其材质要满足相应的强度要求。装载液体、半固体危险废物的容器内要留有足够空间，容器顶部与液体表面之间保留100mm以上的距离。无法装入常用容器的危险废物可用防漏胶袋盛装。另外，填埋场应设包装容器专用清洗设施，单独设置剧毒危险物贮存设施及酸、碱、表面处理废液等废物的储罐，并且各储存设施应有抗震、消防、防盗、换气、空气净化等措施，并配套相应的应急安全措施。

（二）分析与鉴别系统

填埋场必须设置分析实验室，对入场的危险废物进行分析与鉴别。填埋场自设的分析实验室按有毒化学品分析实验室的建造标准建设，分析项目应满足填埋场运行要求，至少应具备对 Cr、Zn、Hg、Cu、Pb、Ni 等重金属及氰化物等项目的检测能力，并且具有进行废物间相容性实验能力，除了配备主要设备和仪器外，还需配备快速定性或半定量的分析手段。超出自设分析实验室检测能力以外的分析项目，可采用社会化协作方法解决。另外，还应建立危险废物数据库对有关数据进行系统管理。

（三）预处理系统

填埋场应设预处理站，预处理站包括废物临时堆放、分拣破碎、减容减量处理和稳定化养护等措施。对不能直接入场填埋的危险废物必须在填埋前进行固化或稳定化处理。重金属类废物在确定重金属种类后，采用硫代硫酸钠、硫化钠或重金属稳定剂进行稳定化处理，并酌情加入一定比例的水泥进行固化；酸碱污染可采用中和方法进行稳定化处理。含氰污泥可采用稳定化试剂或氧化剂进行稳定化处理。散落的石棉废物可采用水泥进行固化，大量有包装的石棉废物可采用聚合物包裹的方法进行处理。

（四）防渗系统

填埋场防渗系统是填埋场必不可少的设施，包括衬层材料、衬层设计和相配套的系统。它能将填埋场内外隔绝，防止渗滤液渗漏进入土壤和地下水，阻止外界水进入废物填埋层而增大渗滤液的产生量，是实现危险废物与环境隔离的必要部分。

填埋场所选用的材料要与所接触的废物相容，并考虑其抗腐蚀特性。填埋场天然基础层的饱和渗透系数不应大于 1.0×10^{-5} cm/s，且其厚度不应小于 2m。填埋场应根据天然基础层的地质情况分别采用天然材料衬层、复合衬层和双人工衬层作为其防渗层，一般选择双衬层系统就能满足防渗要求，第二衬层是由合成膜与黏土层构成的复合衬层。这种双衬层系统之上应设有渗滤液收集系统，两个衬层之间应设有第二渗滤液收集、泄漏监测系统。衬层之上的地基或基础必须能够为衬层提供足够的承载力，使衬层在沉降、受压或上扬的情况下能够抵抗上下的压力而不发生破坏。另外，衬层材料的稳定性对填埋是极为重要的。衬层材料可以采用黏土和人工合成材料。

（五）渗滤液控制系统

渗滤液控制系统是具有与防渗衬层系统同等的重要性，包括渗滤液集排水系统、地下水集排水系统和雨水集排水系统等。各个系统在设计时采用暴雨强度重现期不得低于 50 年，管网坡度不应小于 2%，填埋场底部都应以不小于 2% 的坡度坡向集排水道。

渗滤液集排水系统是渗滤控制系统的主要组成部分。此系统的主要作用是排除产生的渗滤液以减少渗滤液对衬层的压力。根据其所处衬层系统的位置分为初级、次级和排出水系统。初级集排水系统位于上衬层表面，废物下面，它收集全部渗滤液并将其排除；次级给排水系统位于上衬层和下衬层之间，它的作用包括收集和排除初级衬层的渗滤液，还包括检测初级衬层的运行状况，以作为初级衬层渗滤的应急对策；排出水系统主要包括集水井、泵、阀、排水管道和带孔的竖井。其中集水井的作用是收集来自集水管道的渗滤液；带孔竖井的作用是用于集排水管道的日常维护操作。

地下水集排水系统是为防止由于衬层破裂而导致地下水涌入填埋场，使所需处理渗滤液量增加，从而给渗滤液集排水系统造成巨大压力；同时也防止渗滤液漏进地下水，从而造成地下水污染。另外，它还具有一定的衬层渗漏监测的功能。但由于维护和清洗管道的次数频繁，所以应尽可能避免安装地下水排水系统，在选址时应尽可能选择地下水位低的地方以减少地下水污染的风险。

雨水集排水系统就是收集、排出汇水区内可能流向填埋区的雨水、上游雨水以及未填埋区域内与废物接触的雨水，以减轻渗滤液处理设施的负荷。此系统包括场地周围雨水的集排水沟、上游雨水的排水沟和未填埋场区的集排水管沟。

渗滤液处理系统属于填埋场必须自设的系统，以便处理集排水系统排除的渗滤液，严禁将其送至其他污水处理厂处理。渗滤液的处理方法和工艺取决于其渗滤液的数量和特性。一般来说，对新近形成的渗滤液，最好的处理方法是好氧和厌氧生物的处理方法；对于已稳定的填埋场产生的渗滤液，最好的处理方法是物理-化学处理法；此外，还可选择回灌法、土地法、超滤方式、渗滤液再循环、渗滤液蒸发等方法处理渗滤液。

（六）填埋场监测系统

填埋场应设置监测系统，以满足运行期和封场期对渗滤液、地下水、地表水和大气等的监测要求，反馈填埋场设计和运行中的问题，并可以根据监测数据来判断填埋场是否按设计要求正常运行，是否需要修正设计和运行参数，以确保填埋场符合所有管理标准。

（七）应急系统

填埋场应设置事故报警装置和紧急情况的气体、液体快速检测设备；设置渗滤液渗漏应急池等应急预留场所，还应设置危险废物泄漏处置设备；设置全身防护、呼吸道防护等安全防护装备，并配备常见的救护急用物品和中毒急救药品等。

安全填埋是危险废物处置的专业技术之一，适用范围广，可以进入填埋场的废物种类多，对综合性的危险废物处理处置设施，必须建设安全填埋场。

第五节　典型固体废物的处理、处置及资源化利用

一、城市生活垃圾的处理与利用

随着我国城镇化建设的加快和城市规模的不断扩大，生活垃圾的产出量与日俱增，并且成分更加复杂。在我国，生活垃圾中有机物含量高，无机物含量少，如果任意堆放或处理不当，都会对周围的大气、水体、土壤环境以及景观环境造成影响。

城市生活垃圾通常是在日常家庭生活中产生的废弃物，按照来源，可以分为：食品垃圾、普通垃圾和危险垃圾；其主要成分包括厨余物、废纸张、废塑料、废织物、废玻璃、草木、果皮灰土、砖瓦等。这些成分及其组合受到垃圾产生地的地理位置、

气候条件、社会经济水平、居民生活水平、生活习惯及能源结构等诸多因素的影响。

从分类收集上，我国在一些经济发达和人民文化素质较高的地区，取得比较好的效果，但是，大部分地区还是混合收集，往往是有机垃圾和其他垃圾混合在一起，造成含水率较高而发热量较低。

从处理方法上，常用且成熟的处理技术主要有填埋、堆肥和焚烧。

在我国，目前常采用填埋技术仍然是大多数城市解决生活垃圾的最主要的方法，约占总量的95%，根据环保措施（主要有场底防渗、分层压实、每天覆盖、填埋导排气管、渗滤水处理、虫害防治等）是否齐全，环保标准是否满足来判断，我国城市垃圾填埋场可分为三个等级：简易填埋场、受控填埋场和卫生填埋场。垃圾填埋作业一般由垃圾推土机和垃圾压实机操作，既可以提高场地利用率，也可以减少雨水冲刷，大型生活垃圾卫生填埋场大多采用单元填埋法，并对垃圾进行分层压实和每日覆盖。控制填埋沼气的自由扩散是填埋技术的一个组成部分，沼气的主要成分是甲烷和二氧化碳，通常采用的方法有三种：一是通过石笼等形式通过导管排除；二是通过石笼和收集管将填埋沼气导排并使之自燃；三是通过管网系统收集并经过净化后作为能源回收。

二、粉煤灰的资源化利用

粉煤灰的来源是煤的非挥发物残渣，是煤粉经高温燃烧后形成的一种似火山灰质的混合材料，主要是燃煤电厂、冶炼、化工等行业排放的固体废物。狭义地讲，粉煤灰就是指煤在锅炉燃烧时的烟气中游出的粉状残留物，简称灰或飞灰；广义地讲，粉煤灰还包括锅炉底部排出的炉底渣，简称炉渣或熔渣。灰和渣的比例随着炉型、燃煤品种及煤的破碎程度等不同而变化，目前世界各国普遍使用的固态排渣煤粉炉，产灰量占灰渣总量的80%～90%。

粉煤灰的特点是颗粒小、孔隙率高、比表面积增大、活性大和吸附能力强、耐磨强度高、压缩系数和渗透系数小等。粉煤灰中的碳、铁、铝及稀有金属可以回收加以利用；氧化钙、二氧化硅等活性物质可广泛用作建材和工业原料；硅、磷、钾、硫等组分可用于制作农业肥料与土壤改良剂，其良好的物化性能可用于环境保护。因此，粉煤灰资源化利用具有广阔的应用前景和开发前景。

（一）在生产建筑材料中的应用

粉煤灰用作建筑材料，是粉煤灰利用的最主要、最广泛途径之一，包括生产水泥、混凝土、烧结砖、蒸养砖、砌块与陶粒等。

1. 生产水泥

由于粉煤灰中含有大量活性物质氧化铝、氧化硅和氧化钙等，当其掺入少量生石灰和石膏时，可生产无熟料水泥，也可掺入不同比例熟料生产各种规格的水泥。在磨制水泥时，可以加入不同比例的粉煤灰，生产普通硅酸盐水泥、矿渣硅酸盐水泥（掺加量不大于15%）、粉煤灰硅酸盐水泥（掺加量为20%～40%）、砌块水泥（掺加量为60%～70%）和无熟料水泥。

2. 配制混凝土

将细度大、活性高、含碳量低的高质量粉煤灰用于取代水泥作混凝土掺和料，不仅可减少水泥等材料用量、改善混凝土性能，而且在一些特殊混凝土中已成为必需的重要掺和材料。例如：泵送混凝土、抗渗结构混凝土、抗硫酸盐和软水侵蚀混凝土、蒸养混凝土、轻骨料混凝土、地下工程混凝土、水下工程混凝土、压浆混凝土及振动碾压混凝土等。近年来，大掺量粉煤灰混凝土已日趋发展成熟，并逐步在桥梁、道路、水利、房建、港口等工程中得到越来越广泛的应用。

3. 生产各种建材制品及外加剂

粉煤灰制品比较多，目前，常用制品主要是粉煤灰烧结砖、粉煤灰蒸养砖、粉煤灰硅酸盐大型砌块和板材等；用于砂浆和混凝土中的粉煤灰掺和料，改善并提高了混凝土各项技术性能，起到了减水、缓凝、抗渗、泵送等外加剂的作用，主要有 JFA 粉煤灰减水剂、粉煤灰泵送剂等。

（二）在地基工程中的应用

由于粉煤灰成分及其结构与黏土相似，所以常常替代砂石、黏土用于公路路基、修筑堤坝、房屋建筑地基。筑路和修筑堤坝是煤矸石利用的重要途径之一，粉煤灰可与适量石灰混合，加水拌匀，碾压成二灰土。目前我国公路常采用粉煤灰、黏土、石灰等掺和作公路路基材料；掺入粉煤灰后路面隔热性能好，防水性和板体性好，利于处理软弱地基；英、美、法、德和日本等国家大量使用自燃后的煤矸石作公路路基和堤坝材料，具有很好的抗风雨侵蚀性能。在地基处理方面，粉煤灰还可用于 CFG 水泥粉煤灰碎石桩复合地基，由碎石、石屑、粉煤灰掺适量水泥加水拌和，用振动沉管打桩机制成具有可变黏结强度的桩型。通过调整水泥掺量及配比，可使桩体强度在 C5～C20 之间变化，其中的粉煤灰具有细骨料及低标号水泥的作用。

（三）在充填材料中的应用

回填可大量使用粉煤灰，主要用于工程回填、围海造地、矿井回填等方面；粉煤灰颗粒均匀细腻、易胶凝固结。回填夯实后能达到一定强度，回填工程的性能如承载力、变形等都比较好，无需加工处理即可直接用于工程。

（四）在农业生产中的应用

粉煤灰具有质轻、疏松多孔的物理特性，还含有磷、镁、钾、硼、铜、铬、锰、铁、钙、硅等植物所需的元素，因而广泛应用于农业生产。利用粉煤灰可以作土壤改良剂或直接作农业肥料。

（五）回收有一定价值的成分

通过分选可以选出空心微珠，空心微珠质量小、强度高、耐高温、绝缘性能好，常应用于石油化工中作为裂化催化剂和化学工业中作为化学反应催化剂、绝缘材料和塑料的填料等。回收其中的煤炭，充分节约能源，保护环境；回收各种金属，如铁、铝和稀土等。

（六）在环境保护中的应用

粉煤灰因其特殊的理化性能而被广泛应用于环保工业，用于垃圾卫生填埋材料，用于制造人造沸石和分子筛，制备絮凝剂，生产吸附剂等环保材料开发，用于污水处理，作为吸附剂直接处理含油废水、含氟废水、电镀废水与含重金属离子废水、含磷废水等。此外，粉煤灰具有脱色、除臭功能，能较好地去除废水中的 COD、BOD，可广泛用于有机废水、制药废水、造纸废水的处理；粉煤灰用于活性污泥法处理印染废水，不仅能提高脱色率，并能显著改善活性污泥的沉降性能，避免污泥膨胀。在烟气脱硫时，把粉煤灰加到消石灰中，脱硫效率提高 5～7 倍；在噪声防治工程中，可以制成保温吸声材料或生产双扣隔声墙板等。

三、煤矸石的资源化利用

煤矸石是与煤伴存的岩石。在煤的采掘和煤的洗选过程，都有煤矸石排出。0.1～0.2t 煤矸石/t 原煤。依其来源可分为掘进矸石、开采矸石和洗选矸石。煤矸石堆放过程，其中的可燃组分缓慢氧化、自燃，故又有自燃矸石与未燃矸石的区分。

煤矸石的组成：其矿物组成为黏土矿物（高岭石、伊利石、蒙脱石）、石英、方解石、黄铁矿。化学组成为氧化物 SiO_2+Al_2Ch 占 60%～90%。煤矸石经过燃烧，烧渣属人工火山灰类物质而具有活性。产生活性的根本原因是煤矸石受热矿物相发生变化。

煤矸石的资源化利用主要在以下几个方面：

（一）生产化工产品

利用煤矸石中 FeS_2 高温分解 SO_2，再氧化成 SO_3，SO_3 遇水生成硫酸，与氨气反应生成硫酸铵。通过破碎、焙烧、磨碎、酸浸（20%HCl）、渣液分离（沉淀、浓缩、脱水）、浓缩结晶、真空吸滤后得到产品结晶氯化铝（AlCL，$-6H_2O$）。

（二）生产水泥

由于煤矸石的化学成分与黏土相似，可代替部分黏土配成生料与石灰石、铁粉等磨细、成球、烧成熟料（1400℃），掺量 10%～15%，还可替代一定量的煤，从而制备普通硅酸盐水泥。生产特种水泥时，利用高铝特点，生产快硬、早强的特种水泥及普通水泥的早强掺和料和膨胀剂，主要是生成硫酸铝酸钙、氟铝酸钙。

（三）生产建筑材料

把煤矸石经过二级破碎、挤压成型、干燥、焙烧等可以制备成烧结砖。煤矸石、白云石、半水石膏、硫酸、锯末制成泥浆、注模、焙烧，反应生成气泡生产微孔吸音砖。

（四）替代燃料

由于煤矸石含有一定的热值（1000～3000kcal/kg），故可以替代部分燃料。煤矸石中含煤炭大于 20%，经过洗选后回收煤炭。煤矸石+焦炭代替焦炭，用来化铁铸造。采用回转式自动排渣混合煤气发生炉生产混合煤气（半水煤气）。

参考文献

[1] 李长辉.青海省水工环地质概论 [M].北京：地质出版社，2018.

[2] 王浩民，赵善国，李景山.水工环地质勘察技术在水利工程中的应用和发展 [M].延吉：延边大学出版社，2018.

[3] 肖志坚，余虹剑，朱玉华.华东地区地质调查成果汇编 [M].武汉：中国地质大学出版社，2018.

[4] 成金华，吴巧生，余国合.地质矿产工作促进生态文明建设研究 [M].武汉：中国地质大学出版社，2018.

[5] 刘文显，张桂峰，余斌.水工环地质勘探与环境保护 [M].哈尔滨：哈尔滨地图出版社，2020.

[6] 戴财胜，高彩铃，田建民.环境保护概论 [M].徐州：中国矿业大学出版社，2017.

[7] 杨林，陈国山.矿山环境与保护 [M].北京：冶金工业出版社，2017.

[8] 吴长航，王彦红.环境保护概论 [M].北京：冶金工业出版社，2017.

[9] 罗岳平.环境保护沉思录 [M].北京：中国环境科学出版社，2017.

[10] 卓光俊.环境保护中的公众参与制度研究 [M].北京：知识产权出版社，2017.

[11] 刘岩，郑苗壮，朱璇.世界海洋生态环境保护现状与发展趋势研究 [M].北京：海洋出版社，2017.

[12] 任亮，南振兴.生态环境与资源保护研究 [M].北京：中国经济出版社，2017.

[13] 李丽红.承载力评价及生态环境协同保护研究 [M].保定：河北大学出版社，2017.

[14] 陈善西.环境保护 [M].重庆：重庆出版社，2017.

[15] 徐华勤，鲁群岷.环境保护基础 [M].长春：吉林大学出版社，2017.

[16] 张文艺，赵兴青，毛林强.环境保护概论 [M].北京：清华大学出版社，2017.

[17] 胡春华，刘音.环境保护基础 [M].长春：吉林大学出版社，2017.

［18］夏恒林．大丰环境保护志［M］．南京：江苏人民出版社，2017．

［19］靳玮，孙志华，高炳．环境保护基础［M］．延吉：延边大学出版社，2017．

［20］崔鑫．环境保护与经济发展［M］．成都：电子科技大学出版社，2017．

［21］严小敏，雷健．地质环境保护与管理［M］．桂林：广西师范大学出版社，2017．

［22］盛姣．环境保护与健康［M］．成都：电子科技大学出版社，2017．

［23］朱艳飞，张东江，刘硕．水环境保护与地质研究［M］．延吉：延边大学出版社，2017．

［24］周洁．内蒙古环境保护与水利资源［M］．长春：东北师范大学出版社，2017．

［25］牛坤玉，郭静利．基于环境保护的机动车税费绿化研究［M］．北京：冶金工业出版社，2016．

［26］张进财．地理思维与环境保护［M］．长春：吉林文史出版社，2016．

［27］王玉和．环境保护与污染治理［M］．长春：吉林科学技术出版社，2016．

［28］张进财．生态经济与环境保护［M］．北京：光明日报出版社，2016．